KB150536

FAS
HION
CON
NEC
TION

패션 커넥션

FASHION CONNECTION

패션 커넥션

오경화 · 김정은 · 정혜정 · 성연순 · 김세나 지음

교문사

PREFACE

오늘날 패션은 사회 · 문화적 커뮤니케이션의 기호가 되었다. 많은 사람들이 패션을 통해 자신만의 감성과 내면세계를 과감하게 드러내기를 즐기고 있으며 패션은 이러한 개인들의 표현욕구를 충족시켜줄 뿐만 아니라 사회의 다른 구성원들에게 그들의 메시지를 전달하는 역할을 수행하고 있다. SNS나 블로그를 통해 소개되는 한 개인의 패션은 전 세계인들에게 공유되고 반향을 불러일으키기도 한다. 패션과 함께 전달되는 한 개인의 취향과 가치관, 그리고 지극히 사적인 삶은 세계 곳곳에 거주하는 사람들의 패션 스타일뿐만 아니라 라이프 스타일에까지 영향을 미친다. 나를 드러내고 표현하는 지극히 개인적이라 할 수 있는 패션이 개인과 사회를 연결시켜주는 커뮤니케이션의 도구가 된 것이다. 현대 사회에서 패션은 기능적인 역할과 아이덴티티의 표현을 넘어 막대한 영향력을 행사하게 되었다.

제4차 산업혁명으로 사람과 사물, 공간에 이르기까지 모든 것이 인터넷을 통해 연결되면서 인류 삶에 혁명적 변화가 일어나고 있다. 모든 것의 경계가 허물어지고 상호 긴밀하게 연결된 초연결시대로 진입하면서 우리가 살아가는 방식 전체가 변화하게 되었으며 전 세계인들이 더욱 긴밀하게 협력하고 소통하게 되어 시대의 변화를 공유하고 미래를 같이 만들어 가게 되었다.

스마트폰의 대중화는 소비자를 실시간으로 외부세계와 연결시켜 라이프 스타일에 있어서의 변화뿐만 아니라 쇼핑 방식에도 변화를 가져왔다. 온라인 판매의 급속한 성장과 함께 온라인과 오프라인을 연결하는 옴니채널 형태로 패션의류 유통은 바뀌어 가고 있다. 패션 인플루엔서들의 영향력이 날로 커지는 가운데 소비자들의 커뮤니케이션에 대한 참여도 증가하면서 소비자는 패션기업과 새로운 관계를 형성하게 되었다. 과거에 디자이너나 패션 브랜드가 새로운 상품의 공급을 통해 소비자의 트렌드를 이끌었다면 소비자가 생산자를 리드하는 새로운 시대가 열렸다. 이른바 연결된 소비자, '커넥티드 컨슈머(connected consumer)'의 등장으로 소비자와 패션생산자 사이의 상호 연결성이 중요해졌다.

이런 관점에서 이 책은 3개의 부로 구성된다.

제1부는 패션의 커뮤니케이션 기능을 다룬다. 사회, 경제, 정치, 문화 및 과학기술의 발전에 따라 변화하는 패션의 흐름과 상징적인 의미를 표현하는 패션의 기능 등을 살펴봄으로써 구성원들을 연결하는 가치규범과 미의식을 살펴보고자 한다. 그리고 고대 이집트 시대부터 20세기를 거쳐 현재에 이르기까지 시대별 역사와 함께 변화하는 패션을 영화 속 장면을 통해 만나본다. 또한 예술, 음악, 영상, 스포츠 등 문화와 패션 간의 밀접한 상호 연결성에 관해 알아본다.

제2부에서는 이미지 메이킹과 패션 스타일링을 통하여 자신의 이미지를 적극적으로 연출하고 표현하는 방법을 제시함으로써 개인 상호 간의 연결을 강화하는 요소로 패션의 역할을 다루고자 한다. 먼저 디자인 요소와 원리 및 컬러와 소재에 따른 기초 스타일링을 제안하고 패션 이미지와 체형별, 라이프 스타일별 스타일링 법을 제시하여 자신에게 맞는 패션 스타일링을 통하여 자아 이미지 향상을 통한 개인 간의 상호작용을 강화하는 방안을 제시한다.

제3부에서는 패션 비즈니스와 테크놀로지 편으로 21세기 패션 소비자의 소비 트렌드를 분석하고 패션 제품의 생산과 유통 전반에 걸친 패션 산업 구조를 알아봄으로써 올바른 패션 소비를 유도하고 합리적이고 창의적인 의생활을 영위할 수 있도록 하였다. 또한 기존의 자연소재뿐만 아니라 21세기 미래신기술인 6T, 즉 IT(정보기술), BT(생명공학기술), NT(나노기술), ET(환경기술), ST(우주항공기술), CT(문화기술)와 접목되어 개발된 첨단소재의 활용과 관리방법을 소개하여 기능적인 패션제품을 올바로 이해하고 사용목적에 따라 최대한의 효과를 거둘 수 있도록 관련 정보를 수록하였다.

제4차 산업혁명으로 인해 모든 경계가 허물어지고 초연결사회로 진입함에 따라 패션이 사물과 사회를 연결하는 중요한 매개체로 부각되었다. 이에 집필진들은 변화하는 사회 속에서 패션의 역할을 강조하고자 2019년 본서를 출간하게 되었고, 그 후, 전 세계적인 팬데믹으로 인해 디지털 전환이 가속화되고 지속가능한 패션을 위한 소비자와 패션산업계의 노력으로 패션 환경이 급속히 변화함에 따라 일부 내용에 보완의 필요성을 느껴 5년 만에 2쇄 본을 출간하게 되었다.

본 교재가 의류학을 전공하지 않은 학생들에게는 경제, 사회, 문화, 및 기술 전반에 걸친 패션의 연결성과 확장성을 폭넓게 이해함으로써 다양한 전공 영역에서 창의적인 융합의 계기가 되고, 의류학 전공자에게는 전공에로의 입문에 도움이 될 수 있는 초석이 되기 바란다. 한정된 지면으로 인하여 보다 많은 정보를 수록하지 못한 아쉬움이 남지만 미흡한 점은 점차 수정 보완해 나가고자 한다.

끝으로 이 책이 나오기까지 수고해 주신 교문사 사장님을 비롯한 편집부 여러분들, 그리고 작업을 도와준 주위의 모든 분들께 깊은 감사를 드린다.

2023년 8월

저자 일동

CONTENTS

PART 1

패션 커뮤니케이션

FASHION
ICATION

패션 트렌드

패션의 역사

대중문화와 패션

FASHION TREND

CHAPTER 1
패션 트렌드

패션 트렌드란 패션이 어떤 방향으로 쏠리는 현상, 즉 패션이 변화하는 동향이나 추세를 뜻한다. 패션은 새로이 생성되고 전파되며 유행되었다 사라진다. 한 시대의 정신과 가치관을 반영하는 패션은 시대의 흐름과 함께 변화를 계속한다. 이 장에서는 패션이 어떻게 생겨나게 되었으며 우리에게 과연 패션이란 무엇인지, 그 의미와 기능에 대해서 살펴보겠다. 그리고 패션의 속성과 변화에 대한 고찰과 더불어 패션이 움직이는 경향, 즉 패션 트렌드의 예측에 대해서도 알아보고자 한다. 패션은 나를 드러내고 세상과 소통하게 해주며, 개인은 패션을 통해 세상과 연결된다. 개인들이 모여 만들어낸 한 시대의 패션은 다양하고 독특해 보이지만 통시적 관점에서 볼 때 한 시대의 시대정신을 대변하는 패션 트렌드로 연결된다.

패션의 세계 : 인간은 왜 옷을 입는가?

밀라노 패션 컬렉션에 참석한 모델과 패션블로거들

겨우 자기 자신을 인식하기 시작했던 아주 어린 시절부터 우리는 좋은 옷, 예쁜 옷을 입고 싶어 했다. 그건 아마도 옷을 잘 차려 입은 순간, 나 자신이 꽤 괜찮은 사람으로 느껴졌기 때문이었을 것이다. 예쁘고 괜찮은 사람이어서 타인에게 관심과 사랑을 받고 싶다는 욕망은 우리가 어린 시절부터 옷을 선망하게 해왔다. 매일 집을 나서는 순간부터 몸 위에 걸친 옷과 하나가 된 모습으로 타인의 시선을 받는 우리는 순간순간 남에게 어떻게 보일지 의식하며 살아간다. 내가 입은 옷은 만나는 사람들에게 내가 누구인지, 어떤 삶을 살고 있으며, 이 세상에 대해 어떤 태도를 가지고 있는지 은연중에 말해주며, 옷을 통해 나의 세계는 드러나게 된다. 때론 우리가 입고 있는 패션이 우리의 머릿속 풍경까지도 드러낸다.

글로벌 패션기업 유니클로(Uniclo)는 2016년 "당신은 왜 옷을 입을까요?"라는 주제의 라이프 웨어(life wear) 광고 캠페인을 대대적으로 진행했다. 이 광고는 다양한 정체성을 가진 사람들이 살아가는 모습을 슬로 모션으로 보여주면서 다음과 같은 성우의 독백을 내보낸다. "너무 늦지 않게 사랑하

버스를 기다리는 다양한 인종과 연령대의 사람들. 각기 다른 삶을 살아가는 이들은 왜 옷을 입는 것일까?

는 사람을 붙잡기 위해 군중 속을 달려갈 때 당신은 어떤 옷을 입고 싶습니까? 기분이나 날씨에 따라 옷을 입나요? 셔츠 한 장이 당신의 기분을 바꿀 수 있을까요? 부드러운 느낌은 안도감을 줍니다. 옷이 당신을 행복하게 하나요?" 매일 옷을 입고 생활하기 때문에 일상적 삶의 일부가 되어 무감각해져 버린 옷이 과연 우리에게 무엇인가 이 광고는 묻고 있다.

전 세계의 거의 모든 연령대의 남녀 소비자를 대상으로 하는 글로벌 브랜드 유니클로는 기능적이고 값이 저렴하다는 이 브랜드의 장점 아닌, 패션과 철학의 묘한 만남에 초점을 맞춘다. 이 캠페인을 통해 우리는 옷이 우리 모두에게 각기 다른 의미라는 것을, 즉 사람마다 옷에서 추구하는 감성적 요소와 옷을 입는 목적이 다르다는 것에 주목하게 된다.

옷의 의미에 대한 질문은 옷에 대한 인간의 태도와 더불어 우리가 어떻게 살아가고, 행동하며 서로 상호작용을 하는지에 대해 생각하게 한다.

"나는 왜 옷을 입는걸까?"라는 질문은 다시 "나는 누구인가?"라는 철학적인 질문으로 이어진다.

지구상에 생존하는 모든 생물들 중에서 유일하게 인간만이 옷을 착용한다고 한다. 인간은 언제부터, 그리고 어떻게 옷을 착용하기 시작했을까? 인간의 삶과 함께해 온 옷은 인간 역사의 일부가 되어 왔다. 사전적 의미의 옷은 몸을 싸서 가리거나 보호하기 위해 피륙 따위로 만들어 입는 물건을 말한다. 즉, 몸에 걸치거나 장식하는 모든 것을 말한다. 인간의 '의(衣)=옷'에 대한 최초의 기록은 약 3만 년 전 구석기 시대로 추정되는 선사 시대 동굴벽화에서 찾아볼 수 있고, 스위스에서 발견된 약 1만 년 전 신석기 시대의 리넨 조각을 통해 인간이 실로 천을 짜는 방법을 알았음을 추측할 수 있다. 초기 수렵인과 유목민들은 원래 살던 열대지방에서 추운 곳으로 이동했을 때, 사냥한 곰의 가죽으로 추위를 막았다. 복식 착용 동기에 대한 학자들의 대표적인 학설로는 자연이나 사회 환경으로부터 신체적·심리적으로 보호받기 위해 착용한다는 보호설, 부끄러운 신체 부위를 감추기 위해 착용한다는 정숙설, 이성의 주의를 끌기 위해 착용한다는 비정숙설, 자신을 아름답게 꾸미려는 본능에 따른다는 장식설 등이 있다.

인간의 의복 착용 동기에 대한 학설

신체를 보호하기 위해

레인저(Ranger)는 인간이 직립하게 되면서 성기를 보호하기 위해 시스(sheath), 로인클로스(loincloth) 등을 착용했다고 주장했다. 인간은 추위나 더위로부터 인체를 쾌적하게 유지하기 위해 옷을 착용했는데, 추운 지방에서는 동물의 털이나 가죽으로 신체를 보호하였고, 덥고 건조한 열대지방에서는 태양열로부터 신체를 보호하기 위해 나뭇잎이나 짚 등을 이용하였다. 동물, 독충 등으로부터 연약한 피부를 보호하기 위해 동물의 가죽이나 나뭇잎 등을 몸에 걸치기도 했다.

1 추위로부터 신체를 보호하는 의복

2 태양열과 바람으로부터 신체를 보호하는 의복

심리적 안정과 만족감을 위해

맹수의 이빨이나 뿔로 만든 장신구를 몸에 지니면 그 동물의 힘이 자신에게 옮겨오거나, 악귀를 쫓는 부적의 효과가 있다고 믿는 것을 복식의 토테미즘이라 한다. 즉, 복식의 트로피즘이란 자신이 사냥한 동물의 가죽, 뿔, 이빨 등을 착용하여 용맹함을 과시하고 공적을 기리는 것을 말한다. 이는 훈장이나 배지로 자신의 능력, 지위, 특권을 과시하여 타인에게 우월감을 표시하는 현대에도 나타난다. 적에게 공포나 위압감을 주기 위해 장식하거나 옷을 착용하는 복식의 테러리즘에는 워-페인트(war-paint), 가면, 종교적인 목걸이의 착용 등이 있다.

3 동물의 뿔이나 뼈로 만든 펜던트

4 상대방에게 공포나 위협감을 주기 위한 페이스 페인팅

5 상대팀에 위압감을 주기 위한 붉은 악마의 페이스 페인팅

수치심을 감추기 위해

어떤 신체 부위를 노출했을 때 느끼는 수치심 때문에 의복을 착용한다는 견해가 있다. 그런데 수치심을 느끼는 신체 부위가 각 문화권마다 다르며 장소와 상황, 남녀에 따라서도 다르게 나타난다. 따라서 수치심이란 인간이 태어날 때부터 갖고 태어난 감정이 아니라 사회적 학습이나 관습에 기인한 것이라 볼 수 있다.

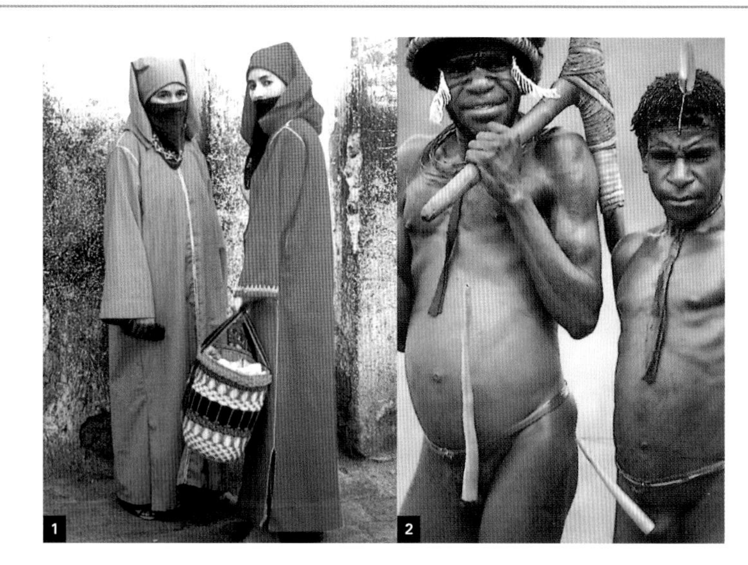

1 신체를 감싸는 중동지역 여성의 패션

2 성기를 강조한 장식

이성의 관심을 끌기 위해

원시인들은 생식과 관련된 신체 부위를 옷이나 장식으로 과시하여 이성의 관심을 끌고자 했다. 안다만(Andaman)의 한 종족의 경우에는, 남자는 몸에 장식물을 달지만 여자는 몸에 아무 것도 걸치지 않으며, 이집트 수단에서는 여자는 약간의 옷을 몸에 걸치지만 남자는 나체로 생활한다. 아마존 정글의 수야족 여자들은 나체일 때 별다른 수치심을 느끼지 않지만 귓불에 끼우는 원반 모양의 장식이 없이 사람들 앞에 나섰을 때 매우 부끄러워한다.

장식에 대한 욕구 때문에

신체장식설의 주장자인 스타(Starr)는 지구상의 모든 종족 중 옷을 입지 않는 종족은 있어도 장식을 하지 않는 종족은 없다고 하였다. 신체장식은 옷보다 더 긴 역사를 가지고 있으며 인간은 엄청난 신체적 고통을 감수하면서까지 다양한 방법으로 신체를 장식해 왔다. 플루겔(Flugel)은 신체장식설을 직접 신체 자체를 장식하는 것과 신체 위에 하는 장식 두 가지로 구별하였다. 직접 신체를 장식하는 것으로는 화장, 머리 손질, 피부 채색 등 쉽게 제거될 수 있는 장식과 문신, 상흔 등 제거 및 변형이 어려운 영구적 장식이 있다. 신체 위의 장식으로는 옷과 장신구가 있다.

3 직접 피부 자체를 장식하는 상흔
4 패션의 일부로 자리매김한 문신
5 다양한 반지를 착용해 자신을 표현한 남성

현대에도 의복의 주된 기능은 자연환경과 사회로부터 인간을 보호하는 일이지만 이제는 단순한 보호라는 차원을 넘어서 다양한 분야에서 인간의 신체적 한계를 보완하고, 삶의 질을 향상시켜 준다. 의복은 외부기후와는 다른 의복 내 기후를 형성해 일종의 움직이는 환경이 되어 주기도 한다. 잠수복, 우주복, 방탄복, 방화복 등은 인간의 활동 범위를 확장시켰으며, 신체보호기능이 강화된 럭비복, 아이스하키복, 스노보드복을 비롯한 스포츠 웨어의 발달로 마음 놓고 스포츠를 즐기게 되었다. 특수 소재로 만들어진 수영복, 육상복, 스케이트복 등은 최고 기록을 단축시켜주고 있다. 네비게이션을 장착한 헬멧, 심장 박동수를 체크하는 운동복, 스스로 빛을 발하는 사이클복 등 과학의 발달로 옷이 인간에게 주는 편리함과 혜택이 나날이 증가하고 있어, 옷이 과연 어디까지 인간의 삶을 바꾸어 놓을지 궁금해진다.

정체성을 상징하는 의복의 사회적 기능이 가장 잘 반영된 것은 유니폼이다. 의사의 가운은 정체성의 상징이 될 뿐만 아니라 병원 내에서 일종의 보호막을 형성해 준다. 의사로서 보호받고 존중받을 수 있게 해주며, 자신의 역할에 합당한 마음가짐도 가지게 해 주는 심리적 보호 기능도 한다. 가운을 착용했을 때 의사들은 자신들의 행동과 말투가 달라진다고 한다. 학생복, 군복, 사제복 등 유니폼은 개인으로서의 개성을 드러내기보다는 속한 집단의 정체성을 나타낸다. 착용자가 속한 사회에 대한 소속감을 강화하며, 자신의 일에 대한 사명감과 책임감을 가지게 해 준다.

사람을 구별 짓고 평가하는 의복의 상징적 기능은 사회의 변화와 함께 변화를 거듭해 왔다. 근대 이전에 패션은 특히 사회 내에서 신분과 계급, 부를 상징하는 역할을 했다. 서구 사회에서 장식이 많이 달린 활동에 불편한 거추장스럽고 화려한 패션은 착용자가 노동을 하지 않는 특권계층임을 상징했다. 우리나라에서도 착용한 갓과 의복의 종류에 따라 신분을 구별할 수 있었다. 엄격함과 강제성은 사라졌지만 그 사회 내에서 착용자의 신분을 드러내고 구별하는 의복의 상징적 기능은 현대에 와서도 계속되었다. '돈만 있으면 다 된다'는 극단적인 자본주의 사상이 등장한 1980년대에 전문직에 종사하며 젊은 나이에 고소득을 올리게 된 여피(yuppie)는 자신의 사회적 성공을 드러내기 위해 고가의 명품패션으로 머리부터 발끝까지 스타일링했다. 파워슈트로 대변되는 그들의 과장된 패션은 차별화되고 싶었던 여피의 정체성, 즉 '소비주의의 위너'임을 표현했다.

이러한 이미지 소비현상은 자신들의 재력과 신분을 대중들은 넘보기 힘든 고가의 명품으로 치장하면서 드러내고, 차별화하려는 명품소비현상으로 나타났다. 그리고 이러한 특권층을 동경하고 신분상승을 열망하는 사람들의 '명품소비'와 '모방소비' 그리고 '짝퉁소비' 현상으로 이어졌다. 최근 한국

1 신체를 보호하는 기능이 강화된 아이스하키복
2 의사로서의 정체성을 상징하는 흰색 가운

소비사회에 등장한 '된장녀'와 '4억 명품녀'는 패션으로 경제력과 감각을 과시하고자 했던 대표적인 예이다. 그들은 허영심으로 가득 차 외모 치장에만 몰두하는 개념 없는 여자의 대명사로 비난의 대상이 되었으며, 어떤 이들에게는 부러움의 대상이 되기도 하는 이중적인 반응을 낳았다.

패션은 착용자의 삶에 대한 태도와 가치관을 드러낸다. 제2차 세계대전 이후 자본주의의 발달로 경제는 발전하고 삶은 윤택해졌지만 오히려 인간성은 말살되어 가며 계층 간의 골과 갈등이 깊어진 것을 목격하게 된 히피는 자본주의와 물질문명 사회를 부정하고 정신세계에 가치를 둔, 공유를 통한 보다 나은 삶을 추구했다. 히피는 대량생산되어 대중들에게 유행하는 획일적인 패션에 반대했다. 그들은 기성복 대신에 직접 만들거나 손뜨게한 옷을 입고 수공예품으로 장식했으며 민족의 정체성이 드러나는 에스닉한 의상을 선호했다. 문명을 거부하고 자연으로 돌아가고자 했던 그들의 삶에 대한 태도는 다듬어지지 않은 긴 헤어스타일, 남루한 옷과 여러 벌의 옷을 겹쳐 입는 레이어링으로 나타났다. 베트남전에 반대해 평화와 평등을 외친 그들은 사랑과 평화의 상징인 꽃을 머리에 꽂고 꽃무늬 의상을 즐겨 입었다.

현대인의 복잡한 사회관계와 바쁜 일상 생활에 반기를 든 킨포크(kinfolk)족은 가까운 사람과 모여 밥 한 끼 같이 먹는 소박하고 여유로운 삶을 추구한다. 유행을 따르고 격식을 갖추어야 하는 피곤한 의상 대신 편한하게 입는 놈코어(normcore) 패션은 평범함 속에서 마음의

1 과장된 실루엣으로 강조한 당당한 풍채와 화려한 장식은 르네상스 시대 특권층 남성의 권위를 상징함
2 고가의 파워슈트로 사회적 성공을 과시했던 1980년대의 여피
3 고급 모피와 명품 브랜드 핸드백은 과시적 소비의 상징이 됨
4 공장에서 대량생산되어 유행하는 획일적인 패션에 반대해 수공예로 제작되는 자연친화적인 패션으로 정체성을 표현했던 1960년대의 히피들

평화와 즐거움을 찾으려는 이들의 가치관이 반영된 패션이다. 면 티셔츠에 헐렁한 청바지를 즐겨 입은 마크 주커버그(Mark Zuckerburg)는 패션으로 '남과 다름'을 표현하지 않고서도 그의 아우라를 뿜어냈다. 오히려 세상이 가치 있다고 평가하는 것을 거부해버리는 그의 패션은 쿨해 보이기까지 한다. 패션의 본질이 '남과 다름의 표현인 것에 반대해 놈코어는 튀지 않는 평범한 패션을 지향한다. 그러나 트렌드를 따르지 않으려고 했던 놈코어 패션 역시 킨포크의 삶의 방식에 동조하는 사람들 때문에 트렌드가 되고 말았다.

이렇게 패션은 착용자의 사회적 지위, 직업을 비롯하여 정체성뿐만 아니라 가치관과 삶에 대한 태도까지도 전달한다. 또한 패션은 착용자의 미적 감각과 취향을 표현하는 커뮤니케이션이기도 하다. 인간에게는 신체를 장식하려는 본능적인 충동이 있으며, 장식을 통한 미의식의 표현은 자아실현의 욕구와 밀접한 연관이 있다. 패션이라는 개념이 처음 생겨나게 된 것은 자아의 개념에 눈뜨기 시작했던 르네상스 시대라 한다. 이 시대에는 거울을 보며 자신에게 관심을 갖기 시작했으며 인간 본연의 존재가치와 개인의 개성에 주목하기 시

4 패스트 패션의 선두주자 자라(Zara)
5 합리적인 가격과 다양한 디자인으로 대중의 사랑을 받는 에이치 엔드 엠(H&M)

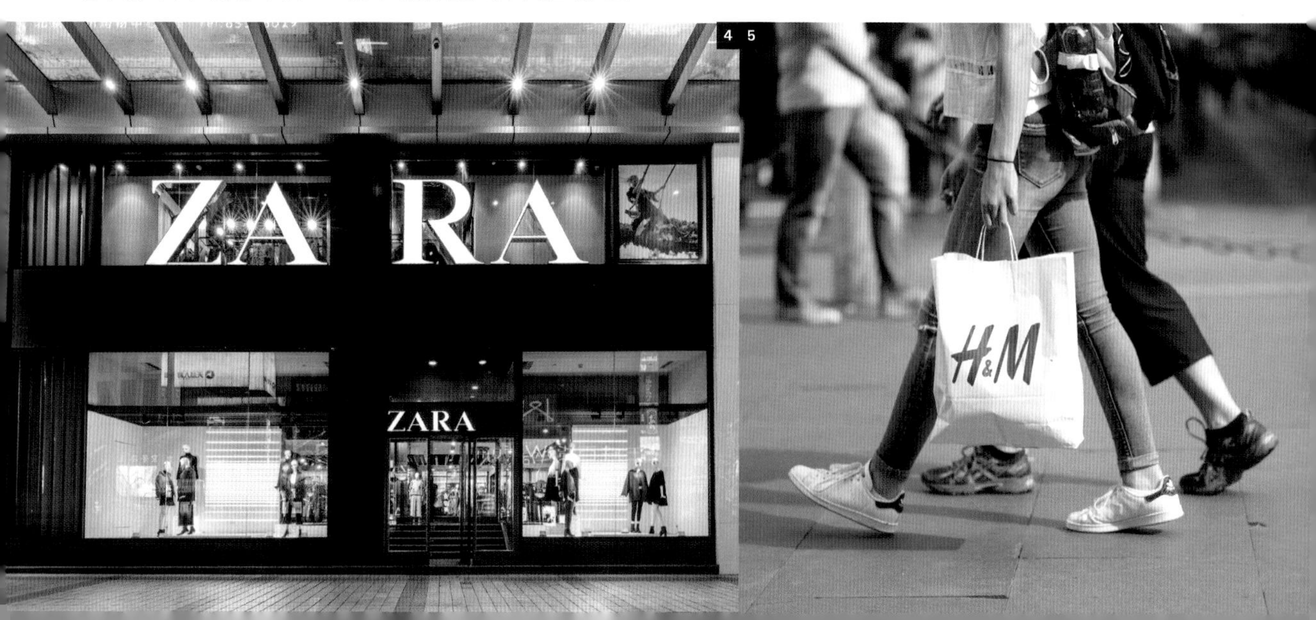

◀ 1 평범한 듯 보이는 티셔츠와 청바지를 즐겨 입는 마크 주커버그
2 가까운 사람들과의 친밀하고 소박한 일상에 가치를 둔 킨포크족
3 무난한 색상과 평범한 디자인의 놈코어 패션

작했다. 그리고 패션을 통해 적극적으로 자기 자신을 표현하기 시작했다. 그러나 프랑스 혁명 이전까지는 「사치금지법」 때문에 서구사회에서 패션을 통해 자신을 표현하는 일은 왕과 귀족 같은 소수의 특권층에게만 해당되었다. 이들의 특권 유지를 위해 만들어졌던 「사치금지법」이 폐지되고서야 비로소 누구나 원하는 옷을 입을 수 있는 자유를 갖게 되었으며, 산업혁명 이후 대량생산 덕분에 싼 값에 옷이 대량으로 공급되자 비로소 패션의 민주화가 이루어졌다.

하지만 진정한 의미에서 패션의 민주화가 이루어진 것은 자라(Zara), 에이치 엔드 앰(H&M), 유니클로(Uniclo)와 같은 패스트패션이 등장한 최근이라고 보기도 한다. 특히 자라는 매장을 매주 혹은 2주마다 다양한 디자인의 최신 유행 신상품으로 업데이트시켜 패션에 있어 새로운 지평을 열었다. 고가의 패션 브랜드를 구입할 수 있는 부유층뿐만이 아니라 대중들도 이젠 경제력에 구애받지 않고 자기 표현의 욕구를 마음껏 펼칠 수 있는 시대가 열렸다.

최근 많은 팔로워들을 거느리게 된 패션 블로거들을 '인플루엔서(influencer)'라 부른다. 이들은 자신들의 패션과 삶을 보여주며 대중과 소통하고 있다. 그들에게 패션이란 자신들의 '다름', 즉 자신들만의 '아우라(aura)'를 보여주는 도구이며, 그들의 삶 자체이다. 이들은 패션업체가 제시하는 유행을 따르기보다는, 뛰어난 안목과 미적 감각을 발휘한 독창적 스타일링을 즐긴다. 인위적으로 설정된 배경 속에서 촬영한 패션 잡지 속 모델들의 환상적인 패션은 다른 세상의 것처럼 여겨졌지만, 실제 삶 속의 한 장면인 듯한 블로거들의 패션 사진에선 거리감이 느껴지지 않는다. 이들의 성공비결은 자기다움을 솔직하게 드러내는 데 있으며, 많은 사람들이 이들에게 공감하고 소통한다는 데 있다. 이들은 명품과 패스트패션을 자유로이 믹스한다. 대중들은 실제 삶에서 블로거의 패션을 패스트패션으로도 스타일링할 수 있다. 블로거가 부상하게 된 것은 팔로어들의 구매에 커다란 영향력을 행사하기 때문이다. 팔로워들은 멋진 패션 스타일링과 함께 엿볼 수 있는 블로거들의 우아한 삶을 동경한다. 엄마와 함께 요리하고 친구들과 브런치를 먹고, 거리를 거닐기도 하며, 해외 여행을 하는 그들의 일상에 부러운 시선을 보낸다.

패션은 언어만큼이나 많은 메시지를 전달하는 중요한 커뮤니케이션 도구이다. 스티브 잡스(Steve Jobs)는 1998년 이후 모든 공식석상에 검정 터틀넥과 리바이스 청바지, 뉴발란스 운동화의 미니멀한 의상을 입고 등장했다. 단순함이 극대화된 그의 패션은 기존 CEO의 드레스 코드를 깬 파격으로, 대중에게 자신이 전하고 싶었던 메시지를 일관성 있

1 파리 패션워크에 참석한 파워블로거 Kriselle Lim, Irene Kim, Amee Song
2 파리 패션워크에 참석한 파워블로거 Bryan Boy

게 전달했던 최고의 커뮤니케이션이었다. 자신의 철학, 즉 '단순성'을 아이폰, 아이팟을 비롯한 애플 컴퓨터 등 모든 제품에 적용했으며, 틀에 박힌 고정관념에서 탈피하고자 했던 애플의 정체성, 즉, "다르게 생각하라(Think Different)."를 그대로 보여주는 것이었다. 대체 불가한 파격적인 패션으로 자신을 전세계에 각인시킨 레이디가가(Lady Gaga) 역시 패션을 시각적 소통의 수단으로 가장 잘 활용했던 인물이다. 숨겨진 욕망과 갈등, 열정, 그리고 광기 번득이는 창작자로서의 자신의 모습을 거리낌 없이 보여주었다. 크리스마스 트리, 번개, 야한 수녀가 되었다가 산양의 탈을 쓰거나 날개 달린 의상을 입고 등장하는 등 과감한 변신을 활용하면서 그녀는 패션을 통해 그 무엇도 될 수 있음을 보여주었다. 그리고 타인의 평가와 비판에 아랑곳하지 않는 자신의 자유로움을 과시했다.

패션은 타인에게 정말 많은 것을 이야기한다. 우리는 타인의 패션에서 "저에게 일을 맡겨 주시면 잘 해내겠습니다.", "전 정돈된 사람이고, 제 삶을 통제할 수 있어요.", "제 관심은 온통 외모 가꾸기입니다.", "전 내성적인 사람이에요."와 같이 착용자의 성격이나 삶에 대한 태도를 읽기도 하고 "오늘 아침에 늦게 일어났어요.", "엄청 피곤해요.", "우울합니다.", "저에게 접근하지 마세요." 등 감정이나 현재의 상태까지 다양한 메시지를 받기도 한다.

이렇게 패션은 타인에게 무언의 메시지를 전하는 커뮤니케이션이면서 또한 나 자신과 소통하는 커뮤니케이션 도구이기도 하다. 내가 입은 패션은 내가 누구인지 자기 스스로에게 상기시켜주며, 멋진 패션으로 표현함으로써 이상적인 이미지에 다가간 자신을 느낄 수 있게 해주기도 한다. 또한 내가 꿈꿔왔던 내가 되라고 자신에게 격려를 보내기도 한다. 나의 신체를 아름답게 가꾸고, 패션 스타일링으로 보다 나은 외모를 관리하는 일은 나 스스로의 가치를 높여주는 일로, 자신에 대한 배려이며 자기애이다.

요즘의 대세는 나를 보여주는 음악이다. 랩 경연 프로그램 쇼미더머니가 해마다 대중들의 큰 호응과 열광적인 인기를 얻는 이유는 자신의 내면세계를 솔직히 표현하고 타인에게 공감을 얻는 소통에 있는 것 같다. 지금 가장 '핫'하게 떠오른 힙합의 매력은 '하고 싶은 말 다하는 데서 오는 카타르시스'에 있다. 랩처럼 패션도 내가 하고 싶은 이야기를 마음껏 쏟아내는 소통의 통로가 된다면 옷을 입는 하루하루가 신나고 설레지 않을까?

1 단순성을 애플 제품 디자인뿐만 아니라 자신의 미니멀한 패션으로 보여준 스티브 잡스
2 싱어송 라이터이자 행위예술가인 레이디 가가를 잘 보여주는 파격적이고 도발적인 패션

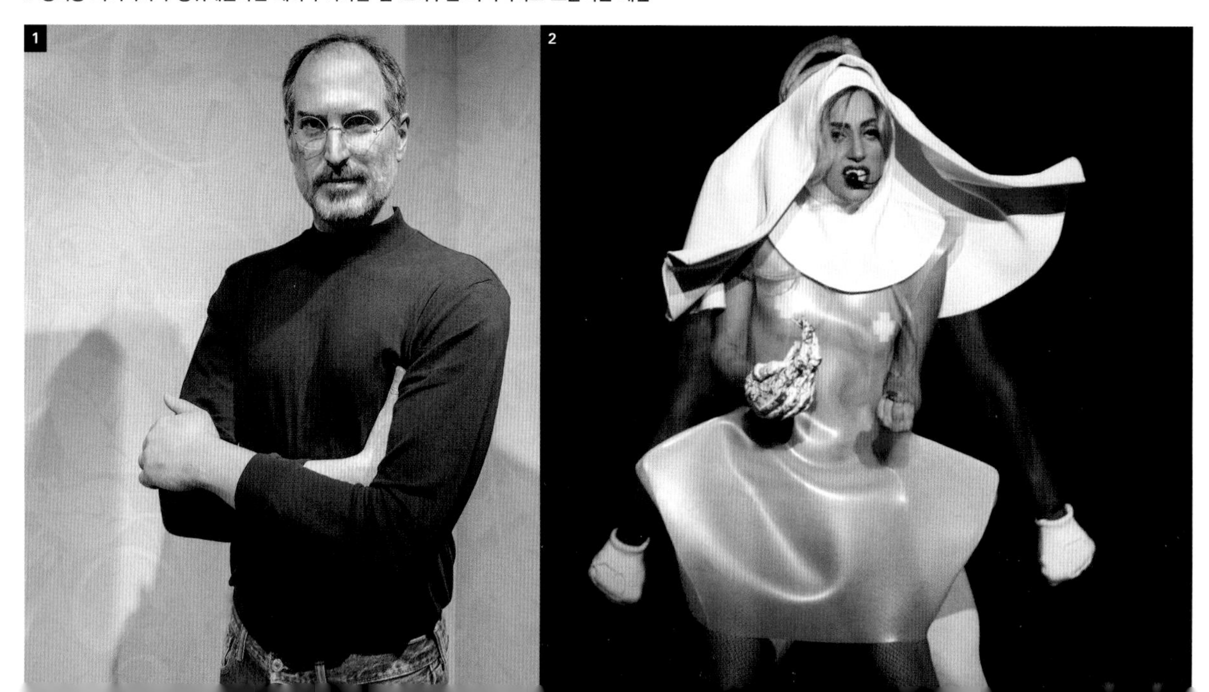

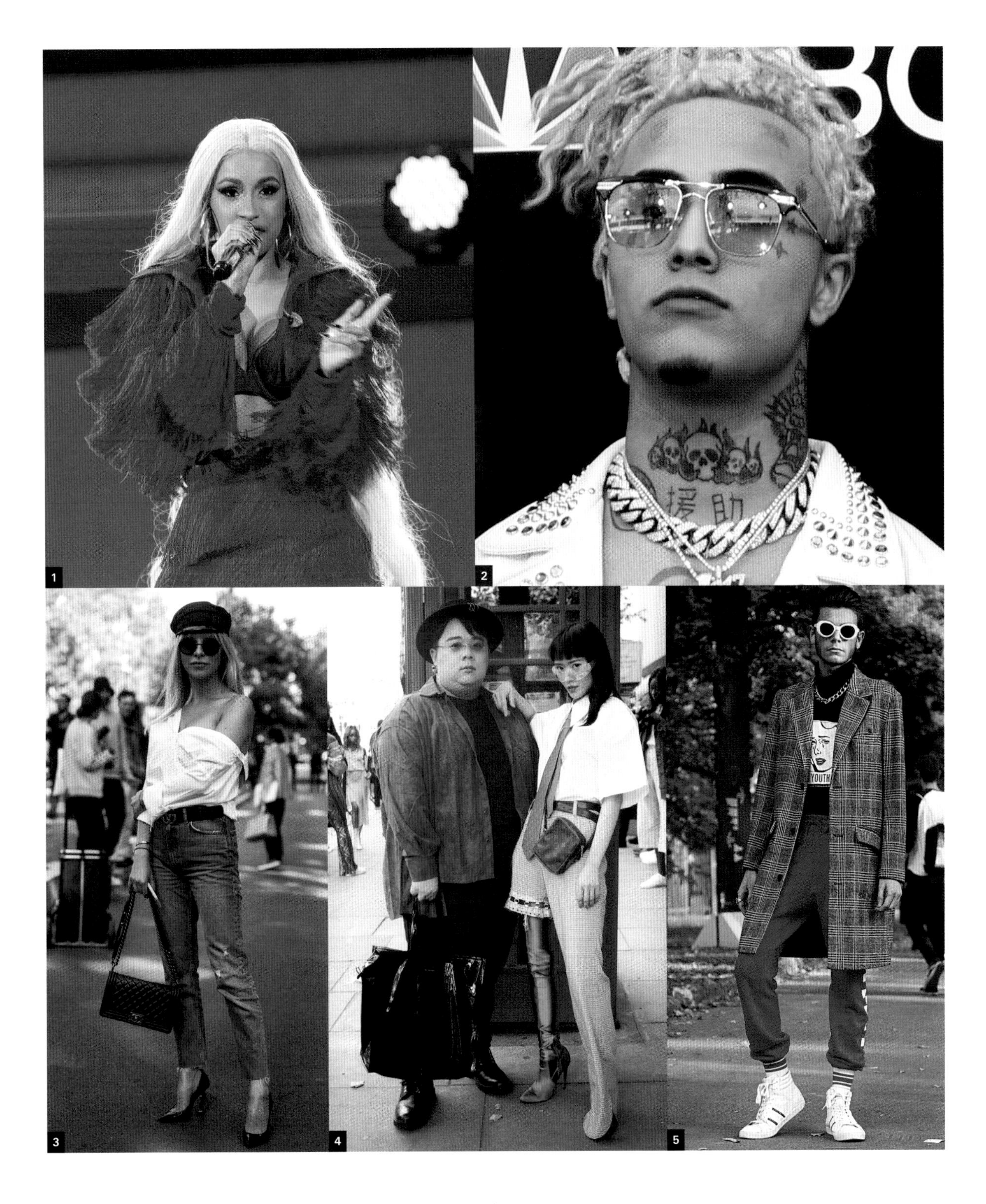

1 음악으로 자신의 철학을 소통하며 당당한 여성성을 보여주는 카르디 비(Cardi B)
2 대중들이 꿈꾸는 일탈을 대리만족시켜주는 충격적인 가사 내용으로 인기를 얻은 래퍼 릴 펌프(Lil Pump)
3, 4, 5 독특한 패션으로 자신을 표현하고 타인의 시선을 즐기는 패션 인플루엔서들의 '룩앳미(Look at me)' 패션

패션 트렌드란

21세기의 우리는 트렌드가 지배하는 세상 속에서 살고 있다. 트렌드에 맞춰 옷을 입고, 음식을 먹으며, 주거공간을 꾸미고 취미생활을 한다. 과연 트렌드란 무엇이기에 우리의 생활방식을 모두 바꾸게 만드는 것일까? 트렌드에 뒤처진다고 느낄 때 우리는 한없이 작아지고 초라해지는 것을 종종 느낀다. 끊임없이 변화하는 트렌드에 발맞추어야 할 것 같은 생각이 드는 이유는 무엇일까?

영어로 트렌드(trend)는 동시대의 추세, 조류, 유행 등을 뜻한다. 유행(流行)은 한 사회의 어느 시점에서 특정 생각, 표현방식, 제품 등이 그 사회에 침투하고 확산해 나가는 과정에 있는 상태를 나타낸다고도 한다. 본서에서는 트렌드와 유행을 같은 의미로 이해하고 나가기로 한다. 개인의 특성이나 취향을 표현하고 커뮤니케이션을 할 수 있는 방법의 일종으로 우리는 패션을 이용하게 되고, 동시에 개인이 속한 사회의 생각과 방식 등을 표출할 수 있는 것도 패션이다.

패션 속 유행

유행의 의미

패션은 한 가지 스타일이 지속되는 것이 아니고 물이 흐르듯 다른 스타일로 계속해서 변화한다. 이것을 패션의 흐름, 즉 유행이라고 한다. 변화를 거듭하는 유행에서 중요한 것은 변화의 시간적 주기이다. 패션의 주기는 수백 년 혹은 수십 년에

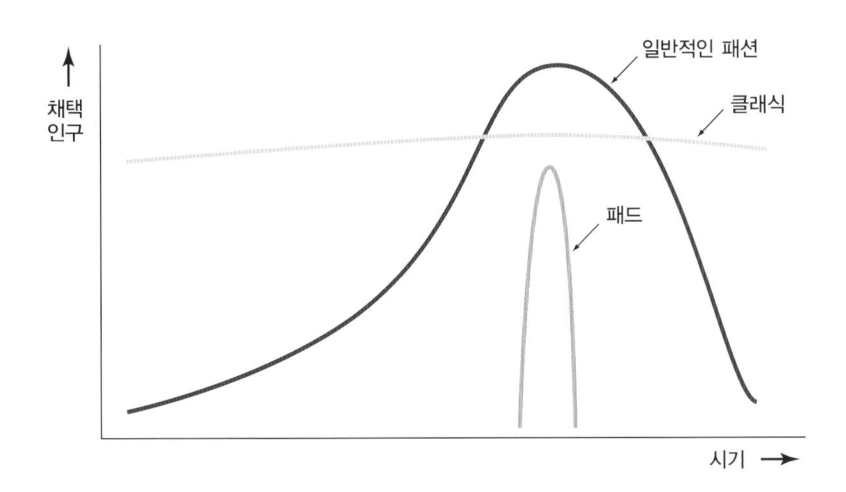

다양한 패션의 주기들

걸쳐 서서히 변화하는 장기적인 변화와 현대의 글로벌한 사회에서의 매년 또는 매 시즌마다 바뀌는 단기적인 변화가 있다.

패션은 새로운 스타일을 수용하는 데 소요되는 시간에 따라 클래식, 패션, 패드로 구분할 수 있다. 장시간에 걸쳐서 새로운 스타일을 수용하고 유지하는 클래식의 주기는 완만한 곡선을 이루고, 짧은 기간에 걸쳐 잠깐 유행되었다 사라지는 패드의 주기는 곡선이 매우 가파르고 짧다.

유행의 특성

첫째, 유행은 그 시대상을 반영한다. 유행은 동시대의 대다수 사람들의 동조에 의해 나타나는 사회적 현상이기 때문에 유행의 하나인 패션에서도 그 시대상이 드러나게 된다. 이때 그 시대의 문화적 · 정치적 · 경제적 현상뿐 아니라 사람, 장소, 사건 등도 패션을 통해 나타나게 된다.

둘째, 유행은 소비자가 받아들일 때 수용되는 특성이 있

1 레터링 실리콘 팔찌(패드 패션)
2 샤스커트(패드 패션)
3 트렌치코트(클래식 패션)

다. 새로운 유행은 유명한 디자이너와 의류업체, 유행 관련 정보지 등에서 만들어지기도 하지만 결국은 소비자에 의해 받아들여질 때 시작되는 것이다. 아무리 좋은 상품이고 훌륭한 스타일이라고 해도 소비자가 호응하지 않으면 하이패션은 될지언정 유행이 될 수는 없다.

마지막 유행의 특성은 연속적으로 변함이 없다는 것이다. 아무리 스타일이 좋은 유행이라도 영구적으로 지속되지는 않는다. 유행의 절정을 이룬 스타일의 소수의 패션 선도자들에게 채택되어 대중에게 알려지면 그것이 새로운 유행이 된다.

패션의 변화요인

패션이 발생하거나 변화할 때는 주위의 여러 가지 요인에 의해 지속적으로 영향을 받는다. 패션의 변화에는 오랜 기간 동안의 사회·문화적 요인, 경제적 요인, 정치적 요인, 과학기술적 요인 등이 단독 혹은 복합적으로 영향을 끼친다.

사회·문화적 요인

패션은 그 시대의 사회적 또는 문화적 현상을 반영하는 사회적 표현이라고 할 수 있다. 18세기 말, 산업혁명으로 직조기술이 발달하고 재봉틀이 발명되면서 패션 제품의 대량생산이 가능하게 되자 일반대중들을 위한 패션의 시대가 열렸다. 특히 직업의 세분화로 다양한 직업복이 등장하고, 산업화로 중산층의 비율이 커지면서 패션의 변화속도가 가속화된 것도 사회적 요인의 영향을 받은 것이라 할 수 있다.

현대인에게 중요하게 생각되는 웰빙라이프는 육체적 건강에 초점이 맞춰져 스포츠 및 레저복에 대한 관심으로 이어졌다. 최근 웰빙에서 더 발전한 웰니스(wellness)는 정신적으로 즐겁고 행복한 삶을 추구하는 밀레니얼(millenials) 세대의 특징과 이어져 패션에서도 애슬레틱(athletic)과 레저(leisure)가 결합된 애슬레저 룩(athleisure look)이 등장하여 자신만의 라이프 스타일을 추구하는 데 도움을 준다.

또한, 독신 세대 증가에 따른 싱글 소비자나, 스마트 시대로 인해 소비자들이 자신을 표현하는 방식을 변화시키고 있는데, 특히 이러한 소비자들은 라이프 스타일에 많은 관심을 보이고 관련 상품 구매율도 증가하고 있다. 이에 발맞춰 많은 패션 브랜드들이 라이프 스타일, 리빙 브랜드 론칭에 뛰어들고 있다.

경제적 요인

패션의 변화를 가속시키는 큰 원인 중 하나는 경제의 원활로 인한 물질의 풍요이다. 십자군 전쟁 이후 대외 무역이 활발해지고 해외 자원을 확보하게 되면서 신흥 부자인 부르주아 중심의 사회·경제 기반이 확립되어 패션 역시 자연스럽게 부르주아 중심으로 발전하게 되었다. 패션은 때론 어려운 경제적 요인에 의해 통제받기도 하였는데, 그 예로 제2차 세계대전 시 자원이 부족해지고 경제가 어려워지자 영국정부가 국민의 의생활을 통제하여 의복에서 디테일이 많이 줄고, 스타일이 단순해졌다. 또한 1930년대 대공황으로 인해 실업률이 높아지자 여성의 가정으로의 복귀를 위해 여성

1 사회·문화적 요인 애슬레저룩
2 경제적인 요인 패션의 공유경제

스러움을 강조한 슬림한 패션이 유행한 것도 경제적 요인에 의한 패션의 변화를 보여 주는 예이다. 2010년 이후 전 세계적으로 불황이 오기 시작하면서 가치소비를 지향하는 소비자들은 트렌드에 빨리 부응하며 다품종 소량생산이 가능하며 저렴한 가격 대비 높은 품질의 패스트 패션인 SPA 브랜드를 선택하였다. 또한 패션계에는 입던 옷을 나누거나 일정금액을 지불하고 디자이너 브랜드의 신상품을 공동소유하는 공유경제가 나타나고 있다. 또한 다채로운 상품의 단순한 대여서비스가 아닌, 즐기고 공유할 수 있는 경험을 제공하는 플랫폼들이 늘어나고 있다.

정치적 요인

패션은 정치적 요인에 의해서도 규제를 당하기도 하고 새로운 방향으로 제시되기도 하였다. 13~17세기까지 지속된 복식금지령은 직업과 지위에 따라 적합한 의복을 명시하였는데, 이것은 의복에 의한 차별화를 통해 귀족의 신분을 강화하고자 하는 목적이 있었다. 그러나 1789년 프랑스 혁명 당시 신분의 노출이 두려웠던 귀족들은 오히려 어두운 색상의 검소한 옷을 착용하기도 하였다. 또한 혁명이 성공적으로 끝난 후 혁명군의 헐렁한 바지는 자유와 평등을 갈구하는 시민들 사이에서 널리 입혔다. 이 밖에도 1971년에는 미국의 리처드 닉슨(Richard Nixon) 대통령이 처음으로 중국을 방문하면서 미국에 차이니즈 칼라와 실크 가운이 유행하였다. 현재도 국가 간 정치외교 시 퍼스트레이디 룩이 관심을 받으며 자국의 패션디자이너들을 소개하는 기회가 되고 있다. 국내에서는 당을 표현하는 색상을 지정하여 동일 색상으로 유니폼이나 액세서리를 착용한 당원들의 소속감과 정체성을 나타내는 데 사용하기도 한다.

과학기술적 요인

1892년 인조견사의 발명으로 여성들은 비싼 실크 스타킹 대신 나일론 양말을 신게 되었는데 나일론 스타킹이 처음 출시되던 날 스타킹을 구매하려는 줄이 수백 미터에 이르렀다고 한다. 1960년대는 신축성이 있는 스트레치 소재의 발달로 다리에 꼭 붙는 슬랙스(slacks)가 유행하기도 하고, 다양한 스페이스 룩(space look)이 등장하는 데 영향을 주었다. 니트 산업의 기계발달로 1960년대와 1970년대 초에는 보온성 및 신축성을 가진 니트웨어가 크게 유행하였다. 근래에는 3D 프린터를 이용한 신속한 맞춤형 패션이 등장하여 제품 생산방식뿐만 아니라 생산기간까지 급속도로 단축시키고 있다. 또한 정교해진 컴퓨터 그래픽의 발달로 실물이 아닌 가상모델을 이용한 버추어 마케팅 및 캠페인을 벌이는 브랜드도 등장하였다.

패션의 변화주기

유행의 주기란 새로운 스타일이 소개되고 전파되어 절정에 이른 다음 점차 쇠퇴하여 소멸되고 다시 새로운 스타일이 나타나고 유행되는 과정을 말한다. 유행이 언제 시작되고 언제 끝날지 예측할 수 없고 그 기간도 일정하지 않지만 일반적으로 유행주기를 파도에 비유한다. 파도처럼 처음(소개기)

1 정치적 요인 1970년대 미국에 유행한 차이니즈 칼라
2 과학기술적 요인 컴퓨터 생성 화상모델

에는 천천히 솟아올라서(상승기) 최고의 높이(절정기)에 이르렀다가 급속히 떨어지는 곡선(쇠퇴기 및 폐지기)을 그린다.

패션쇼에 소개된 새로운 스타일은 약 6개월이 지난 후에야 매장에서 상품으로 구매할 수 있었다. 하지만 각종 소셜미디어의 발달 및 정보공유 속도의 변화에 익숙해진 소비자들의 성향으로 인해 최근에는 패션쇼 종료 후 온라인을 통해 바로 컬렉션을 소비자가 구매할 수 있는 'See Now, Buy Now' 형식을 취하는 브랜드들이 늘어나고 있다. 이에 따라 앞으로 유행의 주기는 더욱 짧아지고 세분화될 것이라는 예상을 해본다.

소개기

유행의 내용을 소개하는 시기이다. 이 시기에는 디자이너들이 새로운 스타일을 만들어 패션 모델에게 입혀서 패션쇼를 하거나 전문지, 신문, 잡지 등을 통해 소개를 한다. 이때 유행을 주도하는 일부의 사람들이 입음으로써 유행이 발생한다. 이러한 유행 선도자들(패션 리더)은 타인과 다른 옷차림을 하고자 하는 욕망이 강한 집단으로, 범위가 제한되어 있고 그 숫자가 적은 편이다.

상승기

더 많은 사람들이 수용하는 단계로 새로운 스타일이 의상 전문 잡지, TV 등에 소개되고 널리 알려지면서 유행 전파의 상승곡선이 형성된다. 이 단계에서 제조업자들은 판매 증가를 예측하여 디자인을 단순화시키고 소재의 품질을 낮추어 생산함으로써 가격을 낮게 설정한다. 또한 이 기간에 집중적인 판매 및 촉진활동을 벌인다. 이러한 사회적 촉진활동과 모방심리 등이 대중들의 태도 변화를 일으켜 폭넓은 구매가 나타난다.

절정기

절정기에는 새로운 유행이 화제가 되고 대중매체는 그것을 보도한다. 이 시기에는 상품이 대량생산, 대량판매되면서 가격이 비싸지 않아 많은 소비자들의 구매가 가능해진다. 그 유행양식은 최고로 많이 대중에 의하여 수용되어 유행의 정점을 이루게 된다. 또한 새로운 디자인의 디테일에 조금씩 변화를 주어 생산하면 유행이 지속되기도 한다.

쇠퇴기

대부분의 사람들이 이미 새로 유행하고 있는 패션에 관심을 가지고 구매한 상태이다. 따라서 현재 유행하고 있는 패션에 대한 소비자들의 구매욕구가 감소되고 더 이상 정상가격으로 상품을 구매하려 하지 않으므로, 생산이 중단되면서 유행의 하향곡선이 형성된다.

폐지기

이미 새로운 디자인이 유행하고 있기 때문에 사람들은 그 스타일에 흥미를 잃고, 상품은 아주 싼 가격에도 팔리지 않게 된다.

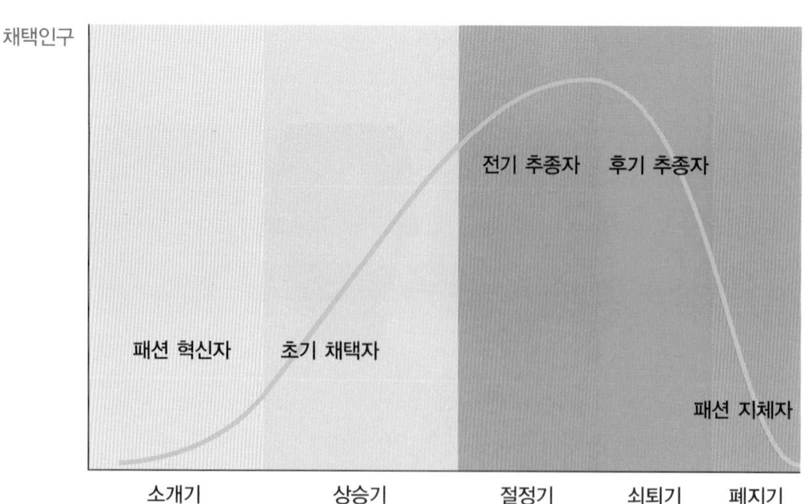

패션의 변화주기

패션의 전파이론

일반적으로 새로운 패션 스타일이 소개되면 곧바로 수용하는 사람이 있고 그 패션이 어느 정도 수용되는 것을 지켜본 후 따라 하는 사람이 있다. 변화의 확산과정을 볼 때 전자의 사람을 패션 선도자라 하고, 후자를 패션 추종자 혹은 패션 동조자라고 한다. 한 사회 안에서 누가 먼저 패션 상품을 수용하고, 누가 모방하며, 어떤 과정을 거쳐 패션이 전파되는 양상은 사회의 특성과 경제계층 구조에 따라 다르게 나타난다.

1) 하향전파이론(trickle-down theory)

패션의 전파방향이 사회 · 경제적 상류계층에서 시작되어 낮은 계층으로 전파된다고 주장하는 전통적 이론이다. 이 이론은 경제학자 베블렌(Veblen)의 '과시적 소비(conspicuous consumption)'에 근거를 두었다. 즉, 인간은 이중성을 갖는데, 그것이 패션 상품의 차별과 모방으로 나타난다고 보았다. 상류계층에서는 새로운 스타일을 선택하여 자신을 낮은 계층과 구분하려 하고, 낮은 계층에서는 새로운 스타일을 모방함으로써 상류계층과 동일시하려는 욕구를 충족시킨다는 것이다. 그러나 유행을 선도하는 집단에서는 자신들의 스타일이 대중에게 이동 · 확산되어 더 이상 차별화되지 않으면 채택하였던 스타일을 버리고 새로운 시도를 하게 된다. 20세기 이전에는 왕이나 왕족의 의상을 귀족들이 모방하고 귀족의 의상을 그 아래 계층에서 모방하였으므로 이러한 하향전파 과정이 지배적이었다.

하향전파이론
1 마담 퐁파두르(Madame de Pompadour)
2 상류계층의 패션을 따르는 18세기 귀족들

2) 수평전파이론(trickle-across theory)

대중이 특정 계층을 모방하는 것이 아니라 자신과 비슷한 사회 · 경제계층의 집단 안에서 유행이 수평적으로 이동하여 확산된다고 보는 이론이다. 경제적 능력이 편재되어 있는 과거 전통적 계급사회와는 달리 현대 사회에서는 대중이 개인의 패션 이상형을 선택함으로써 유행이 전파된다. 대중은 인기 있는 연예인, 학교에서의 유명인, 민족적인 영웅 등을 동경하고 그들의 스타일을 모방함으로써 수평전파가 이루어진다. 기성복 산업의 발달로 대량생산이 가능해졌고, 영상매체와 광고산업의 발달 등이 소비자의 흥미와 구매동기를 유발시킴으로써 이러한 유행의 전파속도를 가속화시킨다고 할 수 있다.

수평전파이론 1930년대 모자를 유행시킨 영화배우 그레타 가르보

3) 상향전파이론(bottom-up theory)

하위문화집단의 구성원에서 채택한 유행이 이들보다 높은 사회 · 경제계층으로 확산되어 나

간다는 이론으로, 하향전파이론과 반대 입장을 취한다. 1970년대 히피나 1980년대 펑크 문화의 영향은 패션 상향전파의 대표적 예이다. 블루 진과 데님 재킷도 원래 노동자의 작업복이었던 것을 하류계층의 청소년들이 처음으로 평상복으로 입기 시작하였고, 이것이 많은 젊은이들에게 빠르게 확산되었으며 현재는 계층, 연령, 경제적 능력에 관계없이 전 세계적으로 유행이 지속되는 의류 품목이 되었다. 하위문화의 혁신적 스타일이 사회 전반에 확산되려면 계층 사이의 다리 역할을 하는 연결자가 존재해야 한다. 이 연결자는 사회·경제적 상류계층에 속하고 있으며, 하위문화집단의 혁신적 스타일을 먼저 채택하고 상류계층에 소개하여 사회적 영향력을 발휘하는 역할을 한다.

4) 집합선택이론(collective selection theory)

한 집단에 소속된 구성원들의 취향이 동질화되어 서로 비슷한 것을 선택함으로써 패션이 전파된다고 보는 이론이다. 이 이론은 1980년대 이후 패션의 특성인 다양화·개성화 경향을 반영하며, 여러 집단의 독특한 스타일이 공존하는 현상을 잘 설명한다. 사회가 고도로 산업화됨에 따라 패션 주기는 더욱 짧아지고 다양한 패션 스타일이 등장하고 있는 지금의 세태를 나타내는 이론이다.

1 상향전파이론 히피 스타일을 재현해 낸 하이패션(Emilio Pucci 2015 S/S)

상향전파이론

2 스트리트패션을 재해석한 하이패션(Vivienne Westwood 2018 spring)

3 작업복이었던 청바지의 하이패션(Balmain 2018 fall)

패션 트렌드 예측

패션 트렌드 요소

패션 트렌드 예측은 다가오는 다음 시즌에 무엇이 유행할 것인지, 어떤 상품을 기획해야 할지 고민하는 마케터, 바이어, 디자이너 등 패션과 관련된 일을 하는 사람들에게 필수적이다. 그리고 이러한 과정은 앞으로 소비자들이 어떻게 행동할 것이며 무엇을 구매할 지를 결정하는 데 필요하다. 패션 예측(fashion forecasting)은 단순히 추측하는 작업이 아닌 굉장히 복잡한 과정이다. 또한 패션 실무자들이 하나의 영감을 얻기 위해 여러 트렌드 정보 원자료들을 다양한 조합과 방법으로 사용하며 이러한 예측작업의 방향은 기업의 전략과 그들이 목표로 하는 고객군에 따라 좌우된다.

패션 예측산업은 1960년대 매스커뮤니케이션의 발달과 함께 발전해왔으며, 이로 인해 소비자들은 패션에 대한 풍성한 지식을 갖게 되었고 예전보다 더 세련되어졌다. 디자이너 패션은 상업적인 디자이너와 마케터들에게 지속적으로 영감과 영향을 주고 있는데 우리는 이를 하향(trickle-down) 효과라 한다. 물론 이와 반대로도 가능한데, 예를 들면 패션 디자이너가 펑크에서 디자인 영감을 받는 것과 같이 스트리트 스타일, 하위문화 등에서 영향을 받기도 한다.

트렌드 산업은 항상 가장 먼저 새로운 시즌을 위해 준비해야 하는데 섬유와 텍스타일 제조업체는 시즌보다 2년 먼저 새로운 원사 및 원단 제품을 개발하기 시작해야 한다. 트렌드 예측가가 설정한 디자인, 컬러, 원단 계획에 실패하게 되면 패션 상품은 팔리지 않아서 이월상품으로 전락해버리고 결국 마케터들은 그 시즌 적자에 이르기 쉽다. 이와 같이 트렌드 분석에서 예측가의 역할은 매우 중요하며 그 가치를 따질 수 없을 만큼 매우 유용하다.

트렌드 예측에서 기본적으로 알아야 할 것은 정치, 세계 경제에 대한 사회적인 현상이며, 이것이 소비자들에게 미치는 영향에 대한 충분한 이해 또한 매우 필요하다. 트렌드 예측가들은 반드시 뉴스, 현재의 정책, 경제, 문화적 이슈, 사

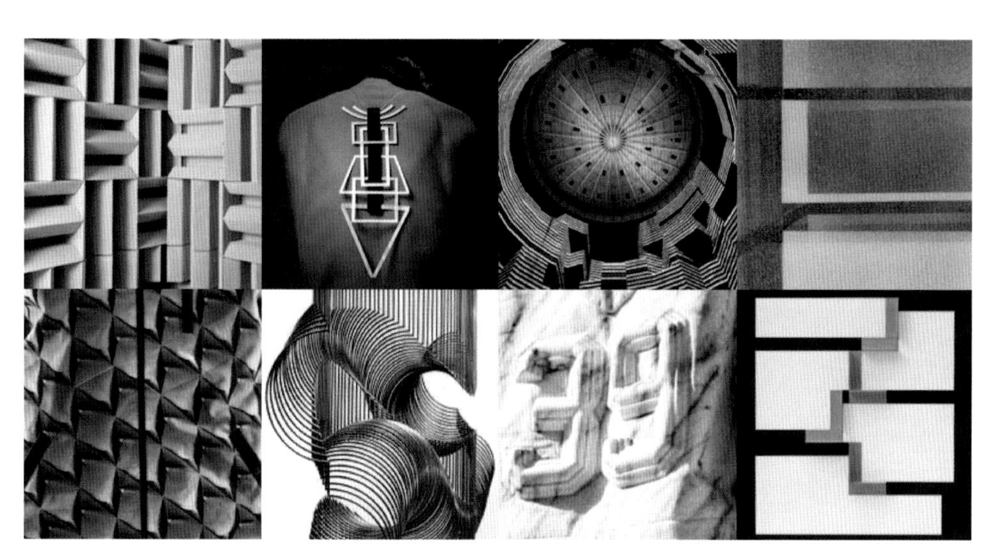

메가 트렌드 보드
트렌드 예측 참고 정보원 : 신문, 서적, 매거진, 웹사이트, 패브릭과 컬러 샘플

회 · 경제적 트렌드에 대하여 매우 잘 이해하고 있어야 하며 경험 많은 패션 분석가들은 소비자 구매 패턴, 고객 프로파일과 라이프 스타일을 파악하고 있어야 한다. 트렌드 예측가들은 정보 분석을 위해 디자인, 컬러와 동영상 서비스, 신문, 서적, 매거진과 웹사이드 등 정보 자료원들을 사용하여 예측한다.

메가 트렌드와 마이크로 트렌드

트렌드는 기본적으로 사람과 사람 간의 커뮤니케이션이라 할 수 있다. 트렌드 중 메가 트렌드는 사회의 대다수 사람들이 동조하며 10년 이상 지속되는 경향이 있다. 이는 1982년 미국의 미래학자 존 네이스비츠(John Naisbitts)가 저술한 베스트셀러 《메가 트렌드(Megatrends : The New Directions Transforming our Lives)》로 생겨난 용어이다. 현대 사회에서

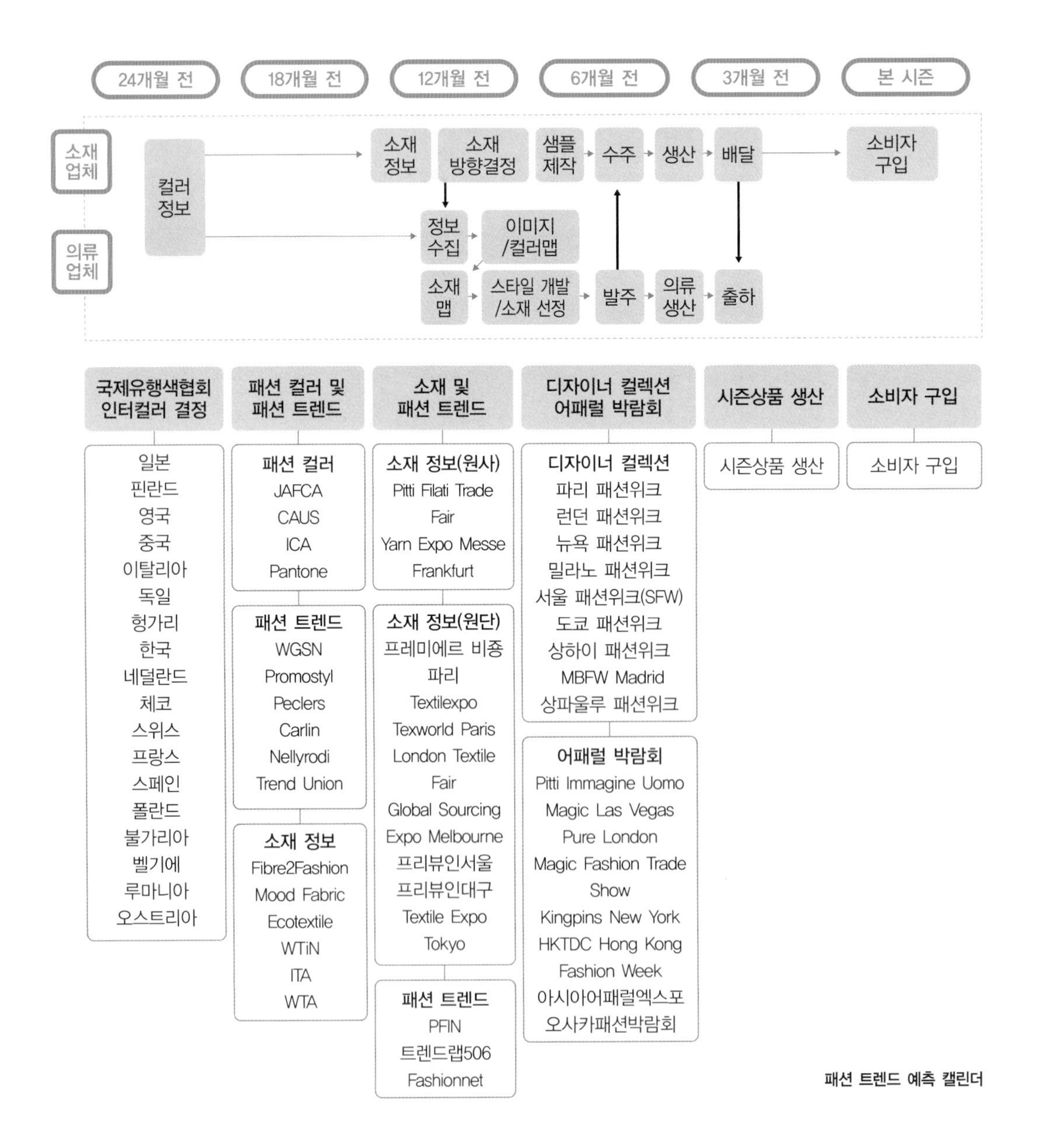

패션 트렌드 예측 캘린더

계속 일어나고 있다고 저자가 지적하는 거대한 조류(trend)를 의미하는 것으로 탈공업화 사회, 글로벌 경제, 분권화, 네트워크형 조직, 고령화 등이 그 특징이다.

우리가 살아가는 세상이 어떤 방향으로 나아가고 있는지 알게 해주는 사회변화의 거시적 추세이며 사회, 문화의 변화와 이에 따른 인간의 라이프 스타일의 변화를 분석하여 도출된 경향을 말한다. 메가 트렌드는 패션 디자인 트렌드에 막대한 영향을 미치며 트렌드를 읽은 것이 시대의 흐름을 제대로 파악하고 대처하는 필수 요소라고 한다면 메가 트렌드는 트렌드의 최상위 개념이라고 할 수 있다. 따라서 메가 트렌드를 바로 이해하는 것은 현재에 비추어 다가올 미래를 예측하고 불확실하고 급변하는 현대 사회에서 시대에 뒤떨어지지 않는 디자인을 개발하기 위해 필수적인 과정이 된다.

메가 트렌드와는 달리 현대 사회에 개인주의가 만연해짐에 따라 집단마다 개성과 문화에 따라 구분이 확실히 되어가는 상황에서 소수의 사람들이 각자 추구하는 것, 입는 것, 마시는 것, 생각하는 것, 생활 방식들이 유행이 되면서 마이크로 트렌드(micro trend)의 개념도 나타나고 있다. 마이크로 트렌드는 트렌드를 만드는 싹이라 할 수 있으며 일부 계층의 사람들에게 영향을 주는 변화의 요인이 된다. 마이크로 트렌드 현상이 3~5년 이상 지속되면 매크로 트렌드(macro trend)라고 하며 주 5일 근무제 시행과 웰빙 트렌드로 사회 전반에 영향을 미치는 국내 아웃도어의 열풍을 매크로 트렌드라 할 수 있다.

패션산업에서 트렌드 정보를 수집할 때 필요한 과정인 트렌드 예측 프로세스는 컬러, 인스프레이션, 소재, 무드보드 프레젠테이션 테크닉들을 관찰하는 것에서 시작한다. 세계적인 유행경향의 예측으로 소개된 패션 트렌드는 국내의 다양한 환경적 특성을 고려하여 국내에 맞는 패션 트렌드로 소개된다. 각 패션기업에서는 이렇게 소개된 정보를 자사의 상품기획 방향에 적용할 수 있도록 분석하게 되는데 이 과정은 보통 상품기획의 가장 앞선 단계로 해당 시즌보다 2~3시즌 앞서 진행된다.

컬러

컬러(colour) 분석은 매 시즌 트렌드 예측에 있어서 첫 번째 개발 단계로서 트렌드를 결정하는 매우 중요한 요소이다. 컬러 트렌드는 하이 스트리트와 패션 전 매장에 확산되며 컬러 소프트웨어 패키지을 국제적인 툴로 사용한다. '컬러 스토리(color story)', 즉 컬러 팔레트는 다음 시즌의 컬러 트렌드를 형성하기 위해 컬러들을 조합하여 개발되며, 이러한 컬러 스토리는 원사, 원단, 리본 스와치와 같은 샘플을 사용하여 표현되기도 한다. 원단 스와치를 통해 컬러 확인을 한다면 원사를 염색하는 데 무리가 없을 것이다. 컬러 팔레트 개발은 첫 번째 트렌드 예측의 과정으로 컬러 스토리는 리서치와 역사적이거나 독특한 이미지 자료 수집을 통해 창조된 영감으로 이루어진다.

소재

많은 트렌드 예측 기업들은 주요 원사 및 원단 무역 박람에 참관한다. 프리미에르 비죵은 전세계적으로 가장 유명한 소재(fabrics) 박람쇼이며 F/W 시즌을 위해 9월 파리에서 그리고 SS시즌을 위해 뉴욕, 모스크바, 상해, 도쿄에서 전시회가 열린다. 컬러와 소재 트렌드 예측은 시즌의 18개월을 앞서서 진행되는데 프리미에르 비죵은 전시회 기간 동안 매일 트렌드 리포트 및 인터뷰 신문을 배부한다. 기사에는 소재 트렌드 관련 여러 사례를 통해 예측된 중요 소재 트렌드 내용이 포함되어 있으며, 예측 기업들은 이러한 기사를 읽고 다가올 시즌에 대비하여 중요 트렌드에 대한 아이디어와 정보들을 좀 더 빨리 획득한다. 온라인을 통해서 전문적인 소재 자료를 얻을 수 있으며 소재 산업에서 리딩 기업들인 라이크라(Lycra), 울마크 사(Woolmark company), 코튼 사(Cotton Inc)는 경쟁시장에서 자신들의 제품을 홍보하기 위해 온라인을 통해 컬러와 트렌드 예측 서비스를 제공하고 있다.

인스퍼레이션

인스퍼레이션(inspiration)은 전시, 전시, 갤러리, 아트쇼, 매거진, 인테리어 디자인, 건축 등을 포함한 굉장히 광범위한 영역에서 얻을 수 있다. 패션은 디자인에 영감을 주는 새로운 아이디어를 필요로 하며 이를 통해 고객에게 새로운 것을 제공한다. 따라서 새로운 인스퍼레이션을 발견하기 위해 날마다 카메라를 소지하는 게 중요하며 사진을 찍고 편집하면서 새로운 것을 개발한다. 새로운 이미지를 수집하면서 얻어진 자료들은 트렌드 예측 자료로 활용되며 패션 매장의 윈도는 풍부하고 새로운 아이디어를 제공한다. 트렌드 예측가들은 패션의 주요 도시를 여행하면서 인스퍼레이션을 얻을 수 있으며 수집한 사진 이미지를 바탕으로 패션 디자인

1 팬톤 컬러 연구소(Pantone Color Institute)의 색채 전문가는 디자인, 영화, 푸드, 패션, 예술, 엔터테인먼트를 비롯하여 소비재, 여행, 스포츠 및 기술 분야에 대한 조사 및 분석을 통해 올해의 컬러를 선정하여 제품 개발, 디자인 및 구매 결정에 영향을 미치고 있다.

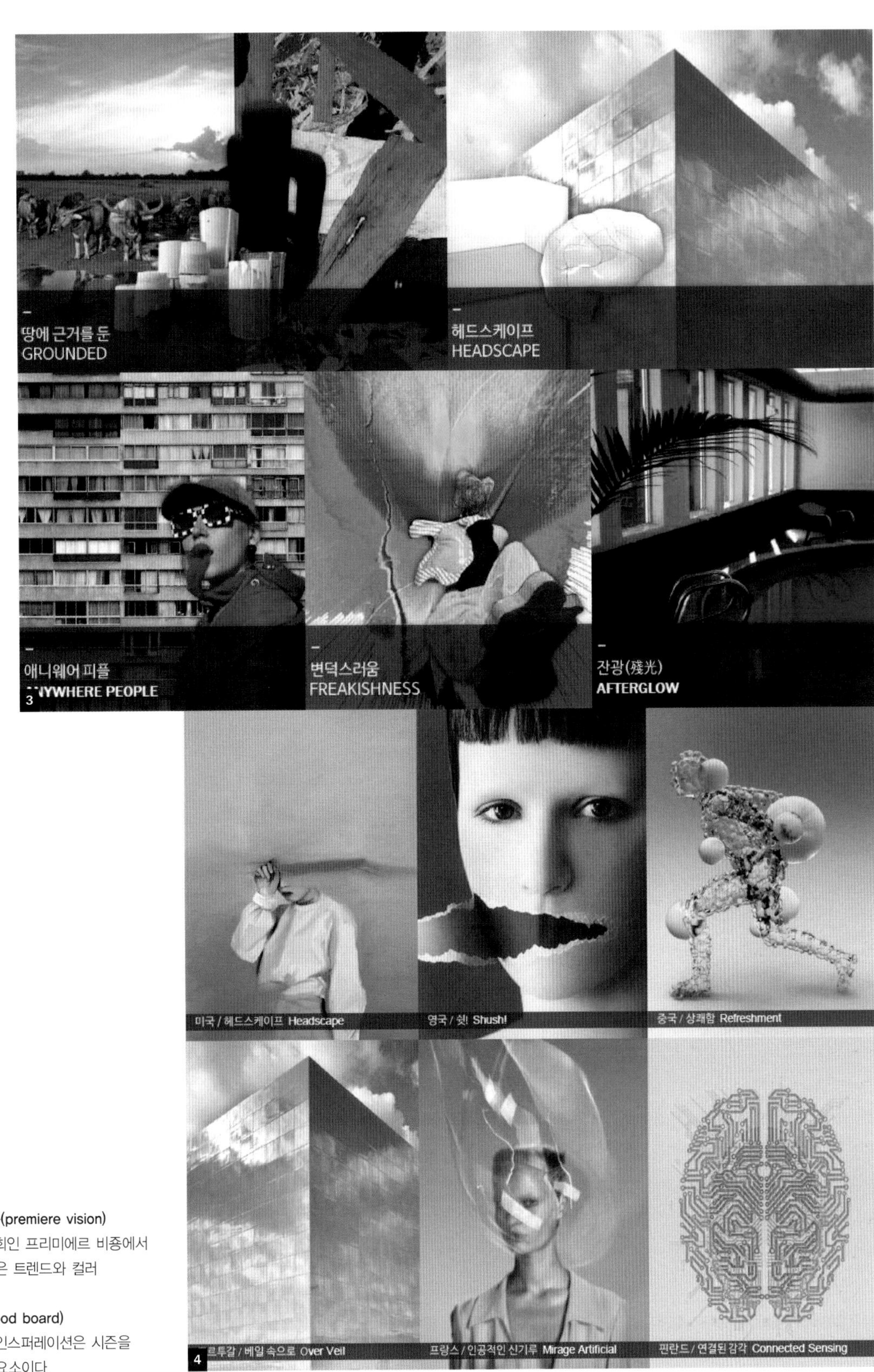

2 프리미에르 비죵(premiere vision)
소재 무역 박람회인 프리미에르 비죵에서 주목해야 할 것은 트렌드와 컬러 팔레트이다.

3, 4 무드 보드(mood board)
무드 보드에서 인스퍼레이션은 시즌을 준비하는 기본 요소이다.

테마, 실루엣, 무드, 컬러 등을 개발하며 최종적으로 트렌드의 방향(direction)을 결정한다.

트렌드 보드 편집(compiling a trend board)

시즌의 다양한 룩을 볼 수 있는 트렌드 보드는 전문적인 방법으로 콜라주를 통해 제작되며 디자이너의 의도를 시각적으로 보여주기 위해 각 테마별로 컬러, 소재, 인스퍼레이션을 트렌드 보드를 통해 전달한다. 숙련된 패션 디자이너들은 이런 트렌드 정보를 가지고 그들이 받은 영감을 자기 방식으로 해석하여 테마를 만들고 반영한다.

트렌드 보드의 레이아웃(layout)을 위해 테마의 핵심을 명확하게 보여주는 이미지를 어디에 배치할 것인지를 고민해야 한다. 테마와 연계성이 있는 소재 스와치를 준비하여 트렌드 보드에 독립적으로 배치하거나 사선으로 배치하기도 한다. 소재를 트렌드 보드에 보여 줄 때 트렌드 정보를 명확하게 전달하려면 세련되고 깔끔하게 제시하여야 한다. 마지막으로 테마들을 명확히 인지할 수 있도록 각 테마의 타이틀을 정해 주는 것이 중요하다.

패션 트렌드 정보 수집과 분석

최근 트렌드의 주기는 빨라졌으며 패스트 패션이라는 현상이 나타나게 되었다. 패스트 패션은 21세기 들어서 사용하게 된 개념으로 매장에 새로운 제품을 자주 공급하여 제품 순환을 매우 빠르게 하는 제품 유통전략을 말한다. 전통적으로 패션 제품은 봄/여름, 가을/겨울 시즌에 맞추어 유행을 예측하고 제품을 기획하여 생산하였으며 도매를 거쳐 소매점포에 배송되었는데 이 과정은 길게는 약 1년이 소요되기도 한다. 그러나 1990년대 초부터 소비자들의 욕구가 다양해지고 그 욕구를 충족시켜야 했기 때문에 소매상들은 기존의 2회 시즌에서 3~5회 중간 시즌을 추가하기 시작하였다. 이는 인터넷의 발달 등 통신기술의 확산, 글로벌 의류생산기지의 지역적 확대로 더욱 가속화되어 패스트 패션 현상으로 정착하게 되었다. 패스트 패션의 대표 브랜드인 자라(Zara)의 경우 전 세계에 매장을 가지고 있음에도 일 년에 20회 시즌이 있으며 일주일에 2번 새로운 상품이 공급된다.

트렌드 예측은 디자이너, 컬러 전문가, 섬유와 원사 제조사부터 마케팅과 리서치 분석가, 출판사 모두에게 필요하며 모든 실무자들은 트렌드의 예측, 투영, 실행에 모두 참여한다. 시즌의 중요 스타일 룩에 대한 트렌드 해석은 타깃 고객 관점에서 이루어져야 하며 디자이너, 바이어, 컬러 전문가들 모두 예측된 '컬러 톤(tone)' 트렌드를 분석하고 이를 디자인과 제품에 반영해야 한다.

예측과정에서 가장 먼저 이루어지는 것은 정보를 수집하는 것이다. 스타일 트렌드, 디자이너 컬렉션, 매장 윈도 리뷰 및 계획과 레이아웃 등을 평가하는 것이 디자이너와 바이어의 능력이며 이러한 능력과 기술은 다양한 시각적 분석 방법을 통해 만들어진다. 패션 트렌드 예측은 하나의 툴로 사용되어 유통업체, 디자이너, 제조업체에게 제품 및 가격정책 수립과 투자수익률 예측을 위한 소비자 니즈 분석 정보를 제공하기 때문에 고객이 원하는 것을 예측하는 것은 기업의 매출 향상과 성공을 위해 매우 중요하다.

트렌드 예측 보드의 시각적 분석

다음의 세 가지 단계 가이드는 트렌드 예측 보드를 어떻게 분석하고 이를 디자인 전략에 어떻게 적용하는지를 설명한다.

프레젠테이션 분석

시각적인 분석에서 가장 먼저 해야 할 일은 보드가 어떻게 당신에게 영향을 줄지를 생각하는 것이다. 중요 이미지는 무엇인지, 내가 이 이미지들을 어디에서 볼 것인지, 어떤 이미지를 강조해야 할지, 컬러와 글씨체는 이미지와 연결되는지, 이미지들끼리 잘 어울리는지 등 보드에 있는 이미지들을 시간을 갖고 보면서 질문에 대한 대답을 하는 작업을 한다.

정보 분석

각각의 이미지들을 사용하여 큰 그림, 즉 트렌드 보드를 완성하기 위해서는 시각적인 요소들을 배열하는 능력이 필요하다. 감성을 일깨우고 영감을 주는 키워드를 생각하기 위해 먼저 보드의 이미지들이 당신에게 어떤 느낌을 주는지 서술하고 이러한 느낌이 어디에서 오는지 머리 속으로 연상한다.

아이디어 추정

형태는 유기적이거나 기하학적일 수 있으며, 선의 종류, 형태와 형태 크기, 이들 간의 관계를 확인하는 데 중요하다. 문화적이고 역사적인 자료, 상징성, 시각적인 메시지, 선의

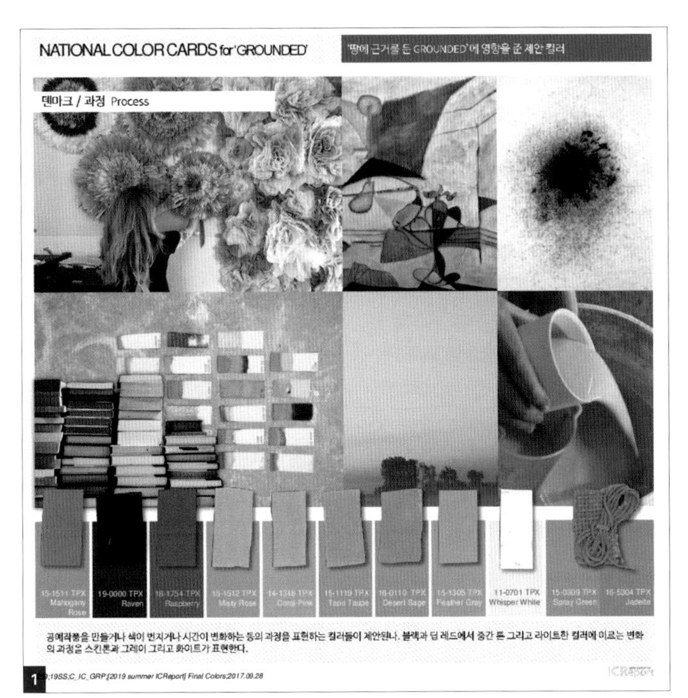

트렌드 예측 보드

트렌드 보드는 매거진, 컬러 칩, 소재 스와치, 포장, 사진이미지와 아트워크 등으로 제작되며 정보 분석을 위해 트렌드 보드의 시각적인 요소 분석 과정이 필요하다.

움직임과 속도와 같은 요소들은 아이디어의 방향성을 주는 데 시각적으로 사용될 수 있다. 방향이 정해지면 디자인 아이디어에 적용할 수 있는 단어, 이미지, 컬러와 소재 등을 사용하여 마인드맵을 만들 수 있다.

패션 트렌드 예측 실습 : 쿨헌팅

쿨헌팅은 새로운 직업군으로 대두되고 있으며, 쿨헌팅을 잘 하기 위해서는 좋은 시각 자료 리서치 기술이 필수적이다. 쿨헌팅은 앞선 생각을 가지고 있는 사람들을 발견하고 관찰하는 것이며 쿨헌터가 되기 위해서는 쿨헌팅 시각 자료 프레젠테이션 작성을 잘 해야 하며 트렌드를 분석하는 기술과 안목을 갖는 것이 중요하다. 다음의 쿨헌팅 분석 과정을 살펴보자.

Step one : 리서치(research)

인스퍼레이션을 받는 첫 번째 단계는 주변 도시나 특정 장소에 방문해서 눈에 보이는 것을 카메라로 사진 찍고 중요한 내용은 메모를 한다. 쇼핑몰이나 라이프 스타일형 매장, 편집 매장을 둘러보는 것도 유용하다. 거리에서 사람들이 어떤 옷을 입고 있는지 사진을 찍어 현재의 마켓 현황과 문화적인 현상을 조사한다.

갤러리, 광고 이미지, 인테리어 디자인, 일러스트레이션, 포토그래피, 그래픽 디자인, 프린트 패턴, 텍스타일, 조각 전시회, 영화, 스포츠, 음악도 쿨헌팅에 필요한 인스퍼레이션 자료가 될 수 있다.

Step two : 편집(compilation)

첫 번째 과정에서 진행했던 사진을 찍고 메모한 작업을 보드에 함께 두어 보자. 보드에는 시각자료, 워드 작업, 그림, 사진, 메모했던 노트 등 다양한 리서치 자료들이 포함된다.

이러한 편집작업을 하고 나서 트렌드 보드를 제작하거나 트렌드 예측 웹사이트나 쿨헌팅 블로그에 업로드한다.

Step three : 분석(analysis)

트렌드 조사한 자료들 중에서 눈에 띄는 테마를 골라낸다. 이 단계에서는 현재 패션매장에서 유행하는 트렌드보다 앞선 트렌드를 예측하는 것이 중요하다. 현재 인기 있는 패션은 앞으로 곧 사라지기 때문에 패션에서 영향을 주는 사람인 패션 리더와 패션 리더에게 영향을 받는 소비자들인 패션 추종자의 연결성을 고민해야 한다.

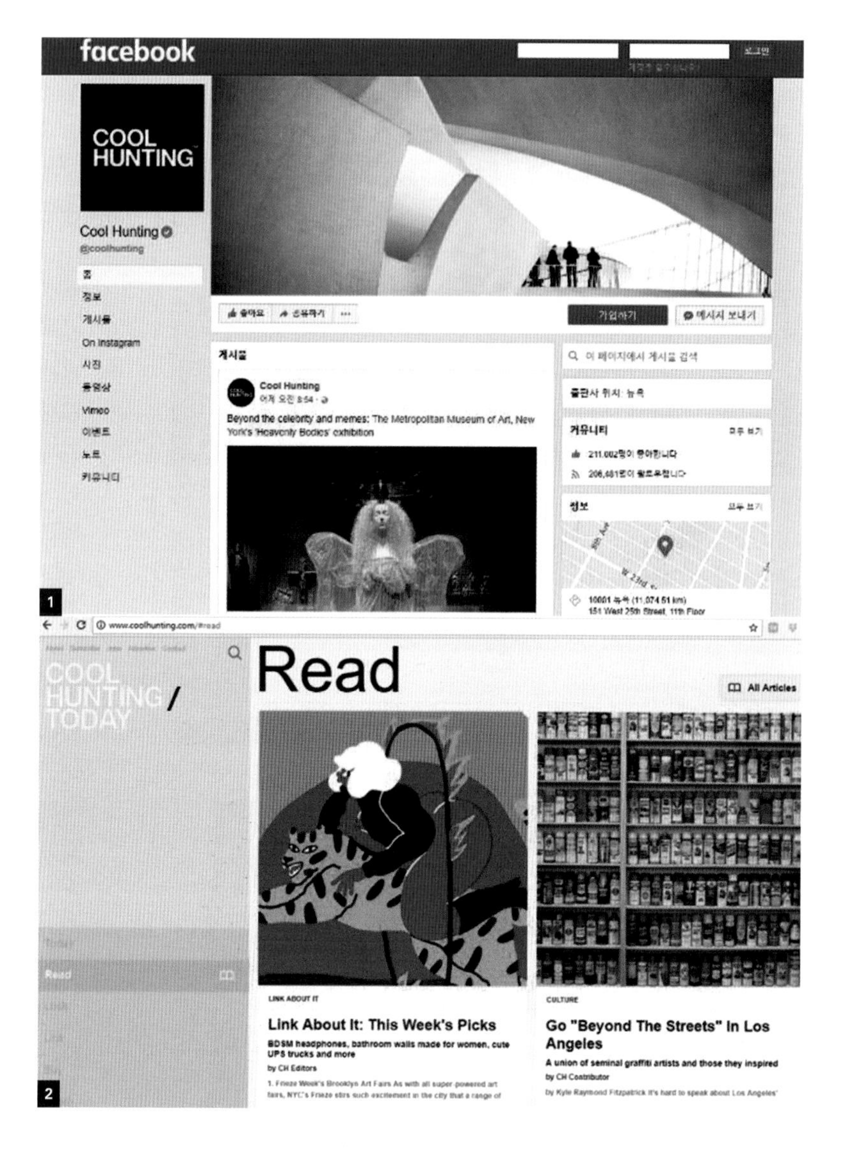

쿨헌팅

리서치 자료는 트렌드 보드로 편집되거나 온라인 예측 서비스와 블로그에 업로드된다.

2023 패션 트렌드 예제 KCDStudio(Korea Color & Design Studio)
www.instagram.com/snack_kcdstudio.official/vogue.com hypebae.com

HISTORY OF FASHOIN

CHAPTER 2
패션의 역사

영화 속 주인공의 의상을 보면 '저 시대에는 왜 저런 옷을 입었을까?' 하는 궁금증이 생긴다. 이집트의 금색 장신구, 고딕 시대의 높이 솟은 칼라, 르네상스 시대의 과장된 복식 실루엣 등 시대가 변하면서 지리적 특성, 종교와 예술양식, 정치·경제에 영향을 받은 복식은 변화를 거듭했다. 그리고 19세기 산업혁명 이후 일부 특권층에 제한되었던 '패션'이 부를 축적한 중류층에게 전파되면서 패션 시장은 그 틀을 형성하기 시작했다. 이에 이번 장에서는 고대 이집트 시대부터 근대 나폴레옹 시대까지 시대별로 복식이 어떻게 달라졌고 그러한 변화가 왜 일어나게 되었는지 알아본다. 그리고 현대 패션의 뿌리라 일컬을 정도로 눈부신 발전을 이룬 20세기와 2000년대 이후 패션을 살펴보기로 한다.

영화로 보는 고대, 중세, 근세, 근대 패션

단순한 복식, 화려한 장신구로 멋을 낸 이집트 복식

이집트는 나일강 유역에 위치한 농경국가로 태양신을 숭배했다. 온난한 기후로 인해 노출이 많고 단순한 형태의 의복이 주를 이루었고, 주된 소재는 얇고 가벼운 흰색 리넨 직물이었다. 이집트는 '파라오'라고 불린 절대 권력의 왕들과 다양한 계층으로 이루어진 엄격한 계급사회였다. 하층계급은 소박하고 활동적인 옷을 입었지만 왕족들은 금, 각종 보석, 칠보세공을 이용한 화려하고 다양한 형태의 장신구로 자신의 신분을 과시했다. 이집트인들은 태양을 상징하는 색인 금색을 신성하게 생각했고, 넓은 칼라 모양의 목걸이인 파시움(passium)에 신의 상징인 독수리 날개를 형상화해 왕의 권위를 상징적으로 표현했다. 왕족의 남자들은 옷에 태양의 햇살처럼 보이는 수직선의 주름을 잡아 자신이 태양신의 아들임을 과시했다. 이집트 미술의 특징은 자연에 대한 관찰과 기하학적 규칙성이라 할 수 있다. 사물의 특징에 따라 사소한 부분은 생략하고 직선, 삼각형, 원형 등 본질적인 것을 완벽하게 표현해 아름다움보다는 완전성을 중요하게 생각했다. 이러한 균형과 조화의 조형원리가 장신구에 잘 반영되었다. 남자들은 넓은 천을 허리에 둘러 입는 로인클로스(loincloth)를 즐겨 입었고, 여자들은 어깨 끈이 달린 시스스커트(sheath skirt)를 입었다. 속이 비치는 얇고 고운 리넨으로 인체 실루엣을 자연스럽게 드러냈으며, 왕족들은 케이프(cape)나 숄(shawl)처럼 어깨나 몸에 걸치는 하이크(haik)를 착용했다. 다산을 숭배하는 문화의 영향으로 옷을 입을 때 배가 드러나게 입었고, 청결함을 중요하게 생각해 삭발 후 가발을 착용했다. 곤충의 접근을 막아주는 녹청색 화장료를 사용한 눈화장 역시 이집트 시대의 독창적인 특징 중 하나이다.

1 수호신인 독수리와 코브라로 장식한 투탕카멘 가면
2 흰색 리넨 소재 의상 〈The Prince of Egypt, 1998〉
3 황금색 장식은 태양의 아들임을 상징 〈Gods of Egypt, 2016〉

비례와 균형미를 추구했던 그리스 복식

그리스 복식은 이집트와 달리 계급에 따른 차이가 없었다. 토지가 좁았기 때문에 대규모 관개농업 같은 국가적 통제가 필요 없었고, 대신 평민들이 무역을 통해 부를 축적하면서 이들의 복식에서 소재와 장식의 차이가 나타났다. 그리스인들은 신을 인간화하였다. 예술작품의 주제는 신화였으나 신을 완전하고 이상적인 인격체로 형상화했다. 인간의 절대적인 아름다움을 비례, 균형, 섬세함, 사실성에 중점을 두어 표현했고, 인간의 희노애락에 관심을 갖는 철학, 문학, 예술, 건축의 황금기였다. 플라톤, 소크라테스가 그리스 시대를 대표하는 철학자로 손꼽힌다. 그리스 복식은 신분을 과시하거나 화려한 장식을 갖추는 대신 인체와의 조화를 추구한 모습이 특징이다. 대표적인 복식 형태는 도릭 키톤(doric chiton)과 이오닉 키톤(ionic chiton)으로 직사각형 형태의 천을 반으로 접어 몸 전체에 두르고 양쪽 어깨에 핀을 꽂아 고정하는 형식이다. 두꺼운 소재로 만들어 외출용이나 방한용으로 입었던 히마티온(Himation)은 철학자들이 속옷 없이 하나만 입어 자신들의 청빈함을 표현하기도 했다. 이러한 복식은 드레이퍼리(drapery)한 실루엣으로 그리스인들이 추구하는 균형, 비례, 율동미를 표현했다. 평지가 적었기 때문에 주로 목축업이 발달하여 복식 소재로 울이 많이 사용되었고, 무역의 발달로 리넨과 실크가 수입되어 복식의 소재가 다양해졌다. 옷의 가장자리에는 승리의 상징 '월계수'나 평화의 상징 '올리브 잎'을 모티프로 직조하거나 자수를 놓았다. 의상이 단순했기 때문에 머리 치장에 관심이 많았는데 머리에 컬을 만들거나 잿물로 표백한 후 노란 꽃을 으깬 물로 착색해 황금색으로 꾸미는 것이 유행하기도 했다.

1 인체의 자연스러운 곡선이 표현된 의상(The Death of Socrates, Jacques Louis David, 1787)
2 곱슬거리는 머리카락을 길게 늘어뜨린 헤어스타일 〈Troy, 2004〉
3 키톤 위에 히마티온을 걸친 그리스 여신 아르테미스

착용 방법에 따라 신분을 상징했던 로마복식

그리스에서 철학, 신학, 미학 등 형이상학적인 학문이 중심이었다면, 현실적이고 물질적인 종교 관념을 갖고 있었던 로마에서는 법률, 수사, 역사, 건축 등 실용적인 학문이 발달했다. 단기간 엄청난 제국을 건설하면서 정복지 문화를 받아들인 로마 문화는 정복성·포용성·실용성이라는 특징을 갖는다. 영토를 확장하면서 본래 로마에 살던 시민과 새롭게 로마로 편입된 이민족 사이에 격한 대립이 있었는데, 이러한 결과 소유한 재산의 차에 의해 계급이 분리되는 새로운 제도가 형성되었다. 로마는 정복지로부터 호화로운 직물과 다양한 보석 및 장식품 등을 가져왔고, 사치스럽고 문란한 사회풍조가 지속됐다. 복식은 극도로 화려하고 우아해지면서 복식문화가 발달하게 되었지만, 귀족층의 불건전한 상태는 제정의 수립을 초래하였고 결국 로마제국은 멸망하게 되었다. 로마의 대표적인 복식은 토가(toga)로, 긴 반원형의 천을 둘러 입었다. 한 장의 천을 둘러 입는 이 옷은 입는 방식과 색상에 따라 황제에서부터 노예에 이르기까지의 계급이 반영되었다. 로마 초기의 토가는 작고 단순한 형태로 남녀노소 모두 착용한 의복이었으나, 점차 길이와 부피가 거대하게 바뀌면서 제정시대부터 지배계급에서만 입는 관복이 되었다. 이에 따라 토가 밑에 입던 튜니카(tunica)가 일상복이 되었으며, 추운 기후에 대비하여 울 소재로 어깨를 덮은 케이프 형태의 외투를 착용하였다.

로마 시대에는 나무와 풀을 발효하는 등 많은 염료가 개발되어 복식 색상이 다채롭게 나타났다. 청색은 철학자, 흑색은 신학자, 녹색은 의사, 백색은 하층계급의 상징색이 되어 사회계층을 구별하는 로마 특유의 계급의식이 복식을 통해 반영되었다. 헤어스타일의 경우 여자는 머리카락을 양쪽으로 늘어뜨리거나 묶어 올렸고, 남자는 짧은 머리였다. 결혼식에서는 화관을 쓰고 축제 때에는 머리에 금가루를 뿌렸다. 신발은 실크로 만든 슬리퍼나 가죽 소재로 만든 높은 부츠까지 다양한 종류가 있었는데, 끈을 묶는 방법이나 정교한 장식으로 사회적 신분을 표현했다.

1 염료 기술의 발달로 색상의 범위가 넓어짐 〈pompeii, 2014〉
2 로마의 대표적인 복식 토가 〈Gladiator, 2000〉
3 로마의 장군 율리우스 카이사르(Julius Caesar, BC100~44)

종교적 문양을 화려하게 장식한 비잔틴 복식

기원후 330년 로마의 콘스탄티누스(Constantinus) 황제가 수도를 비잔티움(Byzantium)으로 옮기면서 비잔틴 제국이라는 명칭이 생겨났다. 비잔틴으로 불린 동로마 제국은 동양과 서양의 접촉점으로 당시 유럽과 아시아 대륙의 중심이 되었다. 지역적 특성으로 세계 각지에서 문물이 유입되었고, 직물 공업과 금속 세공업이 발달하면서 비잔틴 제국이 번영하였다. 비잔틴 문화는 로마의 정치적 영향, 그리스 문화와 기독교 사상, 동방의 문화가 만나 이후 로마네스크(Romanesque, 11~12세기) 문화와 르네상스(Renaissance, 15~16세기) 문화에 영향을 주었다. 건축과 회화에는 그리스도의 능력과 천국의 아름다움 등 종교적인 문양이 나타났는데, 이것이 복식에도 영향을 미쳤다.

비잔틴 복식은 종교적인 금욕주의로 몸을 완전히 감싸는 외형을 가졌다. 하지만 옷의 표면은 실크와 금실로 직조해 찬란한 색상을 표현하고 성서의 장면이나 십자가 등 기독교를 상징하는 문양을 자수하거나 화려한 보석으로 꾸며 장엄하고 사치스러운 감각을 드러냈다. 특히 중국에서 가져온 누에고치로 실크를 직조하면서 견직물 공업이 발전했고 지나치게 화려한 복식 때문에 한때 견직물과 금자수 등을 제한하는 사치금지령이 내려지기도 했다. 대표적인 복식은 튜닉(tunic)과 달마티카(dalmatica)이다. 튜닉은 로마에서 착용했던 튜니카가 비잔틴에서 화려하게 발전한 것이고, 달마티카는 처음에는 기독교인들이 입던 의복이다. 콘스탄티누스 1세 때 왕족, 교황, 사제, 귀족 모두 기독교 신자가 됨에 따라 달마티카를 입게 되었는데, 토가와 튜니카보다 간편하게 입을 수 있고 계급과 성별을 감출 수 있다는 점 때문에 후기에는 기독교인뿐 아니라 일반인도 널리 착용하였다. 비잔틴 복식의 직물은 전체가 무늬로 채워졌으며 특히 기독교가 국교로 된 이후 종교적인 주제가 많이 나타났다. 한편 동양에서 영향을 받아 남성들은 머리에 관을 써서 자신의 권위를 드러냈고, 여성들도 머리 자체의 모양보다는 터번이나 베일 등을 사용했다.

1 기독교 사상을 표현한 비잔틴 시대 모자이크
2 터번과 베일로 장식한 헤어스타일 〈Tirante el Blanco, 2006〉
3 동양, 서양, 종교적 색채 혼합 〈Feith 1453, 2012〉

수수한 중세 초기, 그리고 뾰족한 형태의 고딕 복식

중세 초기에는 서로마의 몰락으로 사회 · 정치적으로 분열이 일어났고 철학, 문학, 미술 분야는 암흑시대로 불리는 어둠의 시대였다. 7세기까지 수도원이나 다른 건축물은 소박하고 단순한 모습을 보였는데, 이러한 평범한 의식이 복식에도 영향을 주어 단순하고 수수한 색의 옷이 주를 이루었다. 이전까지 즐겨 입었던 둘러 입는 스타일 대신 활동하기 편한 바지 형태가 등장했고 T자형 튜닉 위에 추위를 막기 위한 울 소재 망토를 겹쳐 입었다.

중세 중기에는 기독교 교세 확장과 영주들의 세력 과시를 목적으로 십자군 전쟁(11세기 말~13세기 말)이 일어났고, 이로 인해 로마네스크 양식이 발달하면서 건축과 의복에 영향을 미쳤다. 이때 봉건영주들의 경제적 지원과 수도원의 기술이 결합되어 반원, 아치, 원주 요소를 접목해 거대하고 견고한 석조성당이 지어졌다. 이 시기에는 기독교의 영향이 지배적이었기 때문에 신체 노출이나 몸의 곡선이 드러나는 것이 금기시되었다. 하지만 동방에서 견과 면직물이 수입되고 직조 기술이 발전되면서 의복이 신체의 선이 드러나는 형태로 변화되었다. 중세 후기를 대표하는 고딕(Gothic) 양식은 뾰족한 탑과 아치, 컬러풀한 스테인드글라스를 사용해 전체적으로 힘 있고 밝은 느낌이 특징이다. 이것이 복식에 영향을 주어 허리 위는 꼭 맞고 아래로 갈수록 흐르는 실루엣, 딱딱한 천으로 만든 원추형의 높은 모자, 앞코가 뾰족한 구두 등이 등장했다. 사회활동이 분화되면서 다양한 복식이 나타났고, 지금까지는 남녀 복식에 차이가 없었지만, 14세기에 이르러 남성의 상의가 짧아지고 여성의 옷은 몸에 꼭 맞게 하여 신체 곡선을 드러냈다. 한편, 자수와 직물 공업이 크게 발전하여 실크와 벨벳이 유행했고, 북방에서 수입된 고급 모피류가 외투로 사용되었다. 십자군 전쟁의 영향으로 군복에 남은 칼자국인 슬래시(slash)가 추후 장식적인 요소로 활용됐고, 십자가를 간수했던 주머니는 오늘날 핸드백의 유래가 되었다. 가문의 상징인 문장은 신분 표현 역할을 했으며, 동방 문화의 유입으로 옷의 여밈 방식이 앞으로 바뀌었다.

1 고딕 양식 건축물, 밀라노 대성당(Duomo di Milano)
2 고딕 양식에서 영향을 받은 모자, 에넹(hennin)
3 높은 칼라와 뾰족한 왕관 〈Snow White and the Huntsman, 2012〉

귀족과 부르주아 계층의 사치 전쟁, 르네상스 복식

14~16세기까지 이탈리아에서 일어난 르네상스 운동은 그리스와 로마의 고전문화를 되살려 인간의 본성과 존엄을 회복시키려는 문예사조이다. 십자군 전쟁 실패로 교회의 권위가 약화되자 사람들은 신 중심의 생활에서 벗어나 인간 중심적인 사고를 중요하게 생각하기 시작했다.

이 시기에는 고딕 시대의 종교적 색채가 사라지고 자연 속 식물의 꽃과 잎을 그대로 묘사한 복식이 인기였다. 인체의 아름다움을 표현하고자 남성은 어깨와 소매를 과도하게 부풀린 의상으로 남성미를 강조했고, 여성은 네크라인을 가슴 깊이 파고, 소매에는 패드를 넣어 풍성하게 부풀렸으며, 허리를 조이는 코르셋과 스커트를 부풀리는 페티코트를 입어 관능적인 아름다움을 표현했다. 이러한 실루엣은 재단법의 발달을 촉진시켜 상·하의가 투피스로 분리되고, 맞춤 의복이 가능해져 부유한 시민계층에까지 복식의 대중화를 이루었다.

16세기에 이르러 자본가와 임금노동자에 의한 자본주의가 시작되었고, 직물 생산과 시장을 소유한 부르주아 상인들이 경제적 힘이 필요한 왕과 결탁해 사회적 신분을 갖게 되었다. 이렇게 부를 축적한 부르주아 계층은 자신의 옷을 화려하게 치장하면서 기존 귀족들과 사치 경쟁을 시작했고 왕은 화려한 복장으로 자신의 위엄과 권세를 드러냈다. 복식의 형태는 점차 부풀리고 과장된 형태로 변화되어 목에 다는 장식 칼라 '러프(ruff)', 슬래시 밖으로 화려한 속옷을 빼내는 '퍼프(puff)', 가슴과 아랫배에 역삼각형 모양으로 붙인 '스터머커(stomacher)' 등 장식성을 극대화한 디테일이 등장하였다. 또한 편직물 개발, 금·은·색실을 활용한 자수, 호화로운 동물의 털, 다양한 레이스가 개발되어 화려한 소재가 다채롭게 선보였다. 왕족과 귀족계층은 의복에 보석을 붙여 장식하거나 목걸이, 브로치, 귀걸이, 팔찌, 반지 등 액세서리를 착용하였다. 한편 이 시기에는 위생에 대한 개념이 부족하고 제반 시설이 발달하지 않았기 때문에 신체와 의복에서 풍기는 악취를 제거하기 위한 목적으로 향수를 사용하였다.

1 슬래시 밖으로 속옷을 빼낸 퍼프 장식
2 엘리자베스 1세(Elizabeth Ⅰ, 1533~1603)

지나친 장식과열로 사치금지령이 내려졌던 바로크 복식

이탈리아, 스페인을 중심으로 발달했던 르네상스 시대 복식은 17세기에 이르러 프랑스와 영국으로 그 중심지가 바뀌었다. 17세기 중반 이후 넓은 국토와 국제적 상업도시의 발전으로 프랑스가 유럽의 정치권력 중심이 되었고 호화로운 궁정생활을 중심으로 귀족문화가 번성하였다. 프랑스 패션은 최신 스타일로 꾸민 모드 인형(fashion doll)을 다른 도시로 보내거나, 인쇄기술의 발달로 발간된 모드 잡지를 통해 많은 지역으로 전파되었다.

미술과 예술에 관심이 많았던 프랑스 왕 루이 14세가 이 시기에 예술가들의 창작활동에 많은 후원을 하면서 이탈리아에서 성행하던 바로크(Baroque) 양식이 크게 발달하였다. '일그러진 진주'를 뜻하는 바로크는 그리스 · 로마 시대의 특징인 조화와 균형에서 파괴된 '부조화'를 표현하는데, 다채로운 색상, 직선보다 완만한 곡선, 벽면의 입체감, 정교하게 도금된 장식 등으로 화려하면서도 감각적인 특색을 갖는다. 이러한 예술사조는 종교의 지배를 벗어나고자 하는 계몽주의자들의 영향으로 현실에서 안락함을 추구하는 의식과 함께 더욱 호화롭게 변하였다.

바로크 복식은 전체적으로 실루엣이 확대되고 장식이 과도한 것이 특징이다. 17세기 후반으로 갈수록 거대한 가발, 화려한 레이스, 과도한 루프(loop) 장식 등 전체적인 조화를 무시한 장식성이 특징적으로 나타났다. 특히 루프 장식은 자수와 브로케이드에 대한 사치금지령 때문에 나타났는데, 실크 소재만 사용하게 되자 색색의 루프를 둥글게 하거나 장미 형태로 장식해 옷에 달면서 바로크 시대의 특징으로 남게 되었다.

그동안 이탈리아 베네치아에서 수입되었던 레이스는 기술력의 보급으로 프랑스에서 제작 가능하게 되었고, 자수가 복잡하고 호화스럽게 변하여 바탕이 되는 직물이 보이지 않을 정도로 과도하게 장식되었다. 허리선을 드러내는 것이 우아하고 품위 있는 것이라 생각하여 여성복뿐 아니라 남성복식에도 허리선을 조인 상의와 넉넉한 반바지, 무릎까지 올라오는 부츠가 유행하였다. 한편, 영국의 종교단체 청교도인들은 검정, 갈색, 회색 의상에 무늬 없는 흰색 리넨 칼라를 달아 산뜻하고 검소한 의상을 보여주었다.

1 루이 14세(Louis XIV, 1638~1715)
2 섬세하고 화려한 레이스

관능과 향락의 귀족 살롱문화, 로코코 복식

정치적인 세력이 약해지고 귀족사회가 서서히 몰락한 18세기 프랑스는 이전의 형식적이고 엄격한 규칙 대신 인간 내면 감정에 주목하는 정신적 향락주의가 만연하였다. 이 시기의 예술은 17세기의 딱딱한 틀에서 벗어나 부드럽고 섬세한 로코코(Rococo) 양식으로 발전하였다. '조개껍질 모양의 장식'이란 뜻의 로코코는 밝고 화려한 이미지로 실내장식, 직물문양, 의복장식에 영향을 미쳤다. 바로크가 크고 풍성한 이미지라면 로코코는 작고 섬세함이 특징이다.

로코코 양식은 프랑스의 살롱을 중심으로 전파되었는데 이곳은 부유한 시민들의 사교장으로 정치, 경제, 철학, 문학, 예술 등의 주제로 토론하는 장소였다. 형식적인 허세 없이 안락하고 편안한 살롱 내부가 로코코 양식으로 꾸며졌고 이것이 복식에도 영향을 주었다. 관능적이고 가냘픈 여성미에 리본, 꽃, 레이스, 깃털, 러플, 주름 등으로 장식미를 더한 로코코 스타일은 당시 부르주아 귀부인들 사이에서 크게 유행하였다. 루이 16세의 왕비 마리 앙투아네트는 최초의 황실 디자이너를 둘 정도로 패션에 관심이 많았다. 얇고 가벼운 옷감, 파스텔 톤의 컬러, 잔잔한 무늬로 여성적인 분위기의 의상과 거대한 머리장식은 많은 살롱과 궁정에서 모방되었다.

로코코 시대에는 자신의 몸을 하나의 작품으로 표현하기 위해 옷 자체에 너무 심취한 나머지 건강을 해칠 정도로 코르셋을 조이고 스커트 폭을 거대하게 넓혔다. 남성복 역시 허리선은 잘록하고 허리 아래는 풍성한 실루엣의 상의가 인기였고, 육감적인 남성미를 과시하고자 통이 좁은 바지를 입었다. 남녀 모두 가발을 착용하고 머리에 하얀 파우더를 뿌려 노인처럼 연륜이 있어 지혜로워 보이도록 꾸몄으며, 하얀 피부화장과 가면의 사용이 유행하였다. 또한 염료 및 염색 기술 발달로 직물의 색채가 다양해졌다.

18세기 후반, 극도의 쾌락주의에 지치자 고대의 간소한 아름다움으로 시선이 옮겨갔고 자본주의가 성장했던 영국에서는 견고하고 손질이 편한 코튼과 울을 사용하고 옷을 간단한 형태로 바꾸는 복장개혁을 시도하면서 의상 실루엣이 서서히 직선으로 변하였다.

1 베르사유 궁전의 마리 앙투아네트(Marie Antoinette, 1755~1793) 방
2 화려한 머리 장식과 파스텔 톤 컬러의 로코코 복식

근대화된 서양복식, 시민 복식의 정착 나폴레옹 시대 복식

프랑스 혁명 이후 나폴레옹 1세 시기에는 호화로운 귀족풍이 사라지고 간소화된 복식인 엠파이어 스타일(empire style)이 등장했다. 부르주아의 이상적 동경이었던 고대 그리스 영향을 받은 엠파이어 스타일은 얇고 부드러운 소재, 높은 허리선, 폭이 좁아진 스커트, 짧게 부풀린 소매 등 전체적으로 고전적이고 연약한 분위기를 풍겼다. 과도하게 높았던 로코코 시대의 머리장식이 점차 사라지고 실용적인 보닛(bornet)과 챙이 넓은 리본 장식의 모자가 유행하였다.

전쟁과 혁명이 끝나고 루이 18세를 왕으로 내세운 왕정복고 시대에는 유럽 군주와 지배계급이 구체제로 돌아가려는 움직임을 보였다. 화려한 귀족문화가 다시 시작되면서 복식에서는 화려하고 낭만적인 귀족풍이 주를 이루었다. 허리를 가늘게 조이기 위해 코르셋이 다시 등장했고, 어깨선까지 내린 네크라인, 과도하게 부풀린 소매, 화려한 레이스 장식 등 환상적인 이미지의 로맨틱 스타일(romantic style)이 인기를 끌었다. 이 시기의 남성복은 어깨와 가슴을 강조하고 하의로 갈수록 좁아지는 역삼각형 실루엣이었고, 긴 망토와 함께 챙이 좁고 높은 모자가 애용되었다.

부르주아 왕정의 정책에 불만을 갖은 민중은 혁명을 일으켰고, 농민들의 지지로 선출된 나폴레옹 3세 시기에 이르러 프랑스 사회는 대체적으로 안정을 찾았다. 하지만 계급 간의 불균형은 여전했고 상류 부르주아들은 화려하게 꾸미고 무도회나 야회에 참석하는 등 특권을 이어갔다. 과장되고 극적인 복식 실루엣이 크리놀린 스타일(crinoline Style)로 나타났는데 크리놀린이라는 스커트 버팀대를 사용해 스커트의 폭을 한없이 늘렸다. 한편, 생 시몽(Saint Simon)의 계몽주의 사상과 여성들의 스포츠 관심이 증가하면서 여성들의 바지를 착용하는 모습도 조금씩 나타났다. 1860년대 이후로 실용적인 문화가 확산되면서 복식도 비교적 간소화되어, 스커트 실루엣이 앞은 납작하고 옆의 부풀림을 뒤로 모은 버슬 스타일(bustle style)로 변하였다. 한편, 미국의 재봉틀 발명과 종이패턴 개발은 의복 제작기술을 발전시켰고, 합성염료가 발명되면서 다양한 컬러와 무늬의 프린트 직물이 대량생산되어 복식의 대중화를 이끄는 원동력이 되었다.

1 나폴레옹 1세(Napoléon Ⅰ, 1769~1821)
2 로맨틱 스타일
3 버슬 스타일
4 크리놀린 스타일 〈Gone with the wind, 1939〉
5 엠파이어 스타일 〈Pride and Prejudice, 2005〉
6 나폴레옹 1세의 대관식

3
6

20세기 현대패션

1 S-커브 실루엣

1900년대 : 아르 누보와 S-커브 실루엣

1900년대는 과학과 기술의 발전이 인간의 생활과 사고에 혁명적인 변화를 불러 온 시기였다. 1905년 아인슈타인은 상대성 이론으로 물리학 분야에서 위대한 업적을 남겼고, 1907년 포드 자동차가 처음으로 거리에 등장했다. 제1차 세계대전(1914~1918년)이 일어나기 전까지는 평화와 번영으로 상징되는 '벨 에포크(Belle Epoque)' 시대가 이어졌고, 여성복에는 과장과 장식적인 요소들이 꾸준한 인기를 얻었다.

1890년경부터 시작된 '아르 누보(Art Nouveau)' 예술양식은 복식의 스타일에 큰 영향을 끼쳤다. 1900년까지는 소매를 부풀리고 허리를 가늘게 조인 아워글라스 실루엣(hour-glass silhouette)이 등장했고, 1900~1910년에는 가슴과 엉덩이를 부풀리고 허리는 코르셋으로 조여 옆에서 본 모습이 S자 형태를 이루는 S-커브 실루엣이 나타났다. 색채는 인상주의의 영향으로 밝고 부드러운 파스텔 색조가 많았고, 소재는 리넨, 레이스, 시폰, 오건디, 크레이프 등 S-커브 실루엣(S-curve silhouette)을 잘 나타낼 수 있는 가볍고 부드러운 소재가 사용되었다.

19세기 후반 산업발전은 여성의 역할을 변화시켰고, 교육을 받은 신여성이 늘면서 여성의 권리와 사회 참여가 크게 확대되어 테일러드 재킷에 롱 스커트를 매치하는 투피스 형태의 활동적인 깁슨 걸 스타일(gibson girl style)이 사랑받았다.

2 안토니오 가우디의 아르누보 양식 건축 3 코르셋으로 허리선을 강조한 모습 4 투피스 슈트

1910년대 : 아르 데코와 직선 실루엣

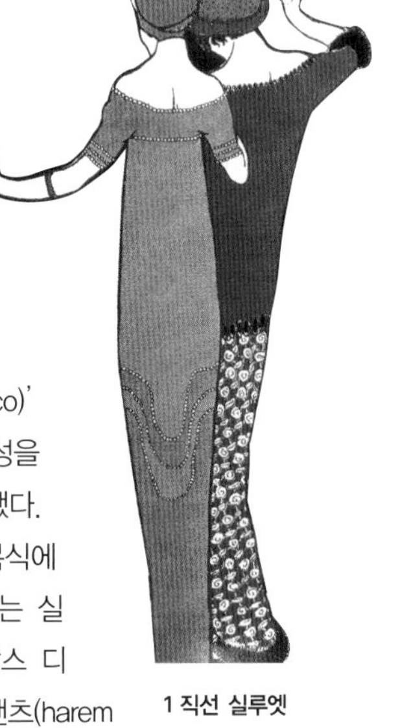
1 직선 실루엣

제1차 세계대전의 영향으로 서구 사회에는 본격적인 근대화가 시작되었다. 전쟁에 나간 남성들의 일자리를 메우기 위해 여성들은 사회로 진출했고 경제적으로 자립할 수 있는 능력을 갖게 되자 자유와 권리에 대해 관심을 갖기 시작했다. 여성들의 직장생활이 늘면서 남성복과 유사한 테일러드 슈트가 보편화되었고, 중세 이래 4~5세기 동안 여성들의 몸을 압박했던 코르셋은 사라졌다. 여성들의 의식 변화로 기능적이고 활동적인 복식이 인기를 더해 1915년경에는 스커트 길이가 종아리 부분까지 짧아지기도 했다.

곡선적이고 추상적인 아르 누보 양식 이후 기계적이고 기하학적 형태의 '아르 데코(Art Deco)' 양식이 등장했다. 아르 데코 양식은 공업적 생산 방식을 미술과 결합시킴으로써 합리성과 기능성을 강조했으며, 이에 영향을 받아 여성복에도 허리선이 낮고 디자인이 단순한 직선 실루엣이 확산됐다.

1910년대에 유럽 여러 나라가 중국이나 일본과 활발한 교역을 이루면서 유럽인들이 동양 복식에 관심을 갖게 되었다. 화려한 색채와 함께 직선 패턴의 옷이 몸을 감싸면서 자연스럽게 형성되는 실루엣에 매료된 서구 디자이너들은 패션에 동양적인 요소를 도입하기도 했다. 대표적으로, 프랑스 디자이너 폴 푸아레(Paul Poiret)는 일본 복식에서 영향을 받아 호블 스커트(hobble skirt), 하렘 팬츠(harem pants), 미나렛 스타일(minaret style) 등 동양적인 디자인을 선보였다.

2 아르데코 양식의 크라이슬러 빌딩　3 폴푸아레의 동양적인 디자인
4 플리츠 원피스　5 교통의 발달로 스커트 길이가 짧아짐

1920년대 : 재즈와 가르손느 스타일

1 가르손느 스타일

1920년대는 전쟁으로 억눌린 감정이 해방감으로 표출되면서 젊은이들이 빠른 리듬의 재즈(jazz)와 탱고(tango)에 열광한 시기였다. 여가와 스포츠에 대한 관심으로 스포츠 룩이 각광받게 되었고, 미국에서 여성의 참정권이 확보되면서 남녀평등에 대한 인식이 확산하였다.

당시에는 젊고 활동적인 여성상을 표출하는 '가르손느 스타일(Garçonne style)'이 주목받았다. 신체 곡선을 드러내지 않는 납작한 직선 실루엣과 짧은 헤어스타일이 특징인 가르손느 스타일은 말괄량이 같다는 뜻의 '플래퍼 스타일(Flapper style)'이라고 불리기도 했다. 스커트 길이가 짧아지면서 양말, 스타킹, 구두가 다채롭게 변화했고, 화려한 헤어밴드와 펠트 소재로 제작된 작은 종 모양의 모자가 유행했다. 이 시기 여성들은 젊고 활동적인 이미지를 선호하였는데, 특히 불규칙한 형태로 디자인된 스커트 자락이 걷거나 춤을 출 때마다 경쾌한 율동미를 보여주었다.

남성복은 경직된 실루엣이 사라지면서 이전보다 캐주얼하게 바뀌었다. 바지 폭이 다소 넓어져 전체적으로 부드러운 스타일이 유행했고, 스포츠 재킷, 울 스웨터, 승마 바지와 같은 스포츠 웨어가 애용되었다.

1920년대를 대표하는 디자이너 가브리엘 샤넬(Gabrielle Chanel)은 트위드 소재의 테일러드 슈트, 저지 소재의 투피스, 주머니가 있는 재킷 등 남성복에 사용되었던 소재나 아이템을 여성복에 도입하여 실용적인 디자인을 선보였다는 평가를 받았다. 또한 파티복에 사용하지 않았던 블랙 컬러로 드레스를 만들고, 인조 진주로 목걸이를 만드는 등 상식을 뛰어넘는 패션으로 당시 여성들에게 큰 인기를 끌었다.

2 자연스러운 허리라인
3 투표권을 확보한 여성

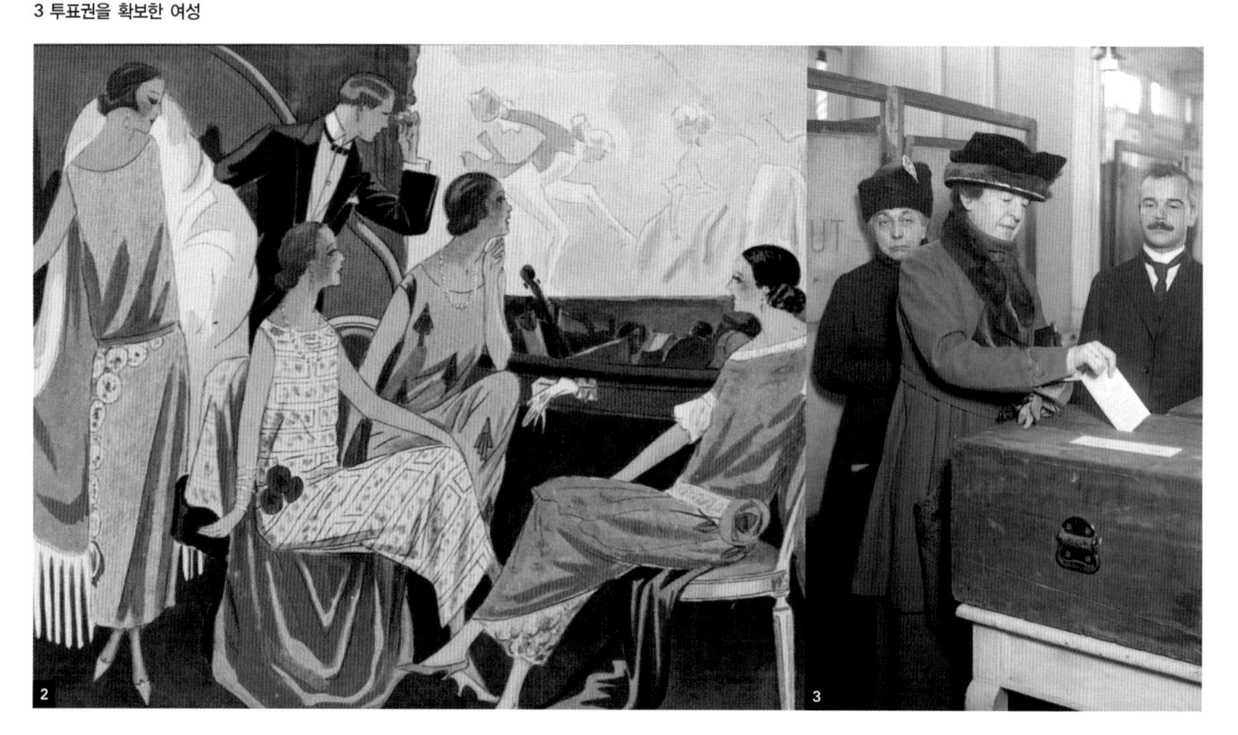

1930년대 : 초현실주의와 롱 앤드 슬림 실루엣

1 롱 앤드 슬림 실루엣

뉴욕 주식시장의 대폭락으로 인하여 세계적인 경제대공황 상태였던 1930년대는 사회불안과 정치적인 혼란이 일어났다. 이러한 현실의 어려움을 초현실주의(surrealism) 예술이나 환상적인 영화 세계를 통해 보상받으려는 심리가 확산했다. 이로 인해 살바도르 달리(Salvador Dali), 르네 마그리트(René Magritte)와 같은 초현실주의 작가의 작품과 할리우드 스타들의 화려한 의상이 패션 디자인에 많은 영향을 주었다. 디자이너 엘자 스키아파렐리(Elsa Schiaparelli)는 초현실주의 예술에서 영향을 받아 시각적 착시 효과를 일으킬 수 있는 독창적인 패션을 선보였다.

제1차 세계대전 전후로 불황이 계속되면서 수많은 실업자가 발생하였으며, 경제활동의 기회가 줄어든 여성들은 다시 가사에 전념하기 시작했다. 이에 따라 여성복은 허리선이 제 위치로 돌아오면서 가슴선이 입체적으로 변하고 스커트가 길어지는 복고풍 특징을 보였다. 프랑스 디자이너 마들렌 비오네(Madeleine Vionnet)는 평면재단법으로 옷본을 만드는 기존의 의상 제작 방법과 달리 입체재단(draping)과 바이어스 재단(bias)을 활용하였다. 이를 통해 탄력있고 부드러운 곡선 연출이 가능한 롱 앤드 슬림 실루엣(long & slim silhouette)을 제안했다.

남성복의 경우 터프한 남성미를 강조한 영화배우 스타일이 인기를 끌면서 재킷 양쪽 어깨에 패드를 넣고 통이 넓은 여유 있는 실루엣이 많았고, 오버코트, 레인코트, 중절모, 투톤 배색의 구두가 인기를 끌었다. 1930년대 말경의 세계적인 전쟁 분위기와 미국 군수산업 발전에 영향을 받아 어깨에 패드를 넣고 허리는 벨트로 꼭 맞게 디자인된 밀리터리 룩(military look)이 등장했다.

2 경제대공황으로 일자리를 잃은 사람들
3 엘자 스키아파렐리(Elsa Schiaparelli)의 구두 모자와 입술 재킷

1940년대 : 제2차 세계대전과 실용의복

1939년 시작된 제2차 세계대전(1939~1945년)의 영향으로 많은 유럽 국가들이 독일의 침략을 받았고, 이러한 상황으로 소비재를 생산하던 공장들이 군수품 공장으로 전환됐다. 제2차 세계대전 동안에는 물자 부족으로 인해 모든 패션이 정체됐다. 영국 정부는 1941년 실용계획안을 발표해 국민의 의생활을 통제했고, 다른 국가에서도 물자 부족으로 인해 의상의 소재와 디자인을 제한하는 실용적인 의복(utility cloth)이 확산되었다. 의복에 사용되는 재료를 절감하기 위해 겉옷의 주머니나 외투의 모자는 제한되었고, 스커트 길이와 주름, 단추 개수까지 규제의 대상이 되었다. 그러나 의복에 대한 국가적 차원의 통제는 역설적으로 패션 산업을 발달시키는 요인이 되었다. 제조업자들은 원가 절감, 노동력 효율화, 생산 공정 기계화를 고려하게 되었고, 소비자는 저렴한 가격의 품질 좋은 기성복을 선호하게 되었다.

남성복에서는 재즈 뮤지션 캡 캘러웨이(Cab Calloway)가 입었던 주트 슈트(zoot suit)가 유행했다. 재킷의 길이가 무릎까지 내려오고 바지는 품이 큰 주트 슈트는 원단 소모량이 많아 정부가 추진했던 실용계획안에 어긋난 디자인이었다. 이러한 이유로 주트 슈트를 착용한 아프리카계와 멕시코계 젊은이들은 국가 정책에 위반된다는 표면적인 이유로 과도한 탄압을 받게 되었고, 이것이 인종차별적 사건이라는 여론이 확산되면서 1943년 주트 슈트 폭동이 일어났다.

이 시대에는 틴 에이저(teen-ager) 잡지가 발간되면서 10대를 대상으로 한 패션이 나타났고, 과학의 발전으로 다양한 소재가 개발되었다. 특히 가볍고 잘 늘어나며 내구성이 뛰어나고 세탁이 손쉬운 나일론 소재가 스타킹, 안감, 속옷, 블라우스 등에 사용되면서 패션 소재에 혁명을 일으켰다.

1 실용의복

2 실용의복 확산
3 주트 슈트

1950년대 : 디자이너와 라인의 시대

1 크리스찬 디올의 뉴 룩

제2차 세계대전 이후 자본주의와 공산주의가 대립하는 냉전의 시대가 계속되었고, 산업의 발전으로 인해 도시인구가 증가하면서 풍요의 시대가 열렸다. 1950년대에는 할리우드 영향으로 영화 속 배우들이 젊은 층의 사랑을 받았다. 청바지와 흰 셔츠를 입고 우수에 찬 반항아 역할을 했던 제임스 딘(James Dean)의 스타일은 그가 세상을 떠난 후에도 오래 동안 인기를 끌었고, 오드리 헵번(Audrey Hepburn)은 영화마다 새로운 스타일의 의상을 입고 등장해 젊은 여성들의 패션 아이콘이 되었다. 디자이너들의 작품 세계가 반영된 맞춤복이 큰 인기를 끌면서 파리의 고급 맞춤복 시장은 세계 모드의 중심 역할을 했다. 디자이너 크리스찬 디올(Christian Dior)은 1947년 둥근 어깨, 잘록한 허리, 풍성한 스커트로 신체 곡선을 강조한 뉴 룩(New look)을 발표했다. 뉴 룩은 전쟁과 실용의복으로 인해 자신의 아름다움을 표현하지 못했던 여성들에게 환호를 받았고, 몸매를 강조한 실루엣으로 인해 코르셋이 다시 등장하게 되었다. 크리스찬 디올은 뉴 룩 이후 다양한 라인(H, A, Y, F-line)을 선보였고, 당시 맞춤복 디자이너였던 발렌시아가(Balenciaga)와 지방시(Givency)의 활약으로 1950년대는 '라인과 룩의 시대'로 불렸다.

제2차 세계대전 후 직장에 복귀한 남성들은 대부분 검은색, 회색 계통의 보수적인 의상을 선호했다. 영국에서는 부드러운 소재의 긴 재킷과 통이 좁은 팬츠를 입은 '테디 보이(teddy boys)'가 상류사회에 대항하는 하위문화 스타일로 젊은 남성복 유행을 이끌었고, 미국 서부지역과 유럽에서는 좁은 라펠이 달린 싱글 재킷에 폭이 좁은 팬츠와 끝이 뾰족한 구두를 신어 전체적으로 길고 날씬하게 보이는 '콘티넨털 스타일(continental style)'이 인기를 끌었다.

2 할리우드 스타
3 디자이너 이브 생 로랑의 드레스

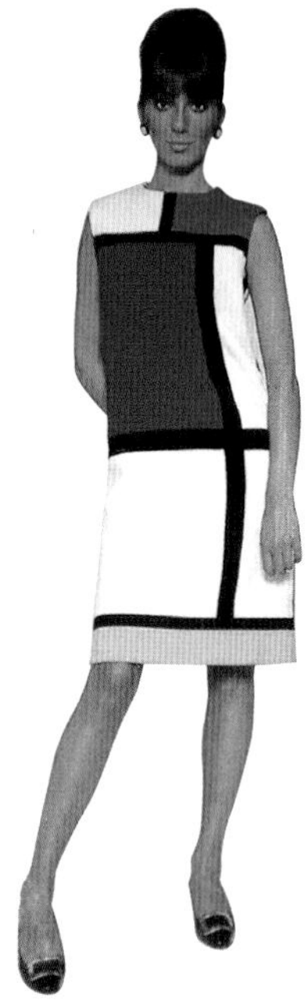

1 몬드리안 룩

1960년대 : 팝 아트와 미니멀리즘

제2차 세계대전이 끝난 후 미국과 소련의 정치적 대립은 정점에 도달했다. 민주주의 체제와 공산주의 체제 사이의 권력 투쟁으로 초래된 베트남 전쟁을 반대하던 반체제 젊은이들은 자연 상태로의 회귀를 주장하며 히피 스타일(hippie style)을 선보였다.

미국과 영국에 등장한 팝 아트(pop art)는 대중문화를 예술의 경지로 끌어올렸다. 미국의 팝 아트는 극단적 작가주의인 추상표현주의(abstract expressionism)에 대한 반동으로 일어났으며, 현대의 기계문명에 대한 낙관주의를 기조로 발전했다. 하지만 이러한 팝 아트를 지나친 상업주의라고 여긴 작가들이 사상이나 정서와 무관하게 원근법상의 착시나 색채의 장력을 통해 순수한 시각상의 효과를 추구하여 3차원적이고 역동적인 움직임을 표현한 옵 아트(op art)를 탄생시켰고, 이것이 패션에 영향을 끼쳐 기하학적 패턴이 유행했다.

1960년대에 우주 개발이 본격적으로 시작되면서 기능적이고 미니멀한 스페이스 룩(space look)이 소개되었다. 디자이너 피에르 가르뎅(Pierre Cardin)은 두꺼운 저지(jersey)소재 원피스에 그래픽 형태의 무늬를 도려내어 강렬한 색채 대비를 주었고, 디자이너 파코라반(Paco Rabanne)은 플라스틱이나 금속 등 이색적인 소재로 실험적인 의상을 발표했다. 1960년대 중반에는 스포츠 재킷, 꽃무늬 셔츠, 몸에 꼭 맞는 팬츠 등 화려한 스타일이 젊은 남성들의 사랑을 받았다. 1960년대 후반에는 남녀 공동으로 착용할 수 있는 유니섹스(unisex) 디자인이 보편화되었다. 대중문화의 발달로 음악에 대한 인기가 높아지면서, 로큰롤(rock and roll)이 음악뿐 아니라 패션에도 영향을 미쳤다. 한편, 스트레치 소재발달로 보디라인을 강조하는 옷을 제작할 수 있었고, 니트를 짤 수 있는 기계가 확산되면서 신축성 있는 스웨터가 유행했다.

2 피에르 가르뎅 스페이스 컬렉션
3 앤디 워홀의 팝아트 드레스
4 화려한 남성복

1970년대 : 여성의 사회진출과 팬츠 슈트

1 이브 생 로랑의 팬츠 슈트

1970년대에는 오일 쇼크로 인한 경제적 불황이 계속되면서 에너지 확보와 환경보호 문제가 처음으로 대중에게 인식되어 원자력 에너지를 사용하는 문제가 정치적인 이슈가 되었다. 산업발전과 환경 파괴를 거부한 저항주의자들의 메시지가 확산되면서 기성복에 아플리케(appliqué), 크로셰(crochet), 뜨개 등 수공예 기법을 접목한 패션이 인기를 끌었고, 천연 소재와 내추럴한 컬러가 유행했다.

베이비 붐 세대의 여성들이 사회에 진출하면서 성 역할이 유사해지고 남성복의 상징이었던 팬츠 슈트(pants suit)가 여성들에게 큰 관심을 받았다. 여성복에는 여러 겹으로 겹쳐 입는 레이어드 룩(layered look)과 전체적으로 헐렁한 루즈 룩(loose look), 허리를 잘록하게 조이고 프릴(frill)과 레이스 장식을 단 로맨틱 패션 등 다양한 스타일이 나타났다. 미니(mini), 미디(midi), 맥시(maxi), 핫 팬츠(hot pants), 판탈롱(pantalon]) 등 다양한 길이와 실루엣의 하의가 여성들의 사랑을 받았고, 작업복이었던 청바지는 남녀노소 계층의 구분 없이 착용됐다. 남성복 역시 여성복과 유사해지면서 유니섹스 패션이 사회에 큰 반향을 불러 일으켰다. 대표적인 남성복은 콘티넨털 슈트(continental suit)였고, 아가일(argyle) 무늬 스웨터, 노 타이 셔츠(no tie shirt), 장발 스타일 등 캐주얼한 스타일이 많았다.

한편, 당시 영국 노동자 계층의 젊은이들에 의해 발생된 펑크 패션(punk fashion)이 록 밴드(rock band)의 무대의상으로 등장하면서 펑크족 청소년들은 기성세대에 대한 저항의식을 드러냈다. 이들은 검은색 가죽재킷과 찢어진 청바지, 모히칸(mohican)처럼 여러 색상으로 물들인 머리모양, 여러 겹으로 몸에 두른 체인(chain), 피어싱(piercings) 등 공격적인 스타일로 눈길을 끌었다.

2 1970년대 남성복

1980년대 : 포스트모더니즘과 크로스 오버

1 가수 보이조지의 앤드로지너스 룩

1980년에는 여성들의 사회 진출 증대와 생활영역의 확대로 인해 생활수준과 소득이 향상되면서 여가를 더욱 중시하는 생활풍토가 형성되었다. 이에 따라 격식 있는 정장뿐 아니라 면 셔츠 위에 밝은색 스웨터를 걸치고 청바지를 입는 편안하고 캐주얼한 스타일이 많았다.

이 시기에는 새로운 것이 등장하면 이전의 것이 사라지는 것이 아니라 기존의 것에 새로운 것이 추가되어 다양한 경향이 함께 나타나는 포스트모더니즘(postmodernism)이 건축, 음악, 영화 등에 확산되었다. 이에 따라 서로 다른 이미지가 함께 혼합되는 크로스 오버(cross over) 문화가 패션에도 영향을 주어 상반된 이미지, 시대별 복식이 서로 상충하고 혼합된 방식으로 나타나 시각적인 충격을 주었다.

남성복 요소가 여성복에 도입되어 양성성이 나타나는 앤드로지너스 룩(androgynous look)이 등장했고, 어깨가 넓고 각이 진 파워 슈트(power suit)와 팬츠는 필수 아이템이 되었다. 오존층 파괴, 온실효과, 생태계 교란 등 환경문제 때문에 자연으로 돌아가고자 하는 의식이 확산되면서 천연소재, 자연문양, 자연스러운 선을 강조하는 에콜로지 룩(ecology look)이 나타났다.

젊음(young), 도시화(urban), 전문직(professional)의 세 머리글자를 딴 여피(Yuppie)족이 주목할 만한 세대로 떠올랐다. 이들은 중 · 고등교육을 받고 전문직에 종사해 고소득을 올리는 젊은이들로 자신을 유명상표와 고가의 세련된 옷차림으로 꾸미는 데 투자를 아끼지 않았다. 남녀를 막론하고 과시적인 소비행태를 보이면서 여성복뿐 아니라 남성복을 취급하는 디자이너 브랜드가 생기기 시작했고, 디자이너의 브랜드에서 상의, 하의, 액세서리를 모두 구매하는 토털 룩(total look) 개념이 도입되었다.

2 조르지오 아르마니의 슈트
3 할리우드 스타

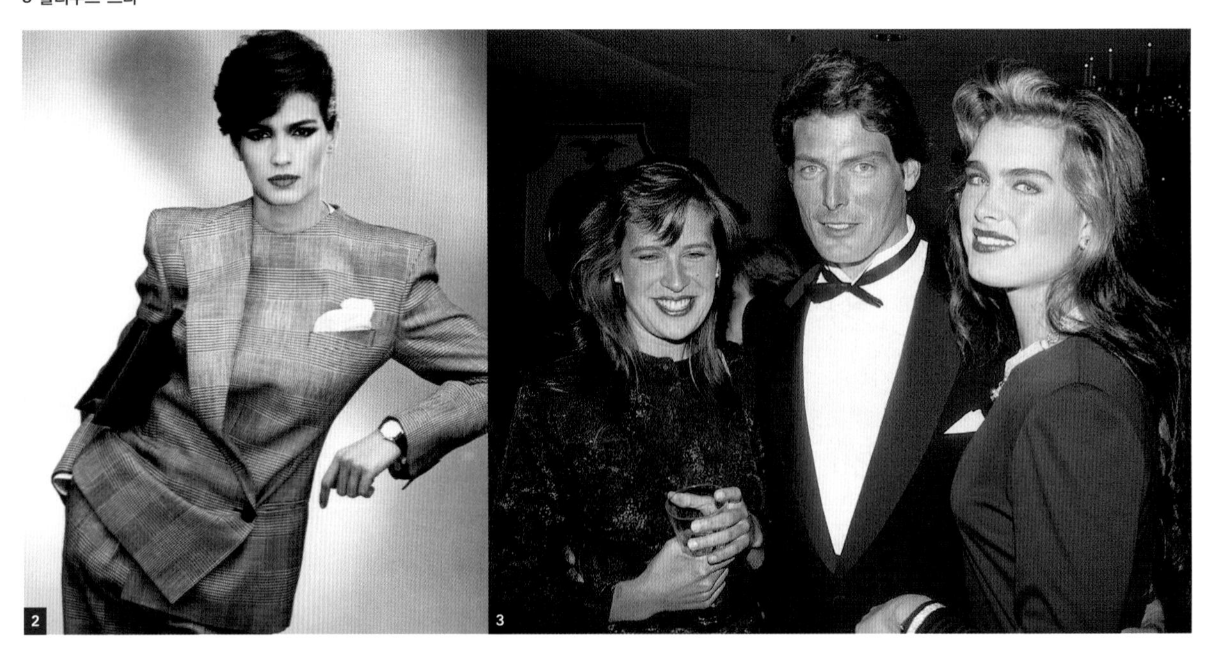

1990년대 : 글로벌리즘과 패션의 세계화

1990년대는 정치적 양극 체제에서 경제적 다극체제로 바뀐 시대였다. 이 시기에는 경기 침체와 걸프전의 우울한 사회 분위기 때문에 풍요로웠던 과거를 그리워하는 복고주의와 20세기를 끝내는 세기말적 경향, 새로운 21세기를 맞이하는 미래주의 영향이 공존했다.

정보통신 및 기술의 발달로 개인용 컴퓨터와 인터넷 통신망이 확산되어 전 세계는 정보 네트워크 사회로 연결되었다. 동 시대에 같은 유행이 공존하게 되면서 해외 패션 브랜드가 국내에 소개되고, 한국을 대표하는 국내 디자이너들은 해외로 진출하는 등 패션의 세계화가 빠르게 진행되었다. 이에 따라 샤넬, 루이비통, 구찌, 프라다, 버버리 등의 명품 브랜드가 글로벌 패션 브랜드로 성장했다. 소호족(small office home office) 증가로 근무환경이 달라지면서 탈유니폼 시대로 접어들었고, 천연 소재와 내추럴한 컬러, 여유 있는 실루엣의 이지 룩(easy look)이 폭넓은 계층에서 사랑받았다. 또한 신소재 개발을 통해 다양한 환경에서 인체를 보호할 수 있는 기능성 의복이 등장했다. 한편 교통의 발달로 해외여행이 증가하고 다양한 미디어의 확산으로 이국적인 문화를 접한 사람들은 서구 중심의 시선에서 벗어나 아시아, 아프리카, 남아메리카, 북유럽 등 다양한 문화에서 영향을 받은 에스닉 룩(ethnic look)에 주목했다.

환경오염에 대한 반발로 에콜로지 룩(ecology look)이 이슈가 되었고, 의복의 장식적인 요소를 최소한으로 줄인 미니멀리즘(minimalism) 패션이 유행하면서 컬러나 디자인보다 소재나 직물의 무늬가 두드러졌다. 특히 글로벌 명품 브랜드에서는 자사의 제품을 부각시키기 위해 원단 위에 브랜드 로고를 프린트하거나 브랜드 고유의 패턴을 적용한 상품을 제작해 적극적인 마케팅을 펼쳤다.

1 샤넬의 트위드 재킷

2 가수 스파이스 걸스
3 장 폴 고티에의 에스닉 룩

2000년대 이후 패션

문화의 혼재와 개성화된 패션

2000년대 후반 미국에서 발생된 서브프라임 모기지(subprime mortgage) 사태가 전 세계 경제에 영향을 끼쳤고, 이로 인해 사람들의 소비심리가 위축되었다. 한편, 브라질·러시아·인도·중국(BRICs) 등 신흥 경제국의 급성장은 세계 경제 흐름을 바꾸었고, 자연스럽게 다양한 문화가 혼재되었다.

이 시대의 패션은 새로운 것을 창조하는 것보다 예전의 것을 변화시키는 방향으로 흘러갔다. 물질주의 팽배로 고가 명품들이 유행하면서 사회적인 문제로 제기되었지만, 가치관에 따른 합리적인 쇼핑이 확대되면서 소비자들은 제품의 가격보다 품질에서 얻는 만족을 중요하게 생각했다.

21세기에 이르러 패션은 더 이상 한 가지 룩으로 설명되기 힘들 만큼 다양해졌다. 과거 20세기에 유행했던 복고풍 패션이 소비자의 향수를 자극하면서 1950년대 로맨틱 패션, 1960년대 미니멀리즘, 1970년대 펑크 패션, 1980년대 맥시멀리즘 등 다양한 스타일이 공존했다. 또한 남성과 여성의 역할 구분이 모호해지면서 남성성과 여성성이 절묘하게 혼합된 스타일이 관심을 받았다. 남성복에는 밝고 부드러운 컬러, 화려한 프린트, 몸에 꼭 맞는 실루엣 등의 메트로섹슈얼룩(metrosexual look)이 나타나면서 자신의 이미지를 관리하는 남성들이 늘었다.

전통적인 미에 대한 가치관이 깨지면서 다양성을 인정하려는 움직임이 있었고, 스포츠와 음악을 즐기는 젊은 세대들의 서브컬처(subculture])가 패션에도 영향을 주었다. 그중 대중적인 스트리트 브랜드 '슈프림(Supreme)'과 고가의 명품 브랜드(Louis vuitton])의 협업(컬래버레이션, collaboration)은 패션계에 큰 이슈를 만들었다.

1 힙합 패션
2 다양한 트렌드가 공존하는 맥시멀리즘

경험과 가치 중심의 라이프 스타일 확산

지속적인 경기 침체로 인해 소비가 위축되면서 소유보다는 가치와 경험을 중요시하는 라이프 스타일이 확산되었다. 웰빙, 힐링 등 육체적·정신적 건강에 의미를 두어 여가와 스포츠를 즐기는 이들이 꾸준히 증가하였다. 결과 2000년대 등산복으로 시작된 아웃도어 열풍이 애슬레저 트렌드로 확산되었다. 애슬레저는 운동을 뜻하는 애슬레틱(athletic)과 레저(leisure)의 합성어로 자신의 생활을 건강하게 유지하려는 라이프 스타일 변화에 의한 것으로 전반적인 스포티즘의 유행을 이끌고 있다.

미니멀리즘 트렌드가 확산되면서 베이직한 디자인과 실용성에 기반을 둔 놈코어(normcore) 스타일이 인기를 끌었다. 평범을 뜻하는 '노멀(normal)'과 철저함을 뜻하는 '하드코어(hardcore)'의 합성어인 놈코어는 뉴욕의 한 트렌드 정보 업체에서 '다르지 않음에서 오는 자유로움을 추구하는 태도'로 정의하면서 시작되었다.

유통에서는 온라인과 오프라인 채널 간 경계가 사라졌다. 온-오프 통합시대로 모바일이 대표적인 쇼핑 채널로 급부상하여 소비자는 매장에서 제품을 보고 스마트폰을 이용해 최저가 검색을 마친 후 구매를 하는 소비행태를 보였다. 온라인과 모바일 유통의 강세로 인해 백화점과 전통적인 패션 전문 쇼핑몰 매출은 하락하는 추세이며, 이에 따라 판매 중심에서 벗어나 소비자에게 새로운 경험을 주는 라이프 스타일형 복합 쇼핑몰이 증가하고 있다.

ZARA, MANGO, H&M, UNIQLO, MUJI 등 SPA 브랜드가 글로벌한 디자인과 합리적인 가격대로 인기를 끌고 있지만, 한 시즌만 입고 버리는 패스트 패션이 환경을 오염시키고 제3세계 국가의 값싼 노동력을 착취한다는 우려를 낳았다. 그리고 이러한 소비자의 자각이 공정무역, 업사이클링, 지속가능한 디자인 등 가치윤리소비에 대한 관심으로 이어졌다.

패션업계와 디지털 융합이 가속화되면서, 빅데이터를 통해 소비자의 니즈를 구체적으로 파악할 수 있고, 3D 프린터를 활용해 다양한 소재를 개발할 수 있게 되었다. 그리고 인공지능을 활용한 패션 큐레이션 서비스, 사물인터넷을 접목한 웨어러블 패션을 디자인하는 등 디지털 패션 테크(digital fashion tech)를 통해 패션산업의 경계가 확장되었다.

패션 기업에서는 지속가능한 패션을 실천하기 위해 주문 제작 방식 도입으로 제품 재고를 줄이고, 온실가스와 폐기물 배출량을 감축하려는 시도가 증가하였다. 또한 팬데믹 이후 디지털 전환이 가속화되면서 메타버스를 이용한 팝업 스토어, 실시간 라이브 쇼핑, 아바타 패션 상용화 등 옴니채널을 통한 마케팅이 확산했다.

1 웰빙 라이프
2 방글라데시 봉제공장 라나 플라자 붕괴(2013년)

FASHION & CULTURE

CHAPTER 3
대중문화와 패션

대중문화는 영화나 TV, 음악과 같이 매스미디어를 통해 대량생산되는 문화부터 다수의 대중이 일상적으로 향유하는 우리 주변의 크고 작은 문화를 모두 포함한다. 대중문화 속에는 당대의 정치적, 사회적, 문화적, 경제적 배경 등이 반영되는데, 이것은 패션이 같은 배경들을 집약적으로 표현, 전달하는 역할을 하는 점에서 같은 공통점들이 있다. 20세기의 시작 이후 발달된 경제와 기술은 소비문화를 촉진시켰으며 대중문화라는 큰 변화를 이끌어 내었다. 패션 역시 일반인들의 관심선상에 놓이면서 눈부신 발전을 이룩하였는데, 소비자에게 접근성이 좋은 대중문화가 패션의 흐름을 전파시키는데 큰 영향을 끼치게 되었다. 이 장에서는 대중문화를 영상, 음악, 예술 및 건축영역으로 나누어 보고 각각의 영역들이 패션과 소비자들에게 끼친 영향에 대해 알아본다.

영상과 패션

영상물의 대표적인 분야인 영화와 드라마 속에서 의상은 영상물의 극적 효과를 높이기 위해 사용되는 모든 종류의 복식을 말한다. 극중 배우의 의상과 헤어스타일, 그 외 액세서리와 분장은 영상물의 독립된 분야이지만 제각기 따로 존재하기보다는 배우를 통해 종합적으로 보여지므로 배우의 몸에 직접적으로 착용하는 것을 모두 영화 의상, 드라마 의상에 포함한다.

대중매체로서 영상물은 의상, 헤어스타일, 메이크업과 같은 특정 스타일의 창조자이자 전파자로서 역할을 한다. 영화와 드라마는 우리 사회구조와 문화 일반의 구현체이며 관객이나 시청자를 스타와 동일시 혹은 감정이입 상태로 이끌어 영화에 혹은 드라마에 등장한 패션에 대한 소유욕구를 불러 일으킨다. 즉 영상물이 전해주는 시각적 영향력이 반복적으로 노출됨에 따라 사회 내부에 존재하는 문화적 범주에 대한 이미지의 표준화, 즉 스테레오 타입이 형성되어 복식의 유행성과도 상호 관련성을 갖게 된다. 영상 속 의상의 역할은 캐릭터 창조, 시공간 배경 연출, 시각적 이미지와 극 주제의 표현, 유행 창조와 PPL을 통한 상업적 기능, 그리고 최근 뉴미디어를 통한 패션 유행 전파로 정리될 수 있다.

캐릭터 창조

영상물 속 패션은 등장인물의 내면과 외면 사이에 강한 연관성을 설정하여 캐릭터의 특징을 시각화하는 장치가 된다. 배우의 개성을 없애고 극중 인물의 성격으로 특징 지음으로써 캐릭터의 외형을 형성하면서 내면을 드러내거나 함축하여 배우의 연기를 확장시키는 역할을 한다. 영상물 속 의상은 무대장치처럼 인물 유형이나 스토리 전개를 도식적으로 읽을 수 있도록 실마리를 제공한다.

스텔라 브루치(Stella Bruzzi)는 영상 속 의상이 의상을 착용한 배우의 배역이나 신체를 돋보이게 하는 보조적이고 기능적인 수단으로만 사용되는 것이 아니라 그 자체로서 의미에 동화되어 배역에 의상을 일치시키기도 하고 의상이 상징하는 잠재적인 수행성과 정체성이 나타나기도 한다고 하였다. 영화나 드라마 내에서 보이는 배우의 정체성은 의복이 신체와 상호작용하는 방식에 따라 매우 다양하게 나타나며 동시에 유동적으로 변화가 가능하다.

영화나 드라마 의상은 색상, 형태, 의복 소재의 질감 등 여러 디자인 요소를 이용해 극중 인물의 사회적 지위, 경제적 수준, 역할이나 성격을 표현하고 희로애락, 위엄, 섬세함, 고집스러움 등 감정이나 심리적 측면을 반영한다. 우리의 고정관념으로 선한 사람과 악한 사람, 사치스러운 사람과 검소한 사람, 정직한 사람과 사기꾼의 이미지가 형성되어 있으며 이를 극중 배역에 따라 패션 스타일을 착용하게 하여 악역은 어두운 색의 의상, 주인공은 밝은 색의 의상을 착용한다는 도식이 있다.

영화 〈좋은 놈, 나쁜 놈, 이상한 놈〉 속의 세 주인공을 살펴보면 의상을 통해 캐릭터가 확연히 구분된다. '좋은놈' 박도원(정우성) 분은 롱코트와 스키니진에 카우보이 모자와 스카프로 신사의 단정하고 깔끔한 이미지를 보여주며, '나쁜놈' 박창이(이병헌) 분은 검은색 정장에 블랙 스모키 메이크업으로 갱의 이미지를 시각화했다. '이상한 놈' 윤태구(송강호) 분은 배기 바지와 가죽조끼, 군용 귀마개 모자, 고글 등 어울리지 않는 아이템들을 섞어 코믹한 악동의 이미지를 구현했다.

시공간적 배경 연출

영상물 속 의상은 작품의 배경과 캐릭터를 직접적으로 표현해주는 중요한 요소인 동시에 시공간적 배경을 제시하고 캐릭터의 성격, 신분, 심리적 상태 등을 상징적으로 나타낸다. 또한 영화의 내용과 주제를 표현하여 추상적인 분위기를 시각적으로 구체화함으로써 작품을 쉽게 이해할 수 있도록 도와주는 효과적인 표현 수단이며 작품의 완성도를 높이는 데 중요한 역할을 한다. 의상은 영화나 드라마의 배경이 되는 시대의 도덕적 · 종교적 관념이나 예술사조, 정치적 · 경제적 상황 등을 파악할 수 있는 가시적 매개체로서 역할을 수행하며 공간과 배경에 어우러지게 된다.

특히, 역사적인 사건이나 인물을 소재로 한 시대극에서의 의상은 영화의 전체적인 이미지로 표현되어 영화의 성패를 가름할 뿐 아니라 극의 분위기와 느낌을 좌우하는 데 매우 중요한 역할을 한다. 따라서 이때 사용되는 의상비는 총 제작비의 50% 이상을 차지할 정도로 비중이 크다. 복식 외에 그 시대의 특징을 나타낼 수 있는 요소로 건축과 회화 등의 예술도 있지만, 특히 복식은 그 시대의 특징적인 관습, 사상, 기술, 환경 등을 시각적으로 표현하기가 용이하고, 그 고유의 민속복에 문화를 함축하고 있으므로 관객이 영화의 시대적 배경과 문화적 특성을 쉽게 인식하고, 몰입할 수 있도록 도와주기 때문에 중요성을 더한다.

영화 〈아델라인 : 멈춰진 시간〉(감독 리 톨랜드 크리거)은 20세기 패션의 변천사를 담아냈다. 영화의 주인공인 아델라인은 우연한 사고 이후 100년째 29세로 살아가는 여성이며 제74회 아카데미 의상상을 수상한 '물랑루즈' 의상팀이 100년을 넘게 살아온 아델라인의 영화 의상을 기획하여 아델라인의 패션을 통해 과거와 현재를 잇는 시간의 흐름을 시각적으로 표현해냈다. 100년을 살면서 옷장을 채워 나갔을 여성을 표현하기 위해 구찌와 협업한 최신 컬렉션과 함께 20년대 스타일의 가르손느 스타일, 1940년대 스타일의 실용적인 의상, 1950년대 뉴룩을 영화 의상을 통해 보여주었다.

1 영화 〈아델라인 : 멈춰진 시간〉의 시대별 주인공 캐릭터 포스터

시각적 이미지와 극 주제의 표현

영상물은 시각적 이미지를 통해 영상의 이미지와 주제의 통일성을 느끼게 한다. 따라서 영화나 드라마에 나타난 의상은 단순히 장식적 액세서리가 아니라 영화와 드라마 전반의 스토리를 이끌어 가는 표현적 기능을 수행하여 극 전체를 조화시키고 통일된 분위기로 연출해야 한다.

영상물 속 의상의 모티프들은 영화나 드라마의 전반적 형식과 이미지를 통일시키는 기능을 하며 이를 위해 의상의 색채와 소재, 장식과 디테일도 극의 전개와 이미지 창조에 중요한 역할을 한다. 따라서 영화 의상과 드라마 의상은 시나리오, 연출, 촬영, 미술, 조명, 음악, 편집, 배우 등 영상물의 여러 요소들과 유기적인 결합이 이루어져야 하며 특히 현장 세팅, 조명, 배우 분장과의 긴밀한 관계를 통해 영화나 드라마의 서사구조나 주제의 유형을 강화하는 기능을 수행한다.

〈거울나라의 앨리스〉(감독 제임스 보빈)는 이상한 나라로 돌아가게 된 앨리스가 위기에 빠진 모자 장수를 구하기 위

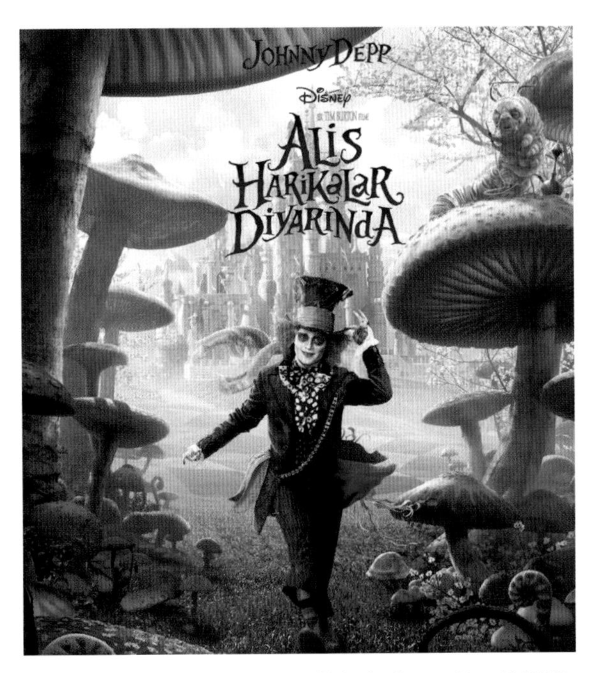

2 영화 〈거울나라의 앨리스〉는 환상적, 몽환적, 어두운, 그로테스크 등 영화의 주제를 표현하는 데 도움을 주는 시각적 이미지를 제시하였다.

해 과거로 시간여행을 떠나면서 겪게 되는 어드벤처를 그린 판타지 영화로 기발한 상상력과 환상적인 비주얼을 보여주었다. 〈게이샤의 추억〉, 〈시카고〉 등으로 아카데미 시상식에서 의상상을 여러 번 수상한 콜린 앳 우드(Collen Atwood)가 영화 의상을 총괄했으며 〈거울나라의 앨리스〉 속 다양한 캐릭터들의 과거와 현재 모습 각각을 독특한 디자인과 다양한 색감으로 키치한 의상과 소품들을 활용하여 그로테스크(grotesque)한 이미지를 전달하였다.

유행창조와 PPL

영상 속 의상은 유행창조에 있어서 중요한 역할을 한다. 유행 발생 요인에서 특히 그 시대에 흥행한 연예나 음악, 미술 등을 모티프로 한 의상이 대중의 취향에 잘 들어맞으면 여기서 새로운 유행이 발생하게 되는데 오늘날에 와서는 영화와 드라마가 유행을 만들어 내는 중요한 근원이 되었다. 팬들은 영화배우들의 매너, 몸짓, 포즈, 자세 등을 모방하게 되는데 이러한 배우에 대한 모방 가운데 매우 많은 부분이 의상에 집중된다고 할 수 있다.

영화나 드라마 속에서 시각적으로 나타난 배우의 의상이 관객들에게 직접적으로 전달되어 모방의 대상이 되고 급속하게 확산되어 대중적인 유행을 만들며 패션 문화를 형성한다. 이는 이미 많은 영화 의상이 패션 트렌드의 중심이 됨으로써 증명된 바 있다. 그러므로 한 편의 영화가 관객에게 미치는 영향은 단순히 취미나 여가생활의 수단, 패션의 일부분으로써 뿐만이 아니라 다양한 정보들을 제공하고, 그것을 본 관객들에 의해 새로운 문화로 발전되기도 한다.

영국배우 콜린 퍼스(Colin Firth)의 슈트 맵시가 돋보였던 〈킹스맨〉(2015, 2017)이 대표적 예다. 2015년 런던 남성복 패션쇼에는 〈킹스맨〉에서 영감을 받은 정장 의상이 대거 등장했고, 이 영화 덕분에 국내 남성복 정장 매출도 증가했다. 2017년 개봉한 킹스맨에서는 글로벌 온라인 남성패션 멀티숍인 미스터 포터(Mr. Porter)가 영화 의상 스타일링에 참여하여 〈킹스맨〉이라는 라벨로 영화에 나오는 옷들을 판매하였으며 영화와 패션 온라인 리테일러 간 컬래버레이션이 이루어진 성공사례라 할 수 있다. 영화 〈위대한 개츠비〉(1974) 속 상류층 남성의 의상 스타일 역시 대중에게 선풍적인 인기를 끌면서 '개츠비 룩'이라는 신조어까지 만들어졌다.

배우가 착용한 의상이나 소품들이 시청자나 관객들의 주목을 받게 되고 유행이 되면서 영화와 드라마 속에 특정 브랜드나 상품을 배치하여 소비자들에게 홍보하여 시장에서 매출과 연계해 좋은 영향을 받으며 프로모션 수단으로 자리잡고 있다. 이를 PPL(Product Placement)이라고 하며 원래 영화를 제작할 때 영화 내 사용할 소품을 각 장면에 맞춰 적절한 장소에 배치하는 것을 뜻하는 용어였으나 최근 PPL의 광고 효과가 두드러지게 나타남에 따라 광고를 노리고 영화나 드라마에 제품과 브랜드명을 노출시키고 있다.

1, 2 온라인 남성패션 멀티샵 미스터 포터가 '킹스맨'이라는 라벨로 영화에 나오는 옷들을 판매하였다.
3 영화 〈위대한 개츠비〉에서의 티파니앤코 주얼리

PPL이 본격적인 마케팅 수단으로 사용된 영화 〈ET〉에서는 주인공이 ET를 유인하기 위해 사용되었던 허쉬 초콜릿이 1개월 만에 영화 개봉 전 대비 65%의 매출 상승을 보였고, 2012년 방송된 드라마 〈신사의 품격〉에서 배우들이 사용했던 선글라스, 옷핀 등은 실제로 매장에서 매진되었다. 드라마 〈별에서 온 그대〉에서는 해외 고가의 퍼 야상점퍼를 전지현이 착용하여 많은 국내 소비자들이 해외 온라인 사이트에서 구입함으로써 매진을 기록하였으며, 결국 해당 브랜드는 국내에 입점하게 되었다. 채널을 돌려버리면 그만인 상업광고에 비해 영화나 드라마 속의 PPL은 시청자들에게 큰 저항감 없이 무의식적으로 제품 이미지를 심어줄 수 있다는 장점을 갖고 있다.

새로운 영상매체, 뉴미디어의 전파

21세기에 들어 소셜 네트워크와 모바일 디바이스, 스마트폰 앱과 같은 테크놀로지의 뉴미디어 매체는 전 세계 수많은 사람들을 대상으로 패션을 제시하는 새로운 미디어 플랫폼이 되고 있다. 인터넷은 수신자와 발신자의 상호작용을 기반으로 하면서 참여를 유발하는 환경 속에서 일반적 전달이 아닌 쌍방향 커뮤니케이션 채널을 제공하면서 기존의 미디어와 융합하면서 새로운 파생 미디어를 창조하고 있다. 영상, 사진, 일러스트 등을 통해 패션계의 다양한 측면을 탐험하며 이용자의 참여, 이용자 통제, 시스템의 반응을 이끌어내고 있다. 영화와 드라마를 모바일로 시청하고 넷플릭스 등 영상 스트리밍(streaming) 서비스 사용이 확산되면서 시청자 맞춤 형태의 영상물들을 원하는 시각에 원하는 장소에서 볼 수 있게 되었다. 패션과 문화를 연구해온 카라미나스(Karaminas, 2012)는 그의 저서 《Fashion and Art》에서 패션의 시각적 이미지가 전 세계 영향을 미치는 방식을 패션스케이프(fashionscape)라는 용어로 설명하는데, 즉 블로그, 유튜브, 트위터, 페이스북 등 미디어 테크놀로지와 연관된 뉴미디어의 산물을 말하며 뉴미디어를 통해 대중들에게 미치는 패션의 전파력은 거대해지고 있다. 또한 이전의 패션 포토그래퍼가 디자이너와 브랜드의 타깃에 맞춘 가치들을 표현해 왔다면 뉴미디어는 사용자의 영향력이 커져 창의적 과정에 적극적으로 참여하여 모든 사람이 패션을 통해 자신의 이미지를 창조하는 주체가 되는 방식과 공간을 제공하고 있으며 가상공간에서 패션 이미지는 자아 표현의 수단이 된다.

넷플릭스에서 볼 수 있는 패션 다큐 : 〈마놀로 블라닉 : 도마뱀에게 구두를 지어준 소년〉

구두 장인 마놀로 블라닉의 일대기를 다룬 다큐멘터리이며 그가 천국이라 일컫는 카나리아 제도에서의 어린 시절, 리한나와의 슈즈 협업, 다이애나 비의 웨딩 슈즈를 만든 사연, 영화 〈마리 앙투아네트〉의 비하인드 스토리까지 확인할 수 있다.

음악과 패션

음악과 패션

서양 음악이 대중화되기 시작한 것은 1900년대 흑인 영가와 유럽의 전통음악이 합쳐 탄생한 재즈부터였다고 할 수 있다. 대중음악은 19세기 말 대중매체의 급격한 발달과 산업혁명으로 인해 확대된 도시 중산층의 대중적 취향에 발맞춰 확대되었고, 제2차 세계대전 이후 이윤 추구를 목적으로 하는 문화산업의 일환으로 미국과 영국 등지에서 발전하였다.

대중문화 속에서 패션은 시각적으로, 음악은 청각적으로 당시의 사회상을 투영하면서 또한 동시에 사회 전반에 영향력을 끼쳐왔다. 음악이 새롭게 변화될 때마다 새로운 청년문화가 창출되었으며 이 문화들은 하위문화로서 고유한 패션을 이루며 확산되어 왔다. 이러한 하위문화 스타일은 다수에 의해 획일적으로 추종되는 대중 유행 스타일과는 달리 음악이라는 매체를 통해 패션의 미의식을 자극하고 새로운 미적 가치를 창출해왔다.

패션과 음악은 서로 같을 수도 있고 다를 수도 있는 장르이다. 하지만 아름다움이라는 가치를 다른 재료를 통해 풀어낸다는 점은 어쩌면 패션과 음악이 공유하고 있는 요소라고 볼 수 있다. 실제로 많은 디자이너들은 음악에서 영감을 받아 옷을 디자인하기도 하고 유명한 뮤지션을 자신의 뮤즈로 선정해 뮤지션의 철학과 신념, 사회적 문화를 받아들여 패션 디자인에 이용하기도 한다. 본서에서 대중음악의 역사는 우리가 흔히 서양이라고 지정하는 아메리카와 유럽으로 제한하고자 한다.

주트 스타일

주트 스타일(zoot style)을 논하려면 재즈(jazz)라는 음악 장르에 대한 배경지식이 필요하다. 재즈는 미국 흑인의 민속적 음악과 백인의 유럽음악의 결합으로 생겨난 것으로, 19세기 말부터 20세기 초에 걸쳐 미국 남부 뉴올리안즈 일대의 흑인들 사이에서 연주되고 형성된 음악이다. 기술과 이론은 서양 음악을 바탕으로 하나 흑인들 특유의 독특한 음악성이 가미되어 있다. 재즈는 시대의 흐름과 함께 연주스타일과 명칭 등의 변화가 함께 있었는데 1930년대 중반에서 1940년대 전기까지를 스윙 시대라고도 한다.

재즈가 성행하던 1939년경, 한 레스토랑에서 접시닦이로 일하던 남자가 양복점에 슈트를 주문제작하여 입었는데, 그 슈트는 한 재즈 밴드의 리더에 의해 '열광적인', '최선의(cutting edge)'를 의미하는 'zoot'로 이름을 붙여 주트 슈트(zoot suit)라 불리고 많은 재주 연주자들에 의해 착용되면서 인기를 끌었다. 주트 스타일은 팽이처럼 윗부분은 부풀고 아래쪽으로 갈수록 좁아지는 페그톱 트라우저즈(peg-top trousers), 넓은 어깨와 풍성한 품과 무릎까지 내려오는 긴 더블 브레스트 재킷을 착용하고 화려한 색상의 넥타이, 챙이 넓은 모자, 긴 시계 체인 등의 액세서리로 장식하였다. 미국의 소외계층인 흑인 젊은이들이 주트 슈트와 화려한 액세서리를 착용하여 그들의 정체성을 표출하려고 하였다. 그러나 화려한 슈트는 전쟁 시기에 국가에서 정한 의류제한정책을 위반하는 스타일로 지적받아 정부에서 착용을 금지하거나 제한하기도 하여 이에 반발하는 젊은이들과의 충돌로 1943년 주트 슈트 폭동(zoot suit riots)이 일어났다. 한편으로, 이러한 사태의 이면에는 소수민족에 대한 탄압과 차별이 공공연히 인정되는 사회의 모습이 나타나 있음을 알 수 있다.

록음악에서 태어난 록커스 스타일과 모즈 스타일

록음악은 특별한 저항정신 등을 표출하고자 했던 음악적 행동양식 전체를 지칭할 수 있다고 할 만큼 넓은 문화적 의미로 내포하고 있다. 록음악은 컨트리 음악에 뿌리를 두고 재즈 및 흑인의 리듬과 블루스가 가미된 음악이며, 로커빌리가 로큰롤(rock'n roll)로 표기되다가 오늘날의 록이 되었다.

1960년대의 록음악은 자신과 사회에 대한 보다 진지한 인식과 회의, 그러한 상황으로부터의 탈피욕구 등을 드러낸다.

1 주크 슈트를 착용한 1940년대의 사람들
2 설리반쇼에 출연한 비틀즈(1964)

포크록의 영향으로 정치, 사회 전반에 걸친 문제에 대해 구체적인 관심을 보이기도 하면서 록의 반항정신을 생활 전반에 투영하려고 하였고, 이것은 1960년대 대중음악사에 허무적이고 비현실적 색채를 띠게 하는 계기가 되기도 했다. 록은 틴에이저 감성의 돌파구로서 젊은이들의 문화가 바닥을 이루었고 노동자 계층의 하위문화가 합쳐지면서 기존 가치 체계에 대해 반문화를 이루었다.

1960년대 초, 비틀즈(Beatles)의 등장으로 세계 대중음악계는 새로운 전성기를 맞이하게 된다. 엘비스 프레슬리(Elvis Aron Presley)가 미국에서 록음악을 알렸을 때 영국 리버풀에서 음악활동을 하던 비틀즈는 미국으로 무대를 옮겨 미국 대중음악인 록을 발전시킨 세계적인 그룹이 되었다. 그들은 엘비스, 버디 홀리(Buddy Holly)를 비롯한 미국의 록음악에 영향을 받았고, 경쾌한 리버풀 억양에 감각적인 멜로디로 시대정신을 노래하였다.

전 세계적으로 록 열풍이 일어나고, 록의 영향을 받은 패션 스타일들이 등장하였다. 록커스(rockers)라고 불리는 록 그룹들은 가죽 재킷과 해진 청바지, 배지나 문장 장식 등으로 거친 이미지를 만들었다. 록커스들은 맹목적이고 반항적인 태도를 가진 아웃사이더로 그들의 위치를 확인하고자 했다. 록커스들은 가죽이나 데님을 빽빽하게 메탈 징 또는 장식단추, 사슬, 배지 등으로 장식하고, 특유한 문장 등으로 더욱더 명백한 집단의 독자성을 창조했다.

반항적인 이미지가 특징인 록커스 스타일에 반해 비틀즈가 유행시킨 모즈 스타일(mods style)은 거친 록 그룹들과 달리 깔끔하고 단정한 이미지를 연출하는 패션이었다. 모즈는 모던즈(moderns)의 약자로 영국 노동자계층의 청소년과 미술학과 대학생들을 중심으로 퍼지기 시작하였다. 비틀즈는 앞머리를 직선으로 자른 미소년들 같은 헤어스타일과 피에르 가르뎅이 디자인한 칼라 없는 슈트, 폭이 좁은 넥타이, 앞이 뾰족한 구두차림으로 미니멀리즘을 표방하기도 했다. 비틀즈의 모즈 스타일, 즉 모즈룩은 당시 젊은이들에게 상당한 인기를 끌었다.

반항과 관습의 해방, 글램 록과 펑크 록

글래머러스 록(glamourous rock)이란 의미의 글램 록은 당시 음악신문들의 저널리스트들이 만들어 낸 용어로 과학기술의 발달, 젊은 세대의 확장, 대중매체의 발달, 록 음악의 인기 등의 1960년대 사회적 배경의 영향을 받았다. 과학기술의 발달로 각종 합성섬유들로 인해 록 뮤지션들의 의상이 더더욱 화려해질 수 있었고, 대중매체를 통해 젊은 세대들이 글램 록 가수들의 화려한 의상을 빠르게 모방하고 확산시켰다.

글램 스타일은 화려한 패션, 독특한 메이크업과 헤어스타일 등이 특징인데, 이것은 성(性)의 의미를 교차시키고 기존 관념을 해체하여 과거 빅토리아 시대 이후 남성에게 가해진 외모에 대한 억압과 한계성을 양성적인 외모의 구축으로 극복하려는 의도가 담겨 있었다. 데이비드 보위(David Bowie)와 마크 볼란(Marc Bolan) 같은 글램 록 가수들은 제한적이고 금기시되었던 양성애적 스타일을 대중매체를 통해 보여주면서 기존의 성과 성역할에 대한 개념과 복식의 경계마저 모호하게 만들었다. 글램 스타일은 공개적으로 양성애에 대한 지지를 하면서 도발적인 화장, 다양한 색상의 머리 염색을 하였고, 공상과학영화 의상 같이 화려하고 번쩍이는 스타일을 선호하고, 신발은 굽이 두꺼운 플랫폼 슈즈를 신었다. 글램 스타일은 후에 펑크, 뉴 로맨틱, 고스 등에 영향을 끼쳤다.

1 록커스 스타일

뉴욕과 영국에서 시작된 펑크 스타일은 제2차 세계대전 이후 경제적 침몰로 인한 가난한 사회적 배경 속에서 국가와 기성세대에 대한 불만과 실망으로 무정부적인 삶의 태도를 가지게 되고 또한 분노와 파괴적인 성향을 음악과 패션을 통해 표출하였다.

펑크 록은 당시 음악계의 소위 '록 엘리트'들에 대한 반기로 기타 솔로를 빼고 3코드만으로 모든 음악이 가능하다는 '최소주의'를 지지했다. 그들은 저항의식의 사운드를 가지고 단순한 구조와 짧은 길이의 곡을 연주하였고, 정치적이고 사회적인 이슈를 대담하게 다루었다.

1977년 미국을 방문 중이던 말콤 맥라렌(Malcolm McLaren)이 펑크 문화를 영국으로 가져오면서 영국의 펑크 음악과 스타일의 확산에 기여했다. 말콤 맥라렌과 그의 파트너 비비안 웨스트우드(Vivienne Westwood)는 영국의 대표적인 펑크 밴드 섹스 피스톨스(Sex Pistols)의 스타일링과 음악적 정체성 형성에 상당한 영향력을 발휘하였다. 그들은 블랙 가죽 스터드 재킷, 스키니 진, 본디지(bondage) 바지, 닥터 마틴 신발, 과장된 모히크 헤어스타일, 극단적인 보디 피어싱과 장신구들을 펑크의 상징처럼 패션에 적용시켰다. 펑크는 옷을 찢고, 구멍을 뚫고, 자르는 등 가난을 상징하는 것을 밖으로 드러내면서 구멍이 난 곳은 안전핀으로 연결하여 세속적인 것들에 대한 허무주의적 입장을 보였다. 그러나 곧 펑크 스타일의 디테일들은 하이패션에서 차용되어 소개되었다.

그런지 록과 힙합 그리고 그들의 스타일

미국 시애틀에서 시작된 그런지 록(grunge rock)은 1980년대 후반부터 1990년대 중반을 풍미한 음악사조로 펑크와 히피를 믹스하여 무겁고 지저분한 느낌의 복고적 사운드가 특징이다. 대부분의 그런지 록을 하는 밴드들은 언더그라운드의 인디밴드로 시작하여 주류 팝에 대한 저항체제로 작용하면서 젊은 세대를 대변하였다. 그런지 음악은 X세대로 불리던 당시 젊은 세대의 정서와 맞물려 사회, 문화, 예술에 걸쳐 영

2 글램룩의 상징, 데이비드 보위
3 하이패션의 펑크 룩(Junya Watanabe, 2018 S/S)

향을 끼쳤다. 1990년대 초중반에 크게 유행했던 그런지 스타일은 지저분하고 남루한 스타일의 낡은 옷들을 아무렇게나 걸쳐 입는 믹스매치가 특징이었는데, 뮤지션들과 젊은이들의 스트리트패션으로 유행되면서 후에 하이패션과 스트리트 패션에서 다양한 모습으로 나타나고 있다.

힙합(hiphop)은 1980년대에 미국에서 유행하기 시작한 다이내믹한 춤과 음악의 총칭으로 1990년대를 거쳐 그 이후에도 문화전반을 이끌어 가고 있다. 힙합은 1970년대 후반 뉴욕 빈민촌 흑인들 사이에서 시작된 즉흥성의 문화가 1980년대에 들어서 발전한 것으로 반항과 일상에서 탈출을 꿈꾸는 청소년들에게 크게 어필하여 청소년을 중심으로 열광하였다. 힙합의 3요소는 MC(래퍼), DJ, 비보이로 이루어진다. 1980년대 초반의 힙합뮤지션들의 힙합스타일은 비싼 브랜드의 트레이닝복을 선호하고 금장식 액세서리로 부와 사치를 강조하였는데 이것은 노예시대를 겪은 흑인들의 반항의식으로 자신들의 부를 과장되게 과시하는 보상심리에서 비롯되었다고 한다. 힙합 스타일의 특징인 오버사이즈 룩에는 여러 원인이 회자되고 있다. 우선, 빈민가 노동자계층 2세들이 옷 살 돈이 없어 아버지 옷을 물려 입어 오버사이즈 스타일이 자연스럽게 나온 것이라고 한다. 또한 이들은 권총, 총탄, 마약 등을 소지하기 위해 일부러 통 넓은 바지와 많은 주머니가 달린 패션을 선호하였다고 한다. 또한 1980년대 패션 시장에 많은 브랜드들이 출현하고 세일기간에 매장에서 상품이 거의 빠지고 나면 흑인들이 남아 있는 큰 옷들을 사서 착용하여 헐렁한 힙합 스타일이 나타났다고도 한다. 현재 힙합은 음악이나 예술뿐 아니라 패션에 있어서도 많은 영향을 주었으며 스트리트 패션을 넘어 하이 패션에도 영향을 끼치게 되었다.

음악과 함께하는 패션의 확장

뮤지션과 패션의 컬래버레이션은 1980년대 중반부터 시작되었다. 당시 도시의 청소년들은 휠라나 리복을 선호했고, 나이키는 에어 조던 라인으로 농구팬을 끌어들이고 있어 아디다스는 입지를 세우지 못하고 있었다. 그때 운동화 끈을 매지 않은 채 아디다스를 신고 다니는 런 디엠시(Run DMC)가 등장하며 사람들 입에 거론되다가 1986년엔 'My Adidas'라는 노래까지 발표했다. 아디다스는 이들과 계약을 맺고 런 디엠시 에디션으로 뮤지션과의 컬래버레이션을 성공시켰다. 힙합 뮤지션인 퍼렐 윌리엄스(Pharrell Williams)도 2008년 패션 브랜드 루이비통과 선글라스 및 주얼리 협업을 하고 꼼데가르송과 향수 협업도 진행하였고, 이후 아디다스 및 팀버랜드와 협업 등 다양한 패션 브랜드들과의 협업을 시도하였다. 힙합 뮤지션인 카니예 웨스트(Kanye West)는 나이키와 '이지' 라인을 발표하고, 2014년 아디다스와 '이지 부스트' 라인 협업으로 큰 성공을 거둬 2017년에는 아디다스와 의류라인을 출시했다. 카니예 웨스트는 국내 아이웨어 브랜드인 젠틀몬스터가 진행하는 뮤직 캠페인 '13'에 참여하여 협업 앨범 프

1 그런지 록 그룹 너바나 (Nirvana)
2 힙합 스타일의 영향을 받은 1990년대 아웃도어 웨어

로듀싱을 총괄하였다. 가수 리한나(Rihanna)는 독일 스포츠 브랜드 푸마(Puma)와 컬렉션을 출시하면서 푸마의 낡은 이미지를 바꾸고 기업매각설을 일축시키며 매출을 높인 일등공신이 됐다. 최근 20여 년 동안 자신의 의류 라인을 선보인 뮤지션들은 계속 늘어나고 있고 유명 뮤지션을 이용한 컬래버레이션 브랜드의 상업적 가치는 계속 커지고 있다. 하지만 같은 수만큼 단명하는 컬래버레이션 브랜드 역시 적지 않다.

인터넷과 각종 미디어의 발달, 온라인 커뮤니티들의 접근이 용이해진 스마트 폰의 보급으로 대중문화의 전파는 그 어느 때보다 빨라지고 있다. 이러한 미디어의 기능과 함께 글로벌 문화 뿐 아니라 한국의 케이팝(K-pop)을 전 세계인들에게 전파하고 있다. 또한 케이팝 전파에 함께 케이팝 스타들의 패션, 라이프 스타일 등이 전 세계 대중들에게 영향을 끼치고 패션시장에서 새로운 분류로 지목되고 있다.

1990년대 대형기획사의 기획형 그룹들이나 대형스타들이 등장하면서 그들의 패션 또한 패션 트렌드에 영향을 미칠 정도로 젊은 층의 절대적인 지지를 얻기도 했다. 2000년대에 들어서면서 케이팝의 인기는 꾸준히 확장되어 점차 전 세계적으로 확산되었고 케이팝 스타들이 착용한 패션 역시 관심을 받게 되었다. 몇몇 케이팝 스타들은 디자이너 의상을 협찬받거나 이미지 작업을 함께하였다. 피에르 발망(Pierre Balmain), 마틴 마르지엘라(Martin Margiela), 알렉산더 맥퀸(Lee Alexander Mcqueen) 등과 같은 하이 브랜드 디자이너로부터 의상을 제공받아 착용하는 국내뮤지션들도 있고, 펜디 등의 외국브랜드와 직접 컬래버레이션을 하는 국내뮤지션도 있다. 국내 패션기업들도 케이팝 스타들을 키워내는 기획사들과 협업을 시도하고, 음악 장르를 상품 디자인에 담아 녹이거나 국내외 유명 뮤지션들과 함께 캠페인을 제작하는 등 여러 방식으로 음악과의 접점을 드러내었다. 삼성물산은 지난 2014년 YG 엔터테인먼트와 내추럴나인(Natural9)을 공동설립하여 하이엔드 스트리트브랜드 '노나곤(NONAGON)'을 런칭하였다. 노나곤은 블랙핑크의 멤버와 협업을 기획하여 제품의 개발초기부터 관여하는 컬렉션을 선보이고 있다.

케이팝을 통한 한류 패션 열풍은 해외 바이어들로 하여금 한국 패션 상품을 구입을 하게 했으며, 한국 패션에 많은 관심이 모여지면서 글로벌 패션계에서도 케이팝 스타들의 패션 영향력이 인정받고 있다. 그러나 아직은 케이팝 및 한류 컨텐츠의 소비가 대부분 동아시아 시장에 편중되어 있고 케이팝 스타들과의 협업이 한시적인 경우가 많기 때문에 케이팝 시장의 다변화에 따른 국내패션회사의 신속한 대처와 패션 유통 전문기업과의 동업형태를 통한 체계적인 브랜딩 전략을 구축할 필요가 있다.

1 아디다스와 런디앰시의 컬래버레이션(1986)
2 'FENTY PUMA by Rihanna 2016 FW' 행사에 참가한 가수 리한나

예술과 패션

패션은 신체보호나 주술적 의미 등의 단순한 기능에서 발전하여 우리의 생활과 문화의 일부분이 되어 왔고 당대의 예술사조와 상호 간 영향을 끼쳤다. 패션은 경제성을 추구하는 산업으로 분류되어 예술적 가치를 인정받기 어려웠으나 아름다움을 추구하는 인간의 본성이 패션까지 확대되고 예술과의 교류가 늘어나면서 패션에 대한 시선이 달라졌다. 특히 20세기에 들어서면서 예술 자체가 대중과의 거리가 좁아지면서 예술을 통한 패션의 표현이 다양성을 띠게 되었다. 또한 패션 영역이 확장되어 건축과 인테리어, 라이프 스타일에서도 서로 교류를 하고 있다.

예술을 품은 패션

역사적으로 패션은 동시대 예술사조의 영향을 받아 발전해 오고 상호 간 협업으로 제품을 개발하기도 하였다. 1900년대 아르누보, 인상주의의 영향을 받은 패션은 리드미컬한 S커브 실루엣과 부드러운 파스텔 색조의 직물을 사용하였고, 1910년대 아르데코와 입체파의 영향을 받아 직선미를 추구하며 기하학적인 패턴들로 표현되었다. 제1차 세계대전과 경제대공황을 겪은 뒤의 1930년대에는 초현실주의가 만연했는데 패션 디자이너 스키아파렐리(Elsa Schiaparelli)는 초현실주의 작가들과의 협업을 통해 옷의 기능과 목적, 가치에 대한 고정관념에 도전하였다. 이러한 시도들은 후에 칼 라거펠트(Karl Lagerfeld) 등 현대 패션디자이너들의 작품에까지 이어지며

1 미니멀리즘 작품(Donald Judd)
2 미니멀리즘의 영향을 받은 패션(Calvin Klein)
3 Fondation Louis Vuitton, France

1 그리스 시대의 건축
2 그리스 시대의 의상, 키톤
3 해체주의적 착장방식(Spring 2004 Maison Martin Margiela)
4 미국 시애틀 센트럴 도서관(해체주의 건축가 렘 쿨하스 작품)
5 건축가 프랭크 오 게리와 티파니의 협업 목걸이
6 건축가 자하 하디드와 루이비통의 협업

20세기 후반 포스트모던 패션의 부상에 중요한 영향을 끼치게 되었다. 1960년대 중반에 등장한 미니멀 아트는 창작자의 자기표현을 최소한으로 억제하고 회화를 단지 하나의 사물로 다루려고 하였는데, 이러한 미니멀리즘의 영향을 받은 캘빈 클라인(Calvin Klein), 로이 할스턴 프로윅(Roy Halston Frowick), 이브 생 로랑(Yves Saint Laurent), 조르지오 아르마니(Gorgio Armani), 헬무트 랭(Helmut Lang)과 같은 미니멀 패션 디자이너들은 장식의 디테일을 최소로 하고 구조와 구성 자체의 아름다움에 디자인 중심을 두었다.

현대에 이르러 패션은 예술사조의 영향을 받는 것에서 벗어나 유명 예술가들과의 협업을 통해 캠페인을 진행하기도 한다. 협업으로 제품에 예술을 직접 입히는 방식은 문화가 지닌 품격의 힘을 가져와 고객의 구매 의욕을 끌어내기 위한 수단으로 이용된다.

패션과 예술의 관계는 한층 발전하여 미술관이나 예술교육, 작가들에 대한 패션 브랜드의 지원으로 이어졌다. 특히 럭셔리 브랜드를 중심으로 현대미술의 흐름이 주도되기도 하는데, 패션계는 작가를 발굴하고 미술 트렌드를 이끌면서 산업규모와 미술시장을 확장시키고 있다. 런던의 사치 갤러리(The Saatchi Gallery)는 패션 브랜드인 샤넬과 에르메스 등의 후원을 받고 있고, 사회적 · 경제적으로 소외되어 있는 젊은 이들을 위한 예술교육 프로젝트를 진행하고 있는 프랑스 브랜드 루이비통이 이러한 예들이다. 이러한 투자는 해당 국가의 예술을 풍요롭게 하고, 예술인에게는 창의성을, 일반 관람객에게는 보다 많은 관람기회를 제공하고 있다. 기업 입장에서는 '아트로서의 패션'이란 이미지를 높여 마케팅 측면에서 도움을 얻을 수 있다.

구조적인 패션

건축과 패션은 여러 가지 면에서 유사성이 있다. 패션은 신체를 둘러싼 공간을, 건축은 인간을 둘러싼 공간을 3차원 조형으로 표현하고 있다. 건축이 공간의 경험을 결정한다면, 패션은 몸과 외부세계를 중재하는 공간을 디자인한다. 또한 실용적인 기능과 소재, 형태적인 미를 고려한 디자인을 기초로 하고 있고, 패션과 건축 모두 동시대 예술양식의 영향을 받아왔다. 패션과 건축은 오래전부터 서로 밀접한 교류를 해왔다고 할 수 있다. 패션 디자인에서 입체적인 형태를 형성하고 구조적인 완결성을 위해 건축을 참고해왔는데, 이는 패션 디자인이 본질적으로 평면적이고 이차원적인 재료를 사용하기 때문에 건축이라는 장르에서 영감을 찾게 되었다.

패션과 건축의 유사성은 고대에서부터 존재해 왔다. 그리스 건축 기둥의 표면이 고대 그리스 키톤(chiton)의 드레이퍼리한 주름을 반영했다고 볼 수 있는데, 키톤의 명칭은 실제 그리스 건축 양식에서 유래된 것이기도 하다. 중세 건축의 극단적인 수직구조는 고딕 패션에서도 뾰족한 신발이나 뾰족한 원뿔형 모자인 에냉(hennins)으로 나타났다.

현대 패션에서도 패션과 건축은 긴밀한 관계를 유지해오고 있다. 현대 건축의 아버지라 불리는 르 코르뷔지에(Le Corbusier)는 건축에서 모더니즘의 정수를 보여주었는데, 이는 샤넬의 직선을 강조한 단순한 구조와 실용성을 중요시하는 패션으로 표현되었다. 또한 엔지니어 출신인 패션 디자이너 앙드레 쿠레주(Andre Courreges)는 건축가인 르 코르뷔지에와 예술가인 몬드리안(Piet Mondrian), 피카소(Pablo Picaso)와의 교류를 통해 조형적인 미래주의가 나타난 의복을 디자인하기도 하였다. 현대건축에서 가장 과격한 아방가르드 운동이라 하는 해체주의는 패션에도 많은 영향을 끼쳤다. 특히 오래 고수되어온 형식을 거부하고 고정관념을 탈피해 규칙을 파괴하는 형태로 나타났다. 건축가 렘 쿨하스(Rem Koolhaas), 베르나르 츄미(Bernard Tchumi), 자하 하디드(Zaha Hadid) 등이 해체주의 건축의 대표적인 건축가들인데, 이들의 건축물은 기존에 중요시되던 거주공간으로서의 기능성이나 미학들은 배제하고 새로운 개념의 공간, 형태 및 외형을 추구하려 하였다. 이러한 해체주의의 영향을 받는 대표적인 패션 디자이너로 레이 가와쿠보(Kawakubo Rei), 마틴 마르지엘라(Martin Margiela), 앤 드뮐미스터(Ann Demeulemeester), 드리스 반 노튼(Dries Van Noten) 등이 있다. 이들의 패션은 의도적으로 의복 구조를 분해하기도 하고, 반미학과 미완성 등으로 새로운 미의 형태를 이루어 냈다.

스타건축가와 컬래버레이션을 한 패션 브랜드들도 있는데, 건축가 자하 하디드는 라코스테와 협업한 신발과 가방 브랜드 루이비통을 위한 실리콘 재질의 가방을 디자인하였고, 건축가 프랭크 오 게리는 주얼리 브랜드 티파니와 협업하여 무정형성을 띤 목걸이 디자인을 하였다.

1990년대 중후반 패션디자이너의 브랜드 철학과 브랜드 정체성을 정립하게 위한 도구로 패션스토어 내, 외부 공간의 이미지 구축이 중요하게 여겨지게 되었다. 이것은 심미적인 요소뿐 아니라 판매를 목적으로 하는 비용효과를 높이는 공간으로서의 효과를 가져왔다.

건축가 헤르조그(Jacques Herzog)와 드 뫼롱(Pierre de Meuron)이 디자인한 프라다 에피센터(Prada Epicenter)는 매장과 갤러리 콘서트를 겸할 수 있는 공간으로 손쉽게 무대와 객석으로 바뀔 수 있는 구조를 가지고 있어 쇼핑뿐 아니라 문화를 즐기려는 소비자들의 욕구를 충족시켜주었다. 렘 콜하스의 서울 전시를 위한 '프라다 트랜스포머' 프로젝트 역시 거대한 공간감을 잘 활용하였고 다양한 목적을 위한 변형이 가능한 구조를 취했다. 피터 마리노(Peter Marino)가 설계한 홍콩의 샤넬 매장은 샤넬의 유명한 No.5 향수 케이스를 연상시키는 외관을 가지고 있으며 미할 로브너(Michal Rovner)가 디자인한 LED 조명은 끊임없이 혁신을 추구하는 샤넬의 리듬을 재현한다. 이 외에도 한옥에서 영감을 얻은 '메종 에르메스 도산파크', 건축가 크리스티앙 드 포르장파르크(Christian de Portzamparc)의 디올 공방의 직물 모습을 가져온 '하우스 오브 디올 서울' 등이 있다.

패션과 라이프 스타일

랄프 로렌, 조르지오 아르마니, 베르사체, 미쏘니, 에르메스, 페라가모, 구찌 등 많은 패션 브랜드의 디자이너들이 인테리어 제품, 호텔, 카페, 음식점, 생활 소품 등으로 라인을 확장해왔다. 이러한 브랜드의 확장은 브랜드 자산을 효율적으로 활용하기 위한 방법으로 새로운 시장에 쉽게 접근 할 수 있고 마케팅 커뮤니케이션 비용을 절감할 수 있는 장점이 있고 토털패션을 추구할 수 있다. 주얼리 브랜드인 티파니는 뉴욕에 위치한 스토어에 커피와 간단한 음식을 제공하는 '블루 박스 카페'를 2017년에 오픈하였는데, 고객들은 영화 〈티파니에서 아침을〉에서의 한 장면처럼 음료와 음식을 즐길 수 있는 문화경험을 할 수 있다. 이탈리아 브랜드인 구찌는 2018년 1월에 피렌체에 위치한 메르칸지아 궁전(Palazzo della Mercanzia)에 '구찌 가든'을 오픈하였는데, 이곳에는 전문서적 및 자료와 현대예술품 등이 전시된 박물관과 식당, 판매매장들이 함께 있는 복합적인 예술공간으로 이루어져있다. 또한 입장료의 50%를 피렌체의 도시복구사업에 기증하고 있다.

1 Palazzo Versace Hotel, Austrailia
2 Giorgio Armani cafe, France

패션과 아트마케팅

문화예술을 소비 촉진을 위한 환경으로 인식하는 마케팅 패터다임의 패션 아트마케팅(art marketing)은 기업과 문화예술이 파트너십을 기반으로 전략적 제휴를 맺고 마케팅 효과를 극대화하는 결과를 추구하는 것이다.

패션 아트마케팅 중 가장 대중들에게 쉽게 다가갈 수 있는 유형 중의 하나는 컬래버레이션이다. 많은 패션 브랜드들이 다양한 분야의 예술가들과 협업하여 브랜드에 활력을 불어넣기도 하고 새로운 고객층을 형성하는 역할도 한다. 또한 미술작품의 희소성이나 역사성을 접목하여 제품의 예술적 품격을 향상하여 브랜드 이미지를 상승시키는 효과를 가져오기도 한다. 패션 브랜드 루이비통은 일본의 팝아티스트 무라카미 타카시(Murakami Takashi), 그래피티 아티스트 스티븐 스프라우스(Stephen Sprouse), 전위미술가 쿠사마 야요이(Kusama Yayoi), 팝 아티스트 제프 쿤스(Jeff Koons) 등과 협업하여 생산한 제품들로 젊은 고객층을 공략하였다. 아디다스는 짐 람비(Jim Lambie)의 협업으로 화려한 아디칼라라는 라인을 만들기도 하며, 디올의 레이디아트 프로젝트(Lady Art Project)는 이안 대번포트, 매슈포터 등 현대미술 아티스트들과 협업하여 새로운 시도를 꾀한 작품을 내어 놓았다. 설치작가 아니쉬 카푸어(Anish Kapoor) 역시 주얼리 브랜드 불가리와 협업한 디자인을 제작하였다.

또 다른 패션 아트마케팅의 유형으로 브랜드가 비영리로 별도의 예술후원활동기관을 운영하는 아트재단들이 있는데, 까르띠에 현대미술재단이나 에르메스재단의 미술상, 루이비통 문화예술재단 등이 여기에 속한다. 아트재단은 영구적인 전시회장이나 문화재단, 스폰서십 기관을 설립하여 예술과 문화영역에 장기적이고 전략적으로 연결되기 위해 설립하여 운영된다. 또한 브랜드의 홍보 목표로 예술을 지원하는 브랜드들도 있는데 디올, 펜디, 페레가모 등이 있다.

전시 프로모션 역시 패션 아트마케팅의 한 유형인데 브랜드의 예술성을 전시회 성격으로 표출하여 관객들로 하여금 문화를 즐기게 유도하여 자연스럽게 브랜드와의 친화력을 높인다. 최근 몇 년간 국내에서 전시된 디올, 샤넬, 에르메스, 반 클리프 앤 아펠 등의 전시회가 여기에 속한다.

1 팝 아티스트 제프 쿤스와 루이비통의 협업
2 에르메스 전시 프로모션

젠더와 패션

인간은 인체를 무한히 창조적인 형태로 꾸밀 수 있는 지혜를 가지고 있으며 의복은 인류 초기부터 인간의 내면세계를 표현하는 역할을 해왔다. 인간의 표현욕구 중 잠재된 성적 본능은 의식적이든 무의식적이든 여러 형태로 표현된다는 지그문트 프로이트(Sigmund Freud)의 정신분석학적 이론이 체계화된 이후 성적 본능은 의복행동과도 큰 상관관계가 있음이 확인되었으며 플뤼겔(Flügel)은 성적 본능이 의복 착용의 동기가 된다고 하였다. 최근 사회문화적 변화에 따른 성의 개방화, 도덕적 가치관의 변화, 그리고 여성의 사회진출 등으로 의복에서 성적 표현이 증가하고 있다.

성역할의 변화

성의 의미는 남녀 간의 생물학적 차이(sexual difference–male, female)에 의한 것과 사회적으로 만들어지고 문화적으로 정의되는 남녀 간의 사회적 의미의 차이(gender difference–masculine, feminine)로 나눌 수 있다. 성역할이란 특정 성별의 개인이 주어진 상황에서 이행해야 하는 사회적 혹은 문화적으로 한정된 일련의 기대이다. 성역할의 차이가 발생하는 것은 생물학적 차이에 의한 남녀의 행동차이와 성역할의 사회화 과정에 의한 남녀 차이에 기인한다. 성역할의 사회화는 개인이 태어나면서부터 부모, 형제, 또래집단, 대중매체 등의 준거집단을 통해 성별에 따른 적절한 역할을 인식하고 학습해가는 과정을 말한다.

인간은 누구나 태어난 순간부터 남성인지 여성인지 규명되며 생물학적 결정론자들은 이러한 생물학적 차이가 남성다움, 여성다움의 특성을 형성한다고 주장해왔다. 전통적인 성역할과 차별성은 산업혁명 이후 가부장제의 부르주아 계급에서 확실히 나타났다. 가부장제는 노동, 교육, 문화 등 사회활동 영역 전반에 걸쳐 만연되어 있는 여성에 대한 차별과 가정에서의 종속적인 여성의 삶, 가사, 육아 성관계를 포함하는 개념이었으며 여성의 경제적 의존 등 남성 간의 사회관계에 기초한 많은 제도들은 가부장제 사회에서 여성에 대한 차별적 요소로 지적되어 왔다. 따라서 남성성과 여성성의 관념이 사회적 우월과 열등의 표시로 대립되었으며 남성성은 남성이 지배하게 된 사회에 대해 주체로서 권력의 상징, 육체보다는 이성적 상징으로 보았으며 여성들은 남성들이 이미 규정해 놓은 육체적 · 의존적 · 순종적 · 감정적인 여성성으로 규정되었다.

서구에서는 오랜 기간 여성은 스커트를, 남성은 바지를 입었는데 스커트는 여성의 역할을 상징하여 온화하고 의존적이며 비공격적인 것으로 나타내고 반대로 남자의 바지는 남성적이며 힘이 세고 독립적이며 공격적이라는 특성을 나타낸다. 서양복식사에 의하면 초기에는 남녀 모두 치마 형태의 의복을 착용하였으나 12세기 후반 중세 유럽에서 비롯된 갑옷의 개발 이후 다리가 갈라진 형태의 바지가 남성들의 전유물로 전해져 왔다. 이러한 성역할에 대한 고정관념은 1980년대에 들어 사회문화적으로 많은 변화가 있었는데 이는 정치적 행동의 변화를 주장한 페미니즘의 오랜 역사적 투쟁의 결과로 나타난 것이다.

21세기에는 다양한 특성을 가진 문화가 공존하며 융합되고 조화를 이루는 현상을 보이고 있다. 패션 분야에서도 전통적인 성의 역할 변화와 함께 성의 경계 없이 남성성과 여성성이 공존하는 복식으로 자유와 즐거움을 다양하게 표현하게 되었다. 과거 20세기 초로 거슬러 올라가 패션의 역사를 살펴보면 남성성과 여성성이 만나는 접점은 줄곧 있어 왔다. 여성성을 강조하는 코르셋으로부터의 해방과 함께 나타났던 가르손느 룩(garçonne look)을 시초로 페미니즘과 함께 등장한 1960~1970년대의 유니섹스 룩(unisex look), 남성성과 여성성의 공존을 내포한 1980년대의 앤드로지너스 룩(androgynous look) 등이 있다. 1990년대 이후 남성의 부드러움을 강조한 감성, 직업 영역, 일하는 방식 등 남성에게 기대하는 사회 기준들이 달라지고 가치관이 변화하면서 나타난 메트로섹슈얼(metrosexual)은 남성성과 여성성의 경계를 초월한 젠더리스 룩(genderless look)으로 이어지게 되었다. 즉 최근 들어 성역할의 차이 감소로 의복에서의 남녀 차이가 점점 적어지고 있다.

여성 패션의 변화

매니시 룩(mannish look)은 매스큘린 룩(masculine look)이라고도 하며 여성들이 전형적인 남성복인 팬츠를 착용한 남성 이미지의 강인한 여성복장을 의미한다. 여성해방운동은 복식에 나타난 성적 특성에 많은 변화를 가져왔는데 매니시 룩은 그중 하나이며 제인 그로브(Jane Grove)는 20세기 복식 혁명 중 하나는 성의 혁명으로 여성이 남성 스타일을 수용하면서 전통적인 여성의 가시적 이미지에 대해 도전한다고 하였다. 1960년대 대표적인 패션 모델 트위기(Twiggy)는 미소년과 같은 모습으로 다양한 형태의 남성 슈트를 착용하고 여러 잡지 기사에 등장하였으며 이브 생 로랑은 1960년대 후반 남성의 슈트와 유사한 여성의 팬츠슈트 '르 스모킹(Le Smoking)'을 발표하였는데 슈트 안에 블라우스와 조끼를 입고 타이를 맨 모습은 남녀의 구분이 뚜렷하지 않은 스타일로 1980년대로 오면서 앤드로지너스 룩의 기초를 마련하였다.

남성의 전유물이었던 바지를 최초로 착용했던 여성은 1420년경 백년전쟁(1412~1431) 당시의 잔 다르크(Jeanne d'Arc)라 할 수 있다. 앵그르(Ingres)의 그림에서 볼 수 있듯이 잔 다르크는 기사복의 바지 위에 스커트를 착용하였으며 그 당시 남녀의 분리라는 철저한 규율을 깨고 가려져 있던 여성의 다리를 보여주는 기사 복장을 하여 남성 복장이 여성에게도 필요하다는 주장을 불러일으켰지만 그 당시의 사회문화적인 이데올로기에서는 결국 정신적으로 야심에 불타는 병든 모습으로 보이게 하였으며 이단의 마녀로 취급되어 파멸로 이끌었다. 1850년 여성 의상 개혁운동을 전개한 아멜리아 블루머(Amelia Bloomer)는 당시 모든 계층의 여성들이 착용했던 크리놀린 스타일(crinoline style)을 벗어 버리고 블루머 스타일의 바지 형태를 착용하여 여성도 남성과 동등하게 바지를 입고 활동할 수 있다는 사고가 확산되었으나 당시 프랑스 비평가들로부터 비난을 받았고 착용이 일반화되지 못하였다.

바지는 과거 중세시대 이후 오랜 동안 남성들의 소유물이었다. 특히 16세기 이후 상류사회에서 바지는 방탕한 여자들이 남성을 유혹하기 위해 사용하는 것으로 인지되었으며 하위계층이라 여겼던 광부, 어부, 농부, 무용수, 여배우, 가수들에게 입혀지는 의복이었다. 여성들의 바지 착용을 가속화한 가장 큰 계기는 제1차 세계대전이었다. 남성들을 대신하여 여성들이 병원, 농장, 군수품 공장 등에서 일하게 되면서 여성

페미니즘과 패션

1 매니시 룩 잔다르크(1420년경) **2** 블루머 팬츠(1850년경) **3** 미소년과 같은 모습의 1960년대 대표 모델 트위기

1

2

3

들에게도 활동적인 의상이 필요해졌다. 이는 작업복의 새로운 발전을 가져왔으며 여성들의 바지 착용을 일반화시켰고 남성의 바지나 셔츠는 여성들의 작업복이나 운동복으로 활용되기 시작하였다. 이처럼 여성들의 사회 참여가 활발해지자 여성들의 기존 의복 또한 활동적인 스타일로 변화하였는데 1927년에는 스커트 길이가 바닥에서 14~16인치 정도까지 올라가 여성의 종아리가 노출되기 시작하였고 가브리엘 샤넬(Gabrielle Chanel)은 일하는 여성을 위해 남성적인 분위기의 풀오버(pullover)와 같은 스포츠 웨어를 제안하여 매니시 룩을 선도하였으며 이는 이후 가르손느 룩으로 연결된다.

제1차 세계대전 직후 여성들이 여성스러운 스타일보다는 가슴을 납작하게 하고 허리곡선을 완화시킨 스트레이트 박스 스타일을 선호하면서 복식의 남성화가 이루어져 보이시 스타일(boyish style)이 유행되었다. 영국에서는 일부 여성들에게 참정권이 주어지기 시작했으며, 미국에서는 1920년 여성의 참정권이 인정되었고 여성의 정치적 · 경제적 지위 향상, 남녀평등과 자유연애사상 등이 결합되어 여성들의 패션에도 변화가 나타났다. 1920년대의 보이시 스타일은 가르손느 룩 또는 플래퍼 룩(flapper look)이라고도 불린다. 가르손느 룩은 플리츠나 개더 스커트에 낮은 구두, 짧은 머리, 클로슈 모자 등이 특징이며 전체적으로 소년 같은 소녀의 스타일로 빅토르 마르그리트의 소설《라 가르손느(La Garconne)》에서 파생되었는데 독립적인 삶을 찾아가는 젊은 여성 주인공이 머리를 짧게 자르고 남성의 재킷과 타이를 입고 있는 모습에서 따온 것이다.

1960년대에는 페미니즘에 의해 여성 해방론자들에게 패션이란 것 자체가 비난의 대상이 되었으며 여성 해방이라는 것은 성적 대상으로서의 여성 신체로부터의 탈피를 의미하였다. 1970년대 여권운동가들은 패션에 실용성과 무관심 모두를 표현하면서 외모에 어떤 노력도 기울이지 않았음을 보이고자 했다. 여성해방운동 초기에는 여성성을 버리고 남성과 똑같이 되려는 허상을 추구했으나 1980년대 이후에 들어서는 남녀 간의 차이를 인정하고 그 차이를 가치 있는 것으로 정당화하면서 복식에서 각 성의 장점을 도입한 복식을 착용하였다.

남성의 변화

19세기 이전까지 당의 유행 개념은 상류층에만 국한되어 있었기 때문에 유행을 따르는 데 있어서 남녀 구별이 없었다. 그러던 것이 서구사회가 눈에 띄게 도시화, 산업화, 민주화됨에 따라 남성과 여성의 복식은 청교도적 노동 윤리와 경제적 출세를 위한 강한 욕구 등의 가치관을 반영한 형태로 바뀌어 갔다. 이러한 가치관들은 여성보다 주로 남성의 영역에 적용되었는데 남성복에서는 비즈니스 슈트의 등장을 들 수 있다. 중산층 남성들이 착용한 검은색 혹은 회색의 비즈니스 슈트는 산업화에 따른 당시 사회적 변화의 가시적인 상징이 되었다. 1950년대 고정관념화된 남성다움의 표상으로부터의 상징적 탈피가《비트(beats)》와《플레이보이(playboy)》 등을 통해 보인다. 1960년대 여성해방운동보다 선행한 이 움직임은 성 이데올로기 제한에의 반발을 표현한 것이었다. 또한 1960년대와 1970년대 젊은이에게서 시작되어 기성세대 남성에게 확산된 공작혁명(peacock revolution)은 남성복에도 여성에게 주어졌던 유행개념을 도입시켰다. 예를 들면 당시에 유행한 네루 재킷(nehru jacket), 러플 장

1, 2 킹키부츠

식 셔츠, 선명한 색상과 문양, 긴 머리 등이 그것이다.

남성에게 더 많은 역할과 업무를 요구함으로써 오히려 남성에게 과도한 부담감을 안겨 주고 있는 사회에서 편견과 억압을 떨쳐버린 진정한 나의 모습을 추구하고자 하는 남성들의 욕구를 존중하는 남성해방운동(emancipation)도 있어 왔다. 드래그(drag)는 사회적으로 고정된 성역할에 따라 정해진 옷과 행동거지 등을 다른 성에 맞춰 바꾸는 것을 일컫는다. 흔히 과장된 여장이나 남장을 말하게 된다. 이런 뜻의 드래그란 단어는 최소 1870년부터 사용되기 시작된 것으로, 당시 극장계에서 사용되던 은어가 퍼진 것으로 원래는 긴 치마나 망토 등으로 옷이 무대 바닥을 휩쓸면서 지나가는 것을 표현한 뜻이다. 드래그퀸은 여성 복장을 한 남성을 의미하며 단순히 예뻐 보이기 위해 여성처럼 꾸미는 것이 아닌 남성과 여성 외의 새로운 성이라고 말할 수 있다. 평소에는 남성이라는 자신의 성별에 만족하며 더 다이내믹한 공연을 선보이기 위해, 때로는 남성인 자신 안에 내재되어 있는 여성성을 표출하기 위해 분장을 하는 사람들이며 〈헤드윅(Hedwig)〉, 〈킹키부츠(Kinky boots)〉 등의 뮤지컬과 영화를 통해 대중에게 전파되어 왔다.

1980년대 이후 전 세계적으로 메트로섹슈얼 또는 그루밍(grooming) 등으로 외모에 있어 남성성의 고정관념은 점차 사라지고 있다. 메트로섹슈얼은 패션이나 헤어스타일 가꾸는 것에 대해 관심을 가지며 내면의 여성성을 긍정적으로 즐기는 현대 남성을 뜻한다. 이들은 남성미와 함께 여성적 취향의 아름다움을 동시에 추구하며 운동으로 다져진 탄탄한 몸을 가졌으며 주로 경제력 있는 20~40대이다. 1994년 영국의 문화비평가 마크 심슨(Mark Simpson)이 〈인디펜던트〉라는 일간지에서 남자들의 새로운 변화를 메트로섹슈얼이란 단어로 표현하였다. 영국의 축구스타 데이비드 베컴(David Beckham)이 대표적인 메트로섹슈얼로 언급되었으며 고급쇼핑을 즐기면서 명예보다는 가족과 우정을 우선시하며, 피부 관리와 액세서리에 대한 여성적 관심을 즐기는 신세대 남성상이다. '그루밍'은 마부(groom)가 말을 빗질하고 목욕시켜 말끔하게 꾸민다는 데서 유래한 것으로 최근에는 외모에 관심이 많아 자신을 가꾸는 데 투자를 아끼지 않는 남성들을 일컬어 '그루밍족'이라고 부르는 신조어가 생겨났다. 남성인데도 치장이나 옷차림에 금전적 투자를 아끼지 않는 사람 또는 그런 무리를 말한다. 그루밍은 여성의 '뷰티(beauty)'에 해당하는 남성의 미용 용어로 피부, 두발, 치아 관리는 물론 성형수술까

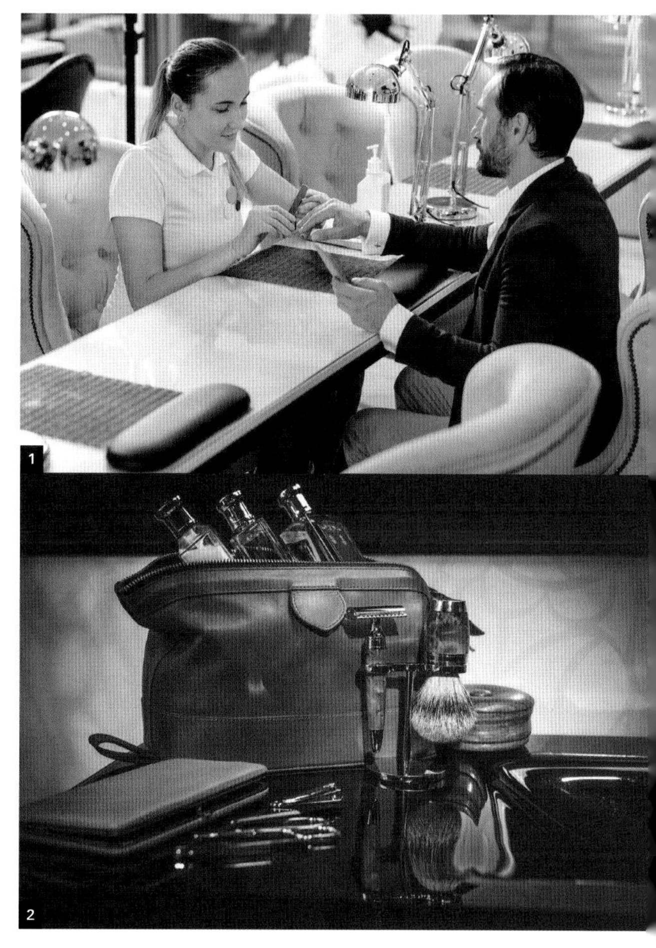

1 남성 그루밍 2 바버숍 용품

지 포함하는 뜻으로 사용된다. 메트로섹슈얼과 그루밍 현상으로 현대 남성들을 위한 화장품, 바버숍, 패션 스타일링 서비스가 인기를 얻고 있다.

패션으로 표현된 성

21세기에는 다양한 특성을 가진 문화가 공존하며 융합되고 조화를 이루는 현상을 보이고 있다. 패션 분야에서도 전통적인 성의 역할 변화와 함께 성의 경계없이 남성성과 여성성이 공존하는 복식으로 자유와 즐거움을 다양하게 표현하게 되었다. 과거 이성 간에 구분되어 있었던 성역할 고정관념은 매우 임의적이며 한계가 있는 개념으로 보게 되었으며 남성과 여성 사이에 성의 차이라는 기본적 가정이 사라지고 성별에 기초를 두지 않는 개인의 차이를 강조하는 새로운 가정이

대두되면서 각 성에 존재하는 양성적 특성을 수용하게 되었다. 이러한 사회심리적 경향을 배경으로 패션에 있어서도 여성이 입어야 하는 옷, 남성이 입어야 하는 옷이라는 고정관념을 넘어서 두 가지 성의 특징을 담아내거나 그 경계를 허물어 버린 새롭고 다양한 차원의 룩(유니섹스, 앤드로지너스, 젠더리스)이 등장하였다.

유니섹스 룩은 여성의 사회활동 증가로 때와 장소의 구별 없이 착용하게 된 바지를 시작으로 청바지와 티셔츠, 캐주얼한 재킷, 운동화, 비슷한 남녀 헤어스타일 등 다양한 형태도 유행하였다. 유니섹스라는 용어의 사전적 의미는 '남녀 공용인, 남녀 구별이 없는'이며 1960년대에 여성해방운동이 전개되면서 히피 등의 청년문화가 주장하는 사회운동에 영향을 받아 패션에서는 표현의 자유로움이 성의 구분 없이 확산되었다. 1967년에는 대부분의 컬렉션에서 남녀 모두가 입을 수 있도록 디자인된 유니섹스 의상이 출시되었다. 앤드로지너스는 그리스어에서 유래된 말로 '앤드로스(andros)'는 남자를, '지나케아(gynacea)'는 여자를 뜻하며 남자와 여자의 특징을 모두 소유하고 있는 것을 의미한다. 그러므로 여성은 남성적인 옷차림새로 남성 지향을, 남성은 여성적인 옷차림새로 여성 지향을 추구하며 즐긴다는 뜻이다. 1980년대 이후 포스트모더니즘으로 인해 성의 혁명으로 이어져, 새로운 의식 구조와 그에 따른 복식 현상을 예고했다. 여성의 매니시 현상과 다이애나 황태자비에 의해 유행된 짧은 머리 스타일, 록가수들의 여장이나 남성의 화장과 남녀의 구별없이 자유롭게 입은 무대 의상 등에서 앤드로지너스 룩을 찾아볼 수 있다. 이 시기에 여성들은 머리를 남성처럼 짧게 깎거나 남성적인 테일러드 슈트, 매니시 팬츠, 넥타이, 셔츠 등을 착용함으로써 개성을 자유롭게 표현하였다.

젠더리스는 성의 구별이 없는 또는 중성적인이라는 뜻을 가진 용어로, 1990년대 들어 국제적으로 성별을 지칭하는 용어로 권장되고 있는 젠더(gender)에서 파생되었다. 패션에서의 젠더리스 스타일은 남성적인 면과 여성적인 면을 하나로 통합시켜 휴머니즘(humanism)을 강조한 양성성을 표현한 디자인과 남성과 여성이라는 성(性)의 개념을 초월한 중성성을 표현한다. 젠더리스 패션은 1970년대에 유행했던 여성들이 무조건 남성복 스타일의 옷을 입었던 유니섹스 패션을 넘어서 남녀가 서로 옷장에서 옷을 공유할 수 있는 공유 옷장의 개념이 제안된다. 영국 유명 백화점 셀프리지스(selfridges)는 성 정체성이 없는 사람을 뜻하는 단어의 의미에 착안해

영국 유명 백화점 셀프리지스의 '어젠다' 프로젝트

'어젠다(agender)'라고 이름 붙인 특별한 공간을 마련했다. 3개 층 걸쳐 조성된 이 공간은 세계에서 가장 유명한 성 중립적 스타일(genderless)을 지향하는 패션 레이블들로 구성되어 있으며 'his', 'hers'라는 단어에 구애받지 않고 개인의 스타일을 과감하게 결정할 수 있도록 하였다. 즉, 옷이 개인을 정의하던 시대에서 개인이 옷을 정의하는 시대로 나아가고 있음을 보여주고 있고, 개성과 유행에 대한 관심이 증가하고 있다는 것을 알 수 있다.

수많은 패션 디자이너들은 인간의 욕구를 표현하고자 패션으로 표현된 성의 개념으로 페티시 룩(fetish look)과 롤리타 룩(lolita look)을 제시하여 왔다. 페티시란 마술적 매력의 의미로 조작품, 인공물, 외관과의 표식을 위한 모든 노력을 뜻하며 페티시즘(fetishism)은 종교적 · 인류학적 의미로서 고

1 샤넬의 페티시 룩 패션화보
2 장 폴 고티에의 마돈다 무대의상

대 목가제품이나 우상을 숭배했던 원시인들의 비이성적인 숭배를 의미한다. 패션에서 페티시즘은 물건이나 특정 신체 부위에서 성적 만족감을 얻으려는 경향으로 과거로부터 금기시되어 왔으나 현대패션에서 장 폴 고티에, 비비안 웨스트우드, 클라우드 몬타나 등 수많은 패션 디자이너들에 의해 재탄생되어 현대인들의 본연의 감성을 자극하였다. 페티시 룩은 전형적인 여성적 패션 이미지에 몸과 섹슈얼리티를 과장한 스타일로, 장 폴 고티에가 마돈나의 무대의상으로 제안한 가터벨트와 코르셋으로 구성된 의상을 입혀 관능적으로 연출한 패션이 대표적이다.

패션에서 롤리타 이미지는 1960년대에 대유행을 하였고 이때부터 여성들은 소녀의 이미지를 창출하고자 다이어트라는 새로운 문화증후군에 시달리게 되었다. 원래 '롤리타'는 1955년 러시아 출신의 미국 소설가인 블라디미르 나보코프(Vladimir Nabokov)의 소설 제목이자 여주인공의 이름이다. 출판 당시 《롤리타》는 12세의 소녀와 의붓아버지와의 관계에 대한 충격적인 내용과 선정적인 주제라는 이유 때문에 도덕적인 문제로 많은 파장을 불러 일으켰다. 소설 속 여주인공 롤리타는 수줍음과 유혹, 아름다움과 천박함, 순수함과 추문을 동시에 환기시키는 사회적 아이콘이었다. 롤리타 신드롬은 '유혹적이나 미성숙한 소녀'로 의미가 전환되면서, 미성숙한 소녀에 대한 정서적 동경이나 성적 집착을 가지는 현상을 뜻한다. 이 롤리타 신드롬은 영원한 젊음을 추구하는 인간의 희망과 비밀스러운 인간 욕망의 분출을 뜻한다. 패션에서 '롤리타 룩'은 '스쿨 걸 룩(school girl look)' 혹은 '굳 걸'로서 메리 퀀트가 창조한 이미지이다. 메리 퀀트는 레인코트가 '웨트(wet)'하게 보이도록 PVC 소재를 사용하거나, 어린아이처럼 보이도록 데이지(daisy) 꽃 무늬, 멜빵이 있는 학생용 가방, 비달 사순(Vidal Sassoon)의 헤어 스타일, 가슴이 작게 보이도록 재단된 시프트(shift) 드레스, 미니 스커트, 바디스타킹 등을 디자인하였다. 이 롤리타 룩은 날씬한 소녀의 이미지를 창출하였으며, 성적 특성이 없는 어린아이 같은 여성의 이미지였다.

이처럼 현대 사회는 다양한 개성이 존중받는 시대의 흐름에 따라 성(性)의 개념에 대한 경계가 사라지고 있다. 과거의 급성장과 냉전, 자유로운 삶에 대한 갈망, 개인적인 삶에 대한 관심, 또 다시 겪게 되는 극심한 불황과 같은 역사적인 터널을 겪으면서 인간은 행복한 삶을 누리기 위한 방법으로 스스로의 존재에 집중하기 시작했고, 무엇을 원하는지에 대한 표현도 적극적으로 하게 되었다. 이는 패션에도 많은 영향을 끼치게 되어 여러 문화의 공존과 융합에 의해 과거의 복식이 재해석되어 새로운 스타일이 출현하기도 하고, 전통적인 성역할의 변화와 함께 남성과 여성의 복식이 혼합되어 나타나게 되었다.

스포츠와 패션

스포츠는 정신과 육체의 조화 속에서 자기발견의 기회를 제공하는 체력 단련과 건강 증진 수단이며, 개인의 범위를 넘어 참여와 경쟁을 통한 공동체 의식, 일체감, 응원과 같은 환희를 갖게 해주는 유희가 합쳐진 총체적인 활동을 통해 시청자와 관람객들을 팀의 일원으로 소속시키며 선수들의 경험을 공유하는 문화적 요소를 지닌다. 19세기 중반 영국에서 발전하여 학생들의 통제와 일체감 형성, 건강관리 및 건전한 시민 양성을 위해 확산되었다. 산업사회 이전 유한 계층의 전유물이었던 스포츠는 20세기 후반에 이르러 누구나 향유할 수 있는 것이 되었고 스포츠 웨어와 스포츠 용품에 대한 수요도 급증하였다. 마틴 자크(Martin Jacques)는 "현대는 스포츠의 시대이며 1960년대와 1970년대에 록(rock)이 문화를 지배한 것과 같이 1990년대에는 스포츠가 모든 삶의 영역을 장악하며 문화를 지배한다."고 했다. 스포츠는 이제 단순히 스포츠로 그치지 않고 비즈니스, 정치, 예술, 영화, TV, 광고, 패션, 디자인 등 문화 전반에 큰 영향을 미치고 있다.

스포츠 웨어의 개념 또한 특정 스포츠와 관련한 기능적 의복에서 캐주얼 웨어의 의미로 확장되었다. 이로 인해 일반적으로 일련의 스포츠 활동을 위한 의복을 액티브 스포츠 웨어로 구분지어 사용하였으며 오늘날 스포츠 웨어의 개념으로 정착되기까지 스포츠 활동에 적합한 기능성 필요에 의한 전문기술의 발달은 스포츠 스타들의 부각, 미디어의 발달 등이 큰 역할을 해왔다. 새로운 기술의 발달은 의복의 재료, 구성, 형태 변화를 가능케 했으며 스포츠 웨어 디자이너와 스포츠 스타들은 새로운 스타일의 대중화를 도왔다.

스포츠 의상

스포츠 의상은 스포츠 활동을 위해 선수들이 입는 경기복, 운동복 등 기능적인 측면이 중시된다. 역동적인 스포츠 활동으로 인해 땀 배출이 쉽고 신축성과 내구성을 갖춘 튼튼하면서도 가벼운 소재를 사용하여 신체를 보호하고 몸의 움직임을 원활하게 이루어지도록 돕는다. 그러나 신체 보호와 같은 기능적 측면뿐만 아니라 착용자의 미적 욕구를 표현하는 심리적 기능과 유니폼과 같이 상대편과 구별시켜주는 인지적 기능, 국가나 단체를 표현하는 상징적인 기능도 스포츠 의상의 중요한 역할이라 할 수 있다. 스포츠 의상은 기능적인 요소와 심미적인 요소를 혼합하여 디자인되는데 특히 선수들의 의상은 상대편을 심리적으로 압박할 수 있는 공격적인 색상과 디자인 요소를 이용한다.

스포츠 의상은 스포츠 게임의 경쟁적인 요소를 표현하거나 의미하는 팀 간 구별을 위한 색상, 패턴, 후원자의 로고를 통해 스포츠에 대한 흥미를 적극적으로 유발하며 팀을 응원하는 사람들에게 구경거리를 제공한다. 선수들의 의상은 선호하는 선수와 동질감과 친근감을 느껴 그 선수와 동일시 혹은 내면화(다른 사람의 생각과 가치, 행동을 수용하여 자신의 것으로 만드는 과정)하려는 팬들에게 동일한 레플리카(replica, 어떠한 제품을 모방하여 디자인이 같게 제작한 제품, 프로 경기에서 사용되는 공이나 선수들이 착용하는 유니폼의 디자인을 같게 제작한 제품)를 구매하고 수집하게 하는 마케팅의 대상이 된다. 유니폼을 통해 팀의 정체성과 이미지를 효과적으로 전달하여 소비자에게 팀을 어필하고자 한다.

패션에서 스포츠와 직접적인 관련을 갖는 것은 스포츠 웨어이다. 스포츠 웨어는 19세기부터 골프, 수영, 테니스, 자전거 타기, 스케이트, 요트 타기, 사냥 등의 스포츠가 유행하면서 등장했는데 스포츠 활동을 위해 착용하는 액티브 스포츠 웨어(active sportswear)와 1920년대 스포츠 관람을 위해 디자인된 스펙테이터 스포츠 웨어(spectator sportswear)로 구분되었다. 생활수준이 향상되고 사람들이 여가생활을 즐기게 되면서 스포츠의 영향력이 증대되고 스포츠 웨어의 수요가 증가하였다. 스포츠 웨어의 개념도 확장되어 1960년대 말 이후 미국인들의 형식에 얽매이지 않는 생활양식을 반영하는 개념으로 변화되었고 캐주얼 웨어(casual wear)의 시작이 되

1 아디다스의 맨체스터 티셔츠
2 팬들의 유니폼 착용과 선수 동일시 심리

었다.

하이패션에서 사용되는 용어로는 스포티브 룩(sportive look)과 스포츠 룩이 있다. 스포티브 룩은 1963년 F/W 파리 컬렉션에서 사용된 용어로 방한복 형태의 스타일을 칭하는 말이었는데 작업복, 액티브 스포츠 웨어 등 실용적 기능성을 목적으로 한 의복의 형태나 감각을 살린 디자인이 정장과 같은 포멀 웨어로 활용된 것으로 실루엣은 기능적 단순함을 추구했고 단추나 포켓 등을 많이 사용하였다. 1990년대 이후에는 스포티브 룩이란 일상복이나 타운 웨어(town wear) 등 스포츠를 목적으로 하지 않는 의복에 액티브 스포츠의 스타일, 원단, 디테일, 액세서리 등의 디자인 요소를 바탕으로 트렌드의 영향을 강하게 반영한 의복을 의미하게 되었다. 스포티브 룩과는 달리 스포츠 룩은 스키복, 조깅슈트, 테니스복, 아노락(anorak) 등이 포함되며 운동복에 가까운 개념이다.

21세기 패션 화두로 언급되는 스포티즘은 스포츠 룩에서 출발하였으나 과거의 활동적이고 역동적인 스포츠 경기복에서 직접적으로 영향을 받기보다는 기능적인 스포츠 요소를 모던하고 고급스럽게 표현한 것이다. 즉, 기능적인 스포츠가 아닌 라이프 스타일을 기반으로 감성과 정신으로써 스포츠를 받아들이는 것을 의미한다. 스포티즘의 영향으로 일상복과 스포츠 웨어 간의 경계가 없어지고 각 개인의 감성과 개성에 따라 아이템과 착장방식이 다양하게 나타나며 신소재 사용이 두드러지고 있다.

국내에서는 좀 더 새롭고 독특함을 추구하면서도 '기능성'과 '디자인' 두 가지 차원 모두를 섭렵하겠다는 진취적인 정신을 반영하여 '캐포츠(CAPORTS)'라는 새로운 시장이 탄생하게 된다. '캐포츠'란 'Character Sports Casual'의 합성어로, 스포츠의 활동성과 기능성, 캐주얼의 편안함과 자유로움에 고감도 캐릭터가 결합된 새로운 개념의 패션 라이프 스타일로서 스포츠의 개성, 힘, 에너지를 캐주얼하게 즐기는 정신을 담고 있다. 캐포츠 이후, 여가생활의 증가 및 건강한 삶을 추구하는 소비자 라이프 스타일 변화와 주 5일 근무제 시행 및 확산으로 소비자들의 아웃도어 활동이 대중화되면 국내 아웃도어 의류 시장이 급격하게 성장하였다.

야외라는 뜻의 아웃도어(outdoor)는 도시를 벗어나 자연을 매개체로 그 안에서 행하는 활동 모두를 지칭하는 표현이다. 친자연적인 활동은 레저스포츠를 의미하기도 하는데, 레저스포츠는 여가시간에 이루어지는 스포츠를 뜻하며 전통적인 스포츠와 달리 비경쟁적이며 개인 종목 위주의 높은 기능 수준을 요구하지 않는 스포츠로 캠핑, 낚시, 사냥, 등산, 하이킹, 자전거타기, 스키, 수상스키, 스카이다이빙, 승마, 세일링, 서핑, 스쿠버다이빙, 래프팅 등이 있다. 이러한 아웃도어 활동들을 위해 착용되는 의복을 아웃도어 웨어(outdoor wear) 혹은 아웃도어 스포츠 웨어(outdoor sports wear), 통상적으로 아웃도어 의류라고 부른다. 1980년대 고어텍스와 같은 기능성 소재를 사용한 등산복이 유행하였으며 1990년대에는 방풍기능과 투습성을 모두 갖춘 윈드스토퍼가 출시되는 등 아웃도어의 기능성을 강화한 브랜드 전략이 우세였다. 2000년대 이후 아웃도어 활동의 소비자층이 확대되면서 2010년대 이후 국내 아웃도어 의류시장이 급성장하여 해외

1 지지 하디드의 애슬레저 룩
2 애슬레저 웨어 시장의 확대

유명 아웃도어 의류브랜드들이 국내시장에 진입하였다.

아웃도어 스포츠가 패션 시장 점유율의 고점을 찍은 후 매출이 하락하면서 스포츠 산업의 정체를 해결할 수 있는 새로운 트렌드와 아이템이 요구되었다. 그 시점에 등장한 화두가 지지 하디드, 켄달 제너 등 할리우드 셀리브리티가 필라테스를 가면서 캐주얼하게 일상생활에서도 착용 가능한 애슬레저 웨어이다. 스포츠와 레저 활동이 현대 사회의 대표적인 라이프 스타일로 자리 잡게 되면서 운동(athletic)과 레저(leisure)의 합성어인 '애슬레저(athleisure)'가 주목받고 있다. 운동할 때뿐 아니라 일상생활을 하면서도 스포츠 웨어를 입는 소비자가 증가하면서 패션 제품과 스포츠 제품의 경계가 모호해지면서 일상생활에서도 부담 없이 착용 가능한 레깅스, 브라톱 등 애슬레저 웨어가 보편적인 아이템으로 변화하고 있다.

스포츠와 패션 프로모션

스포츠는 19세기 이후 유행의 변화에 가장 큰 영향력을 끼친 대표적인 문화 유형 중의 하나로, 규칙이 존재하는 신체 활동과 동지애, 응원, 그 외의 여흥이 합쳐진 총체적인 활동을 통해 시청자와 관람객들을 팀의 일원으로 소속시키며 선수들의 경험을 공유하는 문화적 요소를 지닌다. 스포츠 스타의 기민한 동작, 재치 있는 플레이, 신기에 가까운 몸놀림과 연계된 승리자로서의 이미지는 대중들의 각광을 받고 있으며, 스타들이 표상하는 젊고 강인한 이미지는 각종 스포츠 프로그램과 뉴스 등을 통해 대중에게 전달되어 중요한 패션 정보원으로서 기능을 지닌다. 최근 테니스 국가 대표 선수 정현의 화이트 컬러의 고글이 패션 아이템으로 화제가 됐다. 정현이 착용한 스포츠 고글은 미국 오클리(Oakley)의 '플락 베타' 모델이며 이처럼 세계대회에서 우승을 선수가 착용한 티셔츠, 테니스 라켓, 손목밴드, 시계까지 어느 브랜드의 제품인지에 대하여 대중들은 관심을 갖게 된 것이다.

초기 스포츠 스타들의 의상은 로고 그래픽이 상의 오른쪽이나 왼쪽 라펠(lapel) 상단에 핀이나 버튼 정도로 눈에 띄지 않게 사용되었으나, 최근에는 스포츠가 제품 판매 촉진을 위한 이상적 도구로 여겨지면서 한눈에 인지되도록 디자인되고 있으며, 스포츠 의상의 로고 그래픽, 색상과 패턴 등은 미적 감각을 나타냄과 동시에 의사전달의 기호체계가 되고 있다. 특히 스포츠 스타의 스펙터클과 영웅적 이미지, 광고 속에서 자본주의 사회에 맞춰진 이상적인 인간상은 소비를 조장하는 현대의 영웅심리로 대중에게 어필하고 있다. 마이클 조던(Michael Jordan), 타이거 우즈(Tiger Woods), 박찬호, 박세리,

김연아 등 스포츠 스타 시스템이 만들어 낸 패션 이미지들은 새로운 패션 코드를 창조하는 역할을 하고 있는 것이다.

스포츠 스타와 스폰서십을 통한 마케팅으로 성공을 거둔 대표적인 스포츠 브랜드에는 나이키, 아디다스, 푸마, 코오롱 등이 있다. 나이키는 농구의 마이클 조던, 축구의 호날드(Ronald), 마이클 오웬(Michael Owen), 골프의 타이거 우즈, 미셸 위(Michel Wie), 테니스의 로저 페더러(Roger Federer), 피트 샘프라스(Pete Sampras), 마리아 샤라포바(Maria Sharapova)와 같은 선수들을 모델로 기용해왔으며, 우리나라의 경우 축구의 안정환, 박지성, 야구의 박찬호, 골프의 최경주 등의 스타들을 등장시킨 광고를 시도하였다.

셀러브리티 마케팅, 즉 스타 마케팅은 대중에게 잘 알려진 스타를 조직체와 관련된 좋은 연상 형성, 브랜드 이미지 확립, 브랜드 인지도 향상 등 조직체나 브랜드의 목표 달성에 이용하는 마케팅이다. 스포츠 셀러브리티는 해당하는 운동 종목뿐만 아니라 제품, 광고, 패션 등 여러 매개체를 통해 대중과 조우한다. 스포츠 스타 마케팅을 잘 하기로 소문난 나이키의 스타 모델이었던 마이클 조던은 현역 선수 시절에 스타 마케팅의 효과나 그 규모가 대단히 컸었고, 은퇴 후에도 나이키에서 본인을 모델로 한 농구화 브랜드를 직접 운영하고 있다.

스포츠의 세계적인 행사인 올림픽의 선수 유니폼, 경기복 등은 그 나라를 대표하는 디자인과 컬러 모티프로 애국심부터 텍스타일 산업까지 대표하고 있다. 2014년 소치 올림픽에서 특정 스포츠 종목에 따라 각각 적합한 전문가와 브랜드를 선정하여 유니폼 컬렉션을 선보였으며 유니폼에 과학적인 패턴과 전문화된 스포츠 테크놀로지를 적용하여 선수들의 퍼포먼스를 강화시킬 수 있도록 스포츠 의상을 제작하였다. 프랑스 올림픽 국가 대표 단복을 제작한 라코스테는 'Trois couleurs : Bleu, Blanc, Rouge'라는 타이틀 아래 프랑스를 대표하는 블루, 화이트, 레드의 세 가지 색을 유니폼 안에 접목했다. 그레이 톤의 차분하고 이지적인 슈트, 화이트와 블루의 조합이 멋스러운 동계올림픽 웨어가 화제를 모았다. 이탈리아 국가 대표 단복 및 유니폼을 제작한 아르마니는 'EA7' 라인을 선보였다. 심플한 네이비 컬러를 기본으로 이탈리아를 상징하는 레드-화이트-그린 컬러가 후드 부분에 포인트로 들어가 있다. 아르마니 단복은 영국의 한 매체가 선정한 '2014 소치 단복 베스트'에 뽑히기도 했다. 스웨덴의 SPA 브랜드 H&M은 스웨덴 국가 대표팀의 유니폼을 디자인했다. 이와 동시에 기능성을 중심으로 한 'Go Gold' 컬렉션을 선보였다.

패션으로서의 스포츠, 쇼 비즈니스로의 스포츠, 신체의 아름다움으로서의 스포츠, 건강으로서의 스포츠, 새로운 가치 형성의 원천으로서 스포츠, 사업으로서의 스포츠는 현 시대의 가장 근원적인 문화현상과 밀접한 관계를 맺고 있다. 스포츠는 이제 단순한 여가활동의 수단이나 취미를 넘어서 웰빙과 같은 사회적 트렌드와 함께 끊임없이 변화하며 문화 전반에 영향을 미치고 현대 사회를 상징하는 대표적인 문화유형으로 자리잡고 있다.

1 미국 국가 대표팀 유니폼을 담당한 폴로 랄프로렌
2 프랑스 국가 대표팀의 유니폼을 담당한 라코스테

PART 2

패션 이미지 업

FASHION I

MAGE UP

이미지 메이킹

패션 스타일링 101

신체 이미지 스타일링

패션 이미지 스타일링

라이프 스타일과 패션 스타일링

IMAGE MAKING

CHAPTER 4
이미지 메이킹

타인에게 느낌이 좋은 사람, 가까이 하고 싶은 사람이 된다면 사회생활은 한층 즐겁고 삶은 편안해질 것이다. 이 장에서 다루게 될 인상 형성은 타인에 대한 인상이 어떻게 형성되는가 하는 것으로, 판단하는 지각자의 관점에 따른 것이며, 이미지 메이킹은 어떻게 하면 타인에게 좋은 이미지를 전달하는가를 주체자의 입장에서 다룬 것이다. 타인에게 좋은 이미지를 심어 주기 위해서는 끊임없이 이미지 향상을 위한 노력을 기울여야 한다. 그러려면 인상 형성 과정과 이미지 메이킹에 대해서 이해해야 하며, 무엇보다 중요한 것은 자신이 누구인지, 어떤 사람이 되고 싶은지 명확하게 인식하는 것이다. 또한 개인의 독창성을 표현하는 패션으로 좋은 이미지를 형성하려면 자신이 속한 사회라는 환경을 고려해야 한다. 사회구성원들은 공통적으로 가지고 있는 가치규범과 미의식으로 서로 연결되어 있기 때문이다.

인상 형성

'첫인상이 모든 것을 좌우한다'라는 미국 속담이 있다. 이는 대인관계에서 첫인상이 미치는 영향이 얼마나 큰 가를 생각해 보게 한다. 처음 만난 타인에 대한 첫인상이 형성되는 데 작용하는 단서는 무엇이며 이러한 단서들이 통합되어 인상이 형성되는 데 영향을 미치는 요인들은 무엇인지 살펴보자.

첫인상

첫인상은 두 사람이 처음 만났을 때 형성된다. 고든 알포트(Gordon Allport)는 처음 만난 30초 동안에 상대방의 성별, 나이, 국적, 직업, 사회계층이 판단되며, 성격이나 신뢰감, 성실성까지도 어느 정도 평가된다고 했다. 이렇게 형성된 첫인상은 그 후에 오는 단서를 무시하거나 해석할 수 있는 틀을 제공하기 때문에 매우 중요하다.

인상 형성 시에 작용하는 단서는 크게 신체적 외모와 비언어적 의사 전달로 나눌 수 있다. 신체적 외모에는 어떤 사람의 체형, 얼굴 및 안색, 패션, 화장, 헤어스타일, 안경, 체취 등이 포함된다. 의복을 포함한 신체적 외모는 친숙해짐에 따라 그 영향력이 점차 감소하지만 첫인상 형성에 있어서는 가장 중요하게 작용한다. 비언어적 의사전달로는 음성의 높낮이, 강도, 억양 등의 의사 언어와 제스처, 표정 등의 신체 언어가 포함된다. 각 단서들을 종합하여 한 사람에 대한 인상을 형성하게 되는데, 이러한 단서에 대한 해석은 지

첫인상의 형성 우리는 첫 만남에서 패션, 헤어스타일, 얼굴표정과 행동 등 모든 단서들을 종합하여 상대방에 대한 첫인상을 형성하게 된다.

각자의 문화적 배경이나 경험, 개인적인 해석 능력 등에 영향을 받아 달라질 수 있다.

인상 형성에 영향을 미치는 요인

일상생활 속에서 타인을 대할 때 타인으로부터 얻은 정보를 통합하여 일관성 있게 타인을 이해하는 과정을 일컬어 인상 형성이라 한다. 인상 형성 시에는 타인에 대한 여러 가지 정보를 어떻게 하나로 묶고 전반적인 인상으로 통합하는가 하는 문제가 발생한다.

타인에 대한 인상이 항상 정확한 것은 아니다. 오랫동안 알아오던 사람에 대해 "그 사람 그렇게 안 봤는데." 또는 "겉보기와는 달라."라고 말하기도 한다. 제한되고 단편적인 정보나 두드러진 단서에 의존해 상대방을 판단하거나 고정관념에 따라 상대방을 지각하기 때문에 우리는 종종 오판을 하기도 한다. 따라서 대인을 지각하는 데 영향을 미치는 요인에 대해 고찰해 보는 일은 외모를 잘 관리하고 행동하는 데에 반영하여 좋은 인상을 형성하는 데 도움이 될 것이다.

후광효과

우리는 하나의 특징에 근거해서 나머지 특징들을 판단하려는 경향이 있는데, 이를 후광효과(halo effect)라 할 수 있다. 초기의 어떤 단서로 인해 긍정적인 첫인상이 이루어졌다면 특별히 부정적인 단서가 제시되지 않는 한 좋은 인상으로 지각하려는 경향이 있다. 예를 들어, 학벌이 좋은 사람은 성실하고 머리가 좋을 것이라 생각한다.

고정관념

어떤 단서 때문에 생긴 고정관념에 따라 특정 집단에 속하는 것으로 판단한다. 예를 들어 긴 머리에 턱수염을 기른 남성은 예술가이거나 연예계에 종사하는 사람일 것이라고 추측한다. 이러한 고정관념은 부족한 정보를 가지고 판단해야 할 때 시간과 정보처리 속도를 줄여 준다.

평가자의 속성

외모의 많은 부분 중 어떤 단서를 인상 형성의 중요한 기준으로 삼는 가는 보는 사람의 속성에 따라 달라진다. 사람들은 자신과 유사한 취향을 가진 사람이나 비슷한 의복 스타일을 착용한 사람에게 호감을 갖는다고 한다. 중년의 보수적인 면접관에게 이마와 귀가 드러난 짧고 단정한 헤어스타일은 좋은 인상을 줄 수 있다. 그러므로 내가 만나게 될 사람이 누구인지 인지하는 것이 중요하다.

두드러진 단서

두드러진 단서는 긍정적일 때보다 부정적일 때 더욱 우세하게 작용한다. 과한 패션이나 장신구, 상황에 적절하지 않은 의복, 과다한 노출, 최신 유행 스타일, 상스러운 말투, 삐딱한 자세나 다리를 떠는 행동 등은 부정적이자 두드러진 단서로서 인상 형성 과정에 나쁘게 작용할 수 있다.

1 고가의 시계나 장신구 혹은 명품백은 후광효과로 작용하여 착용자를 돋보이게 할 수 있지만, 상대방이 누구냐에 따라 부정적인 인상을 형성할 수도 있다.
2 보수적인 사람들은 남성의 긴 머리나 수염에 대해 고정관념을 갖는 경향이 있다.
3 눈에 띄는 머리 염색과 튀는 의상은 다른 요소들보다 우세하게 작용해 인상 형성 과정에서 두드러진 단서로 작용할 수 있다.

이미지 메이킹

현대 사회에서는 효과적인 이미지 메이킹이 점점 더 중요해지고 있다. 좋은 이미지를 가지면 대인관계에서 강점으로 작용하여 사회생활을 할 때 자신감이 생기고 적극적으로 타인을 대하게 되며, 자신의 잠재능력을 발휘하는 데 도움이 된다. 이미지 메이킹의 요소로는 패션 스타일링, 메이크업, 헤어스타일, 화술, 자세, 표정 등이 있다. 이 모든 요소들이 잘 조화를 이루어야 최고의 이미지를 연출할 수 있다.

카멜 색상의 코트와 선글라스를 자신들의 스타일로 연출한 세 여성

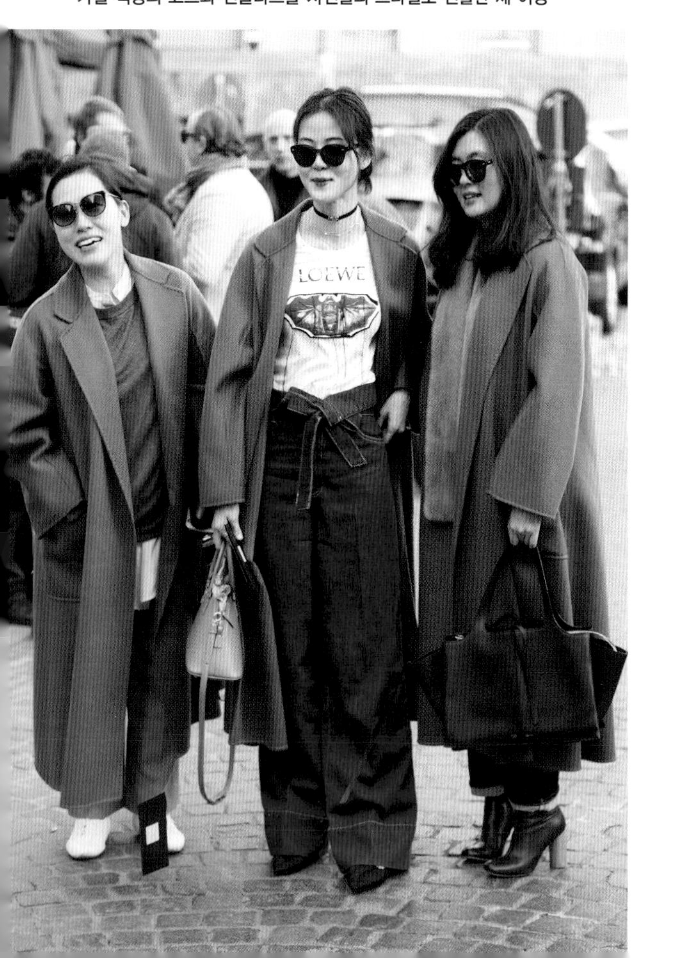

패션 스타일링

패션은 자아 이미지를 표현하는 가장 중요한 도구로서, 어떤 의복 아이템, 색상, 스타일, 소재 등을 선택하고 어떻게 조합하느냐에 따라 다양한 이미지로 표현될 수 있다. 대부분의 의류 상품은 소비자가 추구하는 이미지에 맞추어 디자인되고 생산되며 이것이 각 브랜드의 이미지와 시즌별 테마로 표현된다. 패션 스타일링에 자신이 없는 초보자라면 최근의 패션 트렌드와 브랜드가 제시하는 의상을 살펴보고 그 중에서 입고 싶은 의상이나 멋지다고 생각하는 패션 사진을 스크랩하는 데에서 출발해 보자. 영화나 드라마 속 캐릭터가 멋지게 보인다면 등장인물들의 패션사진들을 수집한다. 패션 블로그는 스타일링 방법을 배우고 감각을 익히며 현실적으로 손쉽게 따라 할 수 있는 가장 좋은 자료들을 제공한다. 좋아하는 블로그나 패션 앱을 정기적으로 방문해 보자. 끌리는 패션 사진들을 컴퓨터에 디지털 폴더로 만들어도 좋고, 직접 오려서 스크랩한 사진들로 오프라인 폴더를 만들어도 좋다. 레이아웃 앱을 이용하면 손쉽게 이미지들을 콜라주(collage)할 수 있다. 폴더에 수집한 사진들이 여러 장 모이게 되면 제목을 붙여 보자. 하나의 제목과 어울리지 않는 사진은 다른 폴더에 저장하고 다른 이름을 붙인다. 패션 사진은 이미지별로 시즌을 나누어 수집해 나간다.

마네킹에 코디해 놓은 옷이나 패션 화보에 등장하는 옷이 멋져 보여 그 옷을 자신이 직접 입어 본 경험이 있을 것이다. 막상 입고 보니 기대했던 모습과 다른 자신에게 실망했던 경험은 누구에게나 있다. 그렇다면 그 원인에 대해 생각해 본 적이 있는가? 같은 옷이라도 착용자의 체형, 얼굴형, 헤어스타일, 피부 톤, 메이크업, 자세나 걸음걸이 그리고 그 사람의 개성에 따라 착용했을 때 다른 느낌을 주며, 어떻게 착용했느냐에 따라 전체적인 이미지가 달라질 수도 있다. '스타일이 살아 있다' 또는 '스타일리시하다'라는 말은 옷이

1 검은색의 긴 생머리와 빨간색 립스틱이 화려한 색상의 꽃무늬 의상과 조화되어 만든 청순하면서도 섹시한 룩

2 얼굴형과 피부색을 돋보이게 할 뿐만 아니라 추구하는 이미지를 살려주는 메이크업

발산하는 분위기가 착용자의 외모뿐만 아니라 내적 이미지와 잘 조화하고 있다는 것을 뜻한다. 옷과 액세서리의 시각적 조화뿐만이 아닌 나와 잘 조화되는 패션 스타일링을 한다는 것은 쉽지 않다.

성공적인 스타일링은 복합적인 고찰을 요하는 일로, 나 자신에 대해 부단한 탐구를 해 나가야 하는 일이다.

메이크업

우선 자신의 얼굴형과 이목구비의 특징을 잘 파악하고, 보완해야 할 부분을 인지한다. 표현하고 싶은 이미지에 맞는 구체적인 메이크업, 즉 피부 톤의 표현, 어울리는 눈썹, 아이라인, 아이섀도, 볼 터치, 립스틱의 선과 색채 등의 세부사항을 결정한다. 메이크업은 의복에 비해 상황에 따른 수정과 보완이 수월하다. 낮에 착용했던 일상복에 빨간색 립스틱과 펄 하이라이트만 추가해도 저녁 행사에 적합한 섹시한 룩으로의 변신이 가능해진다.

최근엔 비비크림을 발라 균일한 피부 톤을 연출해 깨끗하고 고급스러운 인상을 주는 남성들도 늘어나고 있다. 남성들의 이미지 형성에 가장 큰 역할을 하는 것은 아마 눈썹일 것이다. 눈썹의 숱이 많고 가지런히 정리되어 있으면 깔끔하고 뚜렷해 보인다. 눈썹이 많지 않은 경우 반영구 문신으로 이미지에 변화를 줄 수 있다. 눈썹의 각도, 굵기에 따라 부드러운 인상을 주기도 하고 강한 인상을 주기도 하며 반듯한 인상을 주기도 한다.

헤어스타일

헤어스타일은 얼굴형을 보완하는 데 큰 역할을 하며 약간의 변형만으로도 이미지에 변화를 줄 수 있다. 앞머리를 내리면 상대방의 시선을 자신 없는 눈매로부터 입 쪽으로 유도할 수 있으며 어려 보이는 효과가 있고, 앞머리를 올리면 양 미간을 드러내 시선을 눈으로 오게 하며 신뢰감을 주고

1 경쾌하고 세련된 느낌과 소년 같은 인상을 풍기는 쇼트커트
2 스마트한 인상을 주는 이마가 드러나고 얼굴의 양옆을 붙인 헤어스타일

지적인 느낌을 풍긴다. 이마를 드러내고 머리카락을 귀 뒤로 단정하게 빗어 넘긴 남성은 유능하고 스마트한 인상을 준다. 자연스러운 웨이브가 있는 갈색 머리는 다정다감하고 섬세한 느낌을 준다. 여성의 길고 웨이브 있는 헤어스타일은 여성스러움을, 긴 생머리는 청순함을, 생머리의 단발머리는 지적이고 차가운 느낌을, 쇼트 커트는 중성적인 느낌을 준다. 헤어스타일은 스트레이트 스타일과 웨이브 스타일로 나누며 길이에 따라 선택이 다양하다. 헤어스타일을 효과적으로 완성하기 위해서는 형태뿐만 아니라 헤어 액세서리와 염색 등도 고려해야 한다.

우리는 어떤 사람을 떠올릴 때 그 사람의 헤어스타일로 기억하는 경우가 있다. 자신의 얼굴형과 추구하는 이미지에 맞는 한 가지 헤어스타일을 오래도록 일관되게 유지하는 것도 타인에게 효과적으로 자신의 이미지를 심어주는 좋은 방법이 될 수 있다.

화술

화술은 단순히 말하는 기술이 아니라 의사전달, 즉 커뮤니케이션의 효과적인 방법이다. 메시지 전달 시에는 목소리가 차지하는 비중이 매우 크다. 목소리를 통해 카리스마가 발현되기도 하고 타인을 설득하는 힘이 나오기도 하며 위로받는 느낌을 받을 수도 있다. 우리는 전화 목소리만 듣고 상대방의 모습을 상상하기도 한다. 낮고 굵은 남성의 목소리는 근육질의 골격이 큰 남성을 연상시키며 맑고 가는 여성의 목소리는 청순하고 예쁜 외모를 연상시킨다. 툭툭 던지듯 하는 말투는 털털한 성격이나 무심함으로, 짜증 섞인 목소리는 부정적인 성격의 소유자로 판단될 수 있다. 작고 수줍은 목소리나 입안에서 우물거리는 말투는 자신감이 결여된 것으로 보인다. 표준어와 겸양어의 사용은 지적인 이미지를 풍긴다. 그러므로 아름다운 음성, 정확한 발음과 적절한 속도를 유지하되 밝은 목소리로 생동감 있고 자신 있게 말하는 습관을 키우려고 노력해야 한다.

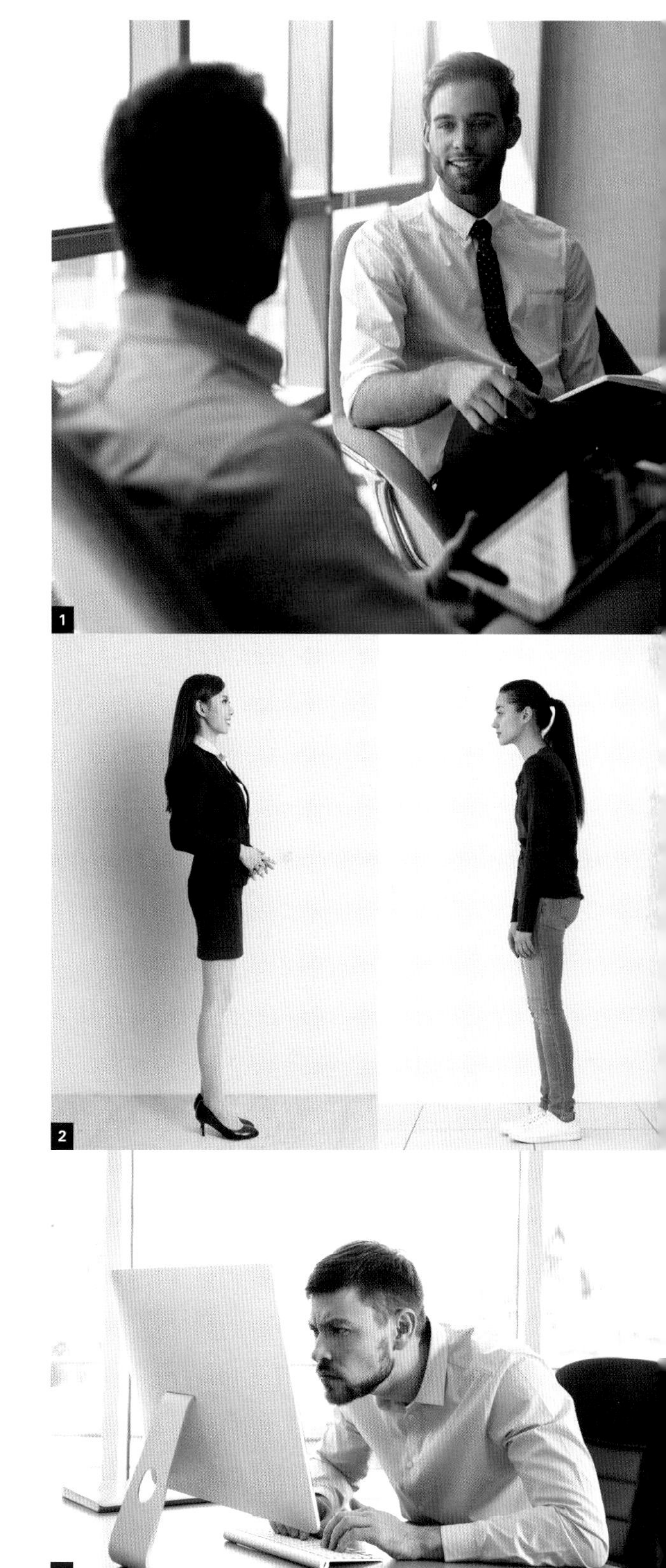

1 한 사람의 내면을 드러내는 목소리와 말하는 태도
2 반듯한 자세 vs 구부정한 자세가 주는 인상의 차이
3 장시간의 컴퓨터 사용으로 인한 거북 목

자세

두 다리를 모아 비스듬하게 놓고 양손을 무릎에 살짝 놓은 채 앉은 여성의 모습에서는 품위와 교양이 느껴진다. 반듯한 자세는 내면에서 우러나는 자신감과 세상에 대한 긍정적 태도를 가진 사람이라는 인상을 준다. 꾸부정한 어깨, 거북목, 팔자걸음은 매력을 반감시킨다. 시선 방향이 불안하거나 주변을 살필 경우 상대방에게 불안감을 준다. 부드러운 시선으로 상대방을 응시하면 포용력이 있다는 느낌을 준다. 바른 자세는 자신의 마음가짐과 태도의 표현으로 타인에게는 호감을 주며 스스로에게는 자신감을 불어 넣는다. 앉을 때는 아랫배에 살짝 힘을 주고 허리를 곧게 펴며 등받이에 엉덩이를 붙이고 앉는다. 서 있을 때는 허리와 어깨를 곧게 펴고 턱은 살짝 당겨 주며 시선은 정면을 향하게 하고 발은 살짝 벌려 준다.

표정

마음속에 품은 감정이나 정신적·심리적 상태가 외면으로 나타나는 표정은 대인관계에 큰 영향을 미친다. 늘 웃음을 머금고 있어 만날 때마다 좋은 분위기를 만드는 사람은 매사를 긍정적으로 사고하는 사람이라 할 수 있다. 미소를 지을 때는 눈과 입만 웃는 것이 아니라 마음속으로 즐거워하며 긍정적으로 생각해야 표정에 우러나온다. 웃음도 반복하면 좋은 습관이 되어 자연스럽게 나오므로 거울을 보면서 표정과 미소를 수정해 나간다.

> 목소리와 자세, 표정 같은 신체의 움직임은 비언어적 의사소통으로 타인에게 감정을 전달하게 된다. 목소리와 자세, 표정의 작은 변화가 타인과 소통하는 방식을 바꿀 수 있다. 상대방에 대한 무관심에서 호감과 배려로 비춰질 수 있다.
>
> 신체와 감정은 서로 밀접하게 연결되어 있어 비언어적 의사소통은 정서를 나타내는 지표가 된다. 어떤 행동을 취하면 그런 감정이 생겨나게 된다. 따라서 의도적으로 곧은 자세를 취하고, 밝고 온화한 표정을 짓고, 정확한 발음과 밝은 목소리로 자신 있게 말하는 노력이 필요하다.

내면의 상태를 보여주는 미소

자아 이미지와 이미지 메이킹

자아 이미지

이미지란 상(象), 표상(表象), 심상(心象)을 뜻한다. 이것은 어떤 사람이나 사물에 대해 가지는 시각 상이나 기억, 인상 평가 및 태도 등의 총체로서 사물이나 인물에 대하여 특정한 감정을 가지게 하는 영상이다.

자아 이미지란 자신에 대해 가지는 심상을 말하며, 스스로를 머릿속에 떠올릴 때 타인과 구별하여 특징적으로 인식하는 형상이다. 나 자신을 어떻게 느끼고 생각하는지는 매우 중요하다. 한 개인의 자신에 대한 느낌은 사회적 상호 작용을 통하여 형성되며, 주관적이므로 현실을 그대로 반영할 수도 있고 왜곡된 자아상을 가질 수도 있다.

자기 스스로에 대해 갖는 자아 이미지는 외적 · 신체적 이미지와 내적 이미지가 합쳐진 것이다. 사람은 자신의 신체를 하나의 대상으로 경험하는데, 자신의 신체를 지각한 것을 '신체 이미지(body image)'라 부른다. 자신의 신체에 대한 이미지는 자아 개념을 평가하는 중요한 구성요소가 된다. 신체 이미지는 '자기 자신을 얼마만큼 중요하고 가치 있게 여기는가' 하는 자기 존중감과도 밀접한 관계가 있다.

겉으로 드러나지 않는 정신적인 형상을 내적 이미지라 한다. 우리는 '사람을 겉으로 판단해서는 안 된다'는 말에서 전통적으로 내적 이미지를 중요시해 왔음을 알 수 있다. 한국 여성에게 높이 평가되어 왔던 내적 이미지에는 정숙함, 단아함, 총명함, 순결함 등이 있다. 현대에 와서는 가시적인 신체적 이미지가 내적 이미지보다 중요시되는 경향이 있다. 하지만 외적 이미지를 아름답게 가꾸어도 내적 이미지가 뒷받침되지 않으면 결코 좋은 인상을 줄 수 없다. 내면적 자질이 외모와 말투, 그리고 행동에 은연중에 배어 나와 그 사람의 전체적인 이미지를 형성하기 때문이다. 따라서 내적 이미지와 외적 이미지가 잘 조화되었을 때 바람직한 이미지 메이킹이 가능하다.

자아 이미지란, 자신에 대해 가지고 있는 심상을 말한다.

자아 이미지의 종류

실제적 자아 이미지

스스로 현재 자신에 대해 갖고 있는 이미지를 말한다. 실제적 자아 이미지(actual self-image)는 정신적 자아(spiritual self), 신체적 자아(bodily self), 감지된 자아(felt self) 등을 포함한다.

이상적 자아 이미지

어떤 사람이 되고 싶어 하는 자신의 모습이다. 일반적으로 사람들은 외모를 관리할 때 실제적 자아 이미지보다 이상적 자아 이미지(ideal self-image)에 더 가깝게 자기 자신을 표현하려고 한다. 하나의 공통된 문화권 구성원들은 일반적으로 이상적 자아 이미지에 대해 비슷한 개념을 갖는다.

면경 자아 이미지

타인에게 보이는 모습으로 서의 자기, 또는 타인에게 나타내고자 하는 자기를 말한다. 개인은 자신에 대한 다른 사람의 태도와 행동을 통해 자신에 대한 개념을 발견한다. 미국의 사회학자 찰스 호튼 쿨리(Charles Horton Cooley)는 인간을 주체로서의 나(I)와 객체로 서의 나(Me)로 나누어 면경 자아 이미지(looking glass self-image)를 설명하였다. 주체적 나(I)는 충동적이고 창조적인 나인 반면, 객체인 나(Me)는 내 안에 내재화된 타인으로 충동적인 나(I)의 행동을 사회적 규범이나 가치에 따라 조절하는 역할을 한다. 자아 이미지는 타인의 행동과 태도의 영향을 받아 형성된다. 친밀한 환경 속의 사람들은 우리의 이미지를 비추는 '거울'로 작용한다는 개념이다. 실제로 우리 자신이 어떠한가보다는 타인이 우리를 어떻게 보느냐에 따라 우리에 대한 이미지가 형성된다. 쿨리에 따르면 우리의 외모가 타인에게 어떻게 비치는 가를 상상하고, 우리의 외모를 타인이 어떻게 평가하는 가를 상상하면서 긍지나 굴욕 등의 감정을 경험한다고 한다. 따라서 타인의 반응에 따라 우리의 행동에 자주 변화를 주게 된다.

상황적 자아 이미지

개인이 특정한 상황에서 다른 사람이 자신에 대해 가져 주기를 바라는 것이 상황적 자아 이미지(situational self-image)이다. 현대 사회에서 개개인은 성별, 연령, 직업 역할에 따라 한 사람이 다양한 역할을 동시에 수행하기 때문에 상황에 따라 다른 여러 가지 이미지를 가지게 된다. 따라서 현대인은 특정한 상황에 놓일 때마다 그 상황에 적합한 이미지를 갖기 바라며 그에 일치하는 외모와 행동을 하게 된다.

면경 자아 이미지

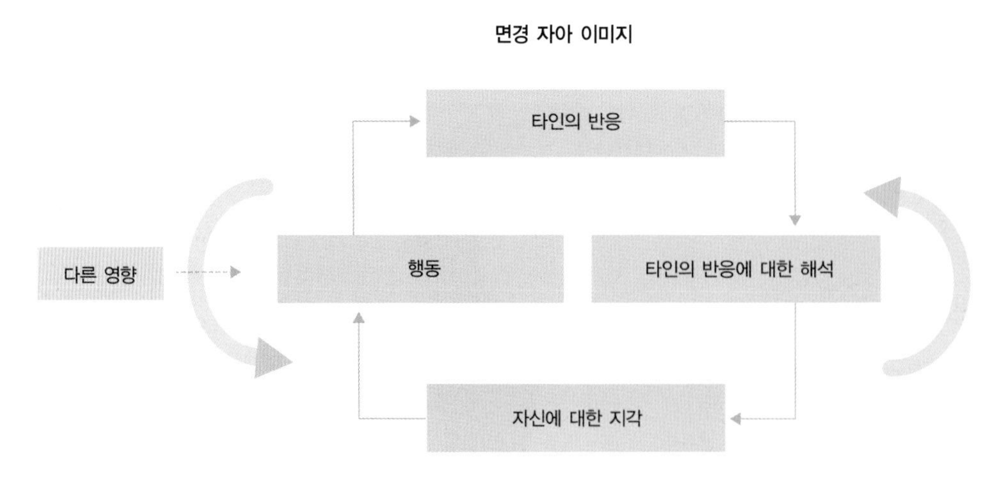

자신에 대한 타인의 태도와 행동에 따라 행동 방향을 조절한다.

상황에 따라 달라지는 자아 이미지

1 직장에서 업무를 볼 때
2 친구들과의 파티에서
3 연인과 함께할 때
4 비지니스 미팅 시
5 스케이드보드를 탈 때

패션과 자아 이미지

의복은 신체와 가장 밀접하게 연결되어 신체의 연장으로 여겨지며, 자신의 신체에 대한 느낌과 감정에까지 영향을 미친다. 우리는 타인을 볼 때 주로 의복이 입혀진 신체를 보며, 의복을 입은 타인에 대한 이미지를 떠올린다. "그 옷 참 멋지다.", "매력 있어."라는 찬사를 들을 때 기분이 좋아지며, "그 옷 촌스러워." 혹은 "그 옷 별로야."라는 말을 들을 때 기분이 상한다. 그것은 옷에 대한 칭찬을 자신에 대한 칭찬으로, 옷에 대한 비난을 자신에 대한 비난으로 받아들이기 때문이다. '옷은 제2의 피부이다'라는 말처럼 사람들은 옷을 자기 자신과 동일시한다.

의복은 자기를 구성하는 한 구성요소로서, 우리의 자아는 의복을 통해 형성되며 확인되기도 한다. 또한 의복은 자신에 대한 정체성, 기분, 태도를 전달하는 상징으로, 의복을 통해 자신의 가치관과 자존심이 드러난다.

따라서 어떤 의복 행동을 하느냐는 어떤 자아 이미지를 가졌느냐와 밀접한 연관성이 있다. 새로운 패션스타일을 시도하는 것을 즐기며 어떠한 장소나 행사에서 든 멋진 모습으로 나타나 시선을 한 몸에 받는 사람이 있는가 하면 항상 비슷해 보이는 무난한 외모로 자기 존재를 드러내지 않는 사람도 있다. 일반적으로 자신의 신체에 대한 자신감이 높을 때 옷을 통해 자신을 표현하는 데 적극적이지만, 자신의 신체에 대한 자신감이 결여되어 있을 때 자신을 표현하는 데 소극적이라 한다. 특히 어릴 때 외모로 인해 놀림을 당하거나 비교를 당했던 사람은 자존감이 낮은 경우가 많아 튀지 않는 의복 선택으로 이어지는 경우가 많다. 멋진 외모를 연출하는 사람은 자신이 처한 상황에서 최선을 다하는 자세로 임하게 되지만, 외모가 만족스럽지 못할 경우 마음도 위축될 수밖에 없다.

자신을 만족스럽게 표현하는 의상은 긍정적인 자기 암시를 주어 이에 맞는 행동을 유도한다. 상대방을 대하는 태도나, 업무에 임하는 자세까지도 바꾸어 놓는다. 자신이 표현하는 이미지가 타인에게 관심을 받고 인정받을 때 자아 존중감은 상승하며, 이는 원활한 사회생활로 이어진다.

외모는 선천적으로 타고 나는 부분도 있지만 후천적인 노력에 의해 변화될 수 있으며 패션스타일링에 대한 감각 역시 타고 나는 것이 아니라 노력에 의해 키워나갈 수 있다. 인생의 모든 일처럼 패션 스타일링도 부단한 시행착오와 연습이 필요하며 자신에게 가장 적합한 이미지는 자신이 가장 잘 알고, 자신만이 가장 잘 표현할 수 있다. 외모를 아름답게 가꾸는 것은 자기 자신에 대한 사랑에서 비롯되며, 외모를 가꾸어 좋은 외적 이미지를 갖게 되면 내면도 변화된다.

패션은 현재의 사회적 지위를 표현하고 유지하게 해 줄 뿐만 아니라, 이상적인 자기를 발달시키는 역할을 하기도 한다.

자신의 정체성, 기분, 태도를 전달하는 패션

자아 이미지 진단과 이미지 메이킹

내가 누구인지 아는 것은 일종의 자아성찰 행위로, 이미지 메이킹의 시작이다. 자기 자신을 바라볼 땐 거리를 두고 냉정하고 정직하게 바라보면서 감정을 개입시키거나 섣부른 판단하지 않도록 한다. 현재 나는 어떠한지 그리고 내가 원하는 모습은 어떠한지 인식하고 그 사이의 간극을 파악한다. 그리고 내면 깊숙이 변화에 대한 욕구를 가진다면 현재의 이미지를 얼마든지 향상시킬 수 있다.

현재의 나

우선 자신의 신체 이미지와 내적 이미지에 대한 객관적 진단이 필요하다.

신체 이미지

자신의 체형과 얼굴을 객관적으로 파악할 필요가 있다. 지각된 신체 이미지는 주관적이어서 있는 그대로 자신을 바라보지 못하고 자신의 신체를 확대 또는 축소하여 해석하기도 한다. 스스로의 모습을 파악할 때 자신을 남과 비교하는 것은 가장 어리석은 일이다. 이 세상에 똑같이 태어나는 사람은 없다. 누구에게나 자신만의 독특한 특성이 있으며 저마다의 장점과 단점을 가지고 있다. 자신의 신체를 객관적으로 바라보고 어떤 신체적 결점을 보완해야 할지 그리고 어떤 장점을 긍정적이고 매력적인 요소로 부각시켜야 할지 판단한다. 현재 상태에서 최상의 핏과 비율을 만들어 낼 수 있는 스타일링 방법에 대해 생각한다.

내적 이미지

현재의 나에 대해 스스로 어떻게 생각하는가? 우선 자신의 성격, 생활태도, 가치관, 비전에 대해 생각해 본다. 그리고 가족, 친구, 선생님, 직장 동료 등 주변 사람들에게 평소 그들이 생각해 왔던 나의 내적 자질과 이미지에 대해 솔직이 말해줄 것을 부탁한다. 내가 생각하는 나와 다른 사람들이 보는 내가 다를 수 있다. 타인은 나의 여러 가지 모습 중 어떤 상황에서의 모습만을 볼 수 있기 때문이다. 또한 자아상이 뚜렷하지 못하거나 스스로를 객관적으로 보지 못하는 데에서 발생하기도 한다. 인간은 자기중심적이며 자기 도취적이고 자기 기만적인 성향을 가지고 있다. 타인과 관계를 잘 맺으려면 자기 자신과 좋은 관계를 유지하는 것이 우선이다. 타인이 생각하는 나의 모습이 내가 보여주길 원했던 모습과 다르다면 왜 나의 이미지가 그렇게 전달되었는지 생각해 본다. 그리고 나의 다양한 내적 자질들에 대해 생각해 보는 성찰의 시간을 갖도록 한다.

친구, 직장 동료, 가족이 자신을 어떻게 생각하는지 물어보고 그들과의 관계 속에서 자신의 모습에 대해 생각해 본다.

이상적 자아 이미지

우리가 창조하는 이미지는 우리의 경험, 부모 · 형제, 친구를 비롯한 타인, 그리고 나에 대한 성찰로부터 온다. 스스로 생각, 가치관, 비전, 행동과 같은 이미지 서클을 통제함으로써 이미지를 만들어 나가야 한다. 우리는 어렴풋이 어떤 모습을 상상하고 동경하지만, 자신이 진정으로 바라는 '나'가 어떤 모습인지 모르는 경우가 많다. 내면 깊숙이 자신의 마음을 들여다보자. 어떤 나가 되고 싶은지, 어떻게 살고 싶은지, 그리고 무엇이 나를 가장 행복하게 하는지 생각해 보고 나의 이상적 자아상을 구체화해 보자.

구체적인 이미지가 떠오르지 않는다면 평소 존경했던 인물들을 떠올려 본다. 그들의 어떤 점이 닮고 싶은가? 어떠한 자질이 그들을 성공으로 이끌었는가? 그들이 했던 말 중 기억하고 있는 인생철학이나 모토가 있다면 무엇인가? 10년 후 나의 모습이 어떠했으면 좋을까 상상해 보는 일도 내가

1 제44대 미국 대통령, 버락 오바마(Barack Obama) 미국 최초의 흑인 대통령으로 계층을 아우르는 소통능력과 지성, 유머, 기품을 갖추었다.
2 '헵번룩'을 유행시킨 오드리 헵번(Audrey Hepburn) 아름다운 외모와 패션으로 1950~1960년대 패션아이콘이 되었을 뿐 아니라 말년의 삶을 유니세프에 헌신하며 보냈던 인도주의자로서 아직까지 존경받고 있다.
3 세계 최고의 피셔스케이팅 선수, 김연아 2010년 벤쿠버 올림픽 금메달리스트이자 피겨 역사상 가장 위대한 선수가 된 김연아. 뛰어난 스케이팅 실력뿐 아니라 강한 멘탈과 아름다운 외모로 주목받는다.

되고 싶은 나를 구체적으로 이끌어 낼 수 있는 방법이다.

어떤 장소에서 어떤 모습으로 멋지게 살고 있을 자신의 모습에 대한 즐거운 상상을 해 보자. 상상 속의 집과 배경은 어떠하며 어떤 옷을 입고 누구와 함께 무엇을 하고 있을지 구체적으로 그려보자.

또 한 가지 방법은 버킷 리스트를 작성해 보는 것이다. 하고 싶었지만 해야만 하는 다른 일들 때문에 하지 못했던 일이 있다면 무엇인가? 어떤 일을 할 때 가장 즐거우며 몰입이 잘 되는가? 각자 삶에 부여하는 의미와 가치관이 다르다. 그런데 사회의 가치관이나 도덕적인 잣대 때문에 내 욕망을 솔직히 드러내지 못하고 타인이 내게 바라는 이상적 이미지를 내면화시키면서 성장하는 경우가 많다. 부모님께서 원하시는 나의 모습이나 누구나가 부러워하는 사람이 되는 것 말고, 성공에 대한 나만의 정의가 필요하다. 이러한 자아 성찰을 통해 내가 진정으로 바라는 나의 모습과 삶을 구체화할 때 확실한 목표를 세울 수 있다. 그리고 목표를 이루기 위해 현실적으로 어떠한 노력을 해야 할지 적어 보자.

10년 후 내가 어떤 모습으로 어디에 누구와 있을지 상상해 보는 것은 내가 원하는 나를 찾아가는 방법이다.

1 2

3 4

자아 이미지 메이킹

어머니나 친구 또는 판매원이 잘 어울린다고 추천해서 구입한 옷을 입었을 때 마치 내가 아닌 듯 어색하고 불편하게 느꼈던 일이 있는가? 아마 그 옷을 입은 나의 모습이 스스로 생각해오던 자아성과 다르다고 느꼈기 때문일 것이다. 스타일링을 하는 데 있어 실패 경험이 없다는 것은 불가능하다. 실패 때문에 새로운 시도하기를 주저하거나 위축되어서는 안 된다. 이러한 시행착오는 내 스타일을 찾아가는 과정에서 꼭 필요하다. 다른 사람의 충고를 무작정 받아들이거나 유행을 따른 대신, 내가 진정 욕망하는 것이 무엇인지 내면의 소리에 귀를 기울여 보자. 자주 입는 옷, 입었을 때 마음이 편안한 옷은 현재의 자아상과 일치하기 때문일 것이다. 그러나 우리가 패션을 통해 전달하고 싶은 것은 현재 있는 그대로의 나보다는 되고 싶은 나, 이상적인 나의 모습일 것이다. 현재보다 나은 내가 되고 싶다면 패션에서부터 변화를 시도해 보자. 이상적 자아 이미지와 내적 자질들이 어떤 시각적 이미지로 표현될 수 있을지 생각해 보고 패션 스타일링으로 구체화해 보자.

평소에 스타일링이 멋지다고 생각했던 인물들은 나의 패션 아이콘이다. 그들의 패션 사진을 꾸준히 스크랩해 보자. 생각해 왔던 패션 아이콘이 없다면 영화나 드라마 속의 멋진 캐릭터들의 사진이나 연예인의 사진을 스크랩해도 좋다. 어떤 상황이나 배경 속에 있는 인물의 사진이라면 그들의 내적 이미지에 대해 더 많은 이야기를 꺼낼 수 있다.

패션아이콘을 통한 벤치마킹을 토대로 내가 표현하고 싶은 이미지에 부합하는 패션 테마들을 몇 개로 추려 본다. 그 패션 테마를 시각적으로 표현해 줄 적절한 아이템, 실루엣, 색상, 소재, 디자인 디테일과 액세서리를 찾아본다. 잡지를 스크랩해서 포트폴리오를 만들어도 좋고 레이아웃 맵을 활용해 나만의 디지털 스타일링북을 만들어도 좋다. 스크랩을 계속하다 보면 자신이 반복적으로 수집하는 패션 이미지가 있을 것이다. 또한 끌리는 컬러 코디네이션과 소재의 코디네이션이 있을 것이다. 이렇게 스크랩하고, 분류하고, 분석

1 영국의 모델 겸 영화배우 카라 델레바인(Cara Delevingne)
2 스페인 출신의 모델이자 팔로워 수 백만 명이 넘는 인스타그램 스타 존 코르타자레나(Jon Kortajarena)

하는 일은 나를 발견하고 찾아가는 과정이다. 내가 무엇을 욕망하는지, 그리고 어떤 모습이고 싶은지 알게 해준다. 나의 취향을 알고, 나의 정체성을 만들어 가는 주체적인 작업이기도 하다. 나의 취향을 반영하고 내면에서 우러나는 감성을 패션스타일링으로 표현하는 일은 나를 존중하고 사랑하는 가장 좋은 방법이다.

나의 스타일링 Vs 패션아이콘의 스타일링

- 가장 나다운 사진을 몇 장 추려보고 사진 속의 나의 패션 스타일링에 이름을 붙여 보자. 어떤 패션 테마에 속할지, 어떤 아이템 · 실루엣 · 색상 · 디테일 · 액세서리를 하고 있는지 어떤 식으로 코디네이션 했는지, 그리고 나의 메이크업 · 헤어스타일 · 화술 · 자세 · 표정에서 느껴지는 것들을 적어 본다. 어떤 점들이 마음에 들지 않는지, 어떤 점들은 강화하거나 유지하고 싶은지 알아보자.
- 스크랩했던 나의 패션 아이콘들을 같은 방식으로 분석하면서 타인의 매력을 구성하는 요소들을 관찰한다. 이러한 분석을 통해 이미지 메이킹의 요소들과 전체적으로 풍기는 이미지와의 상관관계, 그리고 취향을 표현하는 방법을 배울 수 있다.

나의 스타일링 VS 패션아이콘의 스타일링

구 분		나의 스타일링	패션아이콘의 스타일링
전체 이미지		중성적이고 활동적인 이미지	활동적이면서도 도시적인 세련미와 여성미가 풍기는 이미지
패션 스타일링	패션테마	미니멀 시크	미니멀 시크
	아이템	흰 티셔츠, 검은색 스키니 진, 흰색 캔버스 운동화	검은색 테일러드재킷, 흰색 티셔츠, 검은색 스키니팬츠, 파이톤 앵클 부츠
	실루엣	헐렁한 상의와 타이트한 하의	전체적으로 몸에 붙는 슬림한 실루엣
	색 상	블랙, 화이트	블랙, 화이트
	소 재	면, 스트레치 데님, 가죽	울, 저지, 데님
	스타일링 포인트	평범한 형태와 색상의 베이스볼 캡이지만 가죽 소재가 주는 질감이 포인트를 줌. 활동적인 느낌의 흰 운동화	블랙 의상에 파이톤 문양의 앵클부츠로 포인트 줌. 무릎에 슬래시가 있는 데님 팬츠는 테일러드 재킷과 대비
	액세서리	베이스볼 캡, 실버톤의 링귀걸이	메탈 시계, 검은색 토트 백, 앵클 부츠
메이크업		빨간색 립스틱과 희고 깨끗한 피부톤	가지런한 눈썹과 화사한 볼터치로 자연스러우면서도 정돈된 느낌
헤어스타일		긴 생머리	지적인 느낌의 단발머리
화 술		흥분했을 때 톤이 높아짐	(드라마나 영화 속 캐릭터를 분석해 보자)
자 세		거북 목, 굽은 어깨, 어색하게 선 자세	어깨를 펴고 다리 하나를 당당하게 뻗고 무심한 듯 선 자세
표 정		심각한 표정	살짝 미소 지으며 카메라를 응시
스타일링 방향		나의 스타일링은 단조롭고 예상 가능하다. 활동성과 실용성은 유지한 채 스타일링에 세련된 느낌과 여성스러움을 가미하고 싶다. 새옷을 많이 구입하지 않고 포인트를 줄 수 있는 적절한 액세서리, 즉 일상생활에서 다용도로 활용 가능하면서도 감각적인 느낌을 줄 수 있는 선글라스, 부츠와 모자 등의 아이템들이 필요하다. 여러 아이템들을 자유로이 믹스할 수 있는 감각을 키우고 싶다. 타인의 시선을 즐기는 여유와 당당함을 갖고 싶다. 서 있거나 걸을 때 어깨를 펴고 똑바로 서며 밝고 환한 표정과 차분한 목소리를 내도록 한다. 열려 있는 생각, 틀에 박히지 않은 자유로운 사고, 섬세하고 온화한 성격, 남을 배려하는 태도를 스타일로 표현하고 싶다.	

자아 이미지 진단의 예(학생제출 과제)

나의 내적 이미지 진단

내가 생각하는 나	다른 사람이 생각하는 나	되고 싶은 나
긍정적인	적극적인	적극적인
열려 있는	섬세한	결단력 있는
성격이 급한	성격이 급한	신중한
게으른	배려하는	성실한
우유부단한	자유로운	창의적인

2주간의 나의 패션 사진

내적 이미지

나는 소중한 존재라고 생각한다. 가족을 소중히 여기며 사람들을 만나는 것이 즐겁고 대인관계가 원만하다. 주위 사람들이 나에게 고민을 의논해 오는 경우가 종종 있다. 전시회, 음악회, 연극 등 문화행사를 즐겨 찾으며 스트레스는 스스로 풀고자 한다. 단점을 고치기 위해 노력하며, 시간을 헛되이 쓰지 않고 보다 나은 내가 되고자 한다. 옳다고 생각하는 일을 주저 없이 행동으로 옮긴다. 털털하고 밝고 긍정적이며 낙천적이지만 즉흥적일 때도 있다. 우유부단하고 게으른 면이 있으며 철두철미한 성격은 아니다.

외적 이미지

허리가 길고 가는 체형으로 작지만 날씬하고 여성스러운 외모를 가졌다. 대체로 나의 외모에 만족한다. 평소 잘 웃는 편이며 자세가 반듯하고 걸음걸이가 당당하다. 헤어스타일을 자주 바꾸어 이미지 변화를 시도하며 새로운 스타일을 시도하는 것을 두려워하지 않는다. 튀지 않는 무난한 옷과 편안한 스타일을 선호한다. 심플한 디자인의 밝은 색상의 옷을 여러 벌 가지고 있다. 귀걸이 외에는 액세서리를 거의 하지 않는다. 신발은 거의 항상 튀지 않는 검은색 운동화나 단화를 신는다. 학교와 연구실에 가는 일상적인 날에는 외모에 신경을 쓰지 않는다.

패션 아이콘의 스타일링

나의 패션 아이콘은 싱어송 라이터이자 가수인 박보람이다. 다양한 패션을 자기 방식으로 소화해내는 그녀는 옷을 잘 입는 연예인으로 소문이 나 있다. 평소에는 편안하고 활동적인 룩을 입으며 무대 위에서는 페미니한 룩을 많이 입는다. 때로는 허리를 강조하는 여성스러운 긴 플레어 스커트나 미디 스커트에 블라우스나 재킷을 입어 가느다란 허리를 강조하는 X자형 실루엣으로 페미닌 룩을 연출한다. 하이 웨이스트의 스커트도 잘 소화해낸다. 평상시에는 주로 숏팬츠에 헐렁한 재킷, 찢어진 청바지에 니트나 티셔츠, 그리고 운동화를 신는다. 그녀의 패션 센스는 베레모, 비니 등 다양한 모자로 평범한 듯한 의상에 활력을 주고 개성을 살리는 데에서 발휘되며, 독특한 색상과 디테일의 운동화 매치는 특히 돋보인다. 티셔츠나 니트, 운동화는 루즈한 실루엣에 밝은 색상으로 코디해서 경쾌하고 활동적으로 보인다. 사진 속의 그녀는 편안하고 활동적인 포즈를 많이 취하며 표정은 활짝 웃거나 무심한 듯 귀여운 표정을 한다. 보이시하면서도 여성스러운 그녀의 매력은 패션 스타일링을 통해 잘 살아난다.

자아 이미지 보완 방향

학교와 연구실에서 주로 시간을 보내기 때문에 편안한 옷, 무난해서 신경을 안 쓰고 입을 수 있는 옷들을 주로 입어 왔다. 가수 박보람처럼 편안하고 활동적인 룩에 밝은 색상을 적절히 코디하거나 모자나 신발을 활용해 센스 있게 연출하고 싶다. 밝은 색상을 적절하게 코디하면 일상적인 날에도 과하지 않으면서 전체적인 분위기가 밝아져서 낙천적이고 사교적인 성격이 드러날 수 있을 것 같다. 때로는 가는 허리와 곡선적인 몸매를 드러내는 실루엣으로 여성스러운 매력을 표현하고 싶다. 패션 이미지의 변화에 맞추어 긴 머리를 다양하게 연출해 변화를 주고 싶다.

1 여성스러운 분위기를 위해 처음으로 양갈래로 머리를 땋는 시도를 했다. 밝은 색상의 운동화와 티셔츠, 모자로 활동적인 느낌을 살렸다.
2 흰색 니트로 차분하고 깨끗한 이미지와 체크 패턴의 옆 트임이 있는 롱 스커트로 페미닌 룩을 연출했다.

외모지상주의

대통령을 보좌했던 경호원이 잘생긴 외모로 화제가 된 가운데 '외모패권주의'란 말까지 등장했다. 얼짱, 몸짱, 꽃남, 초콜릿 복근, 베이글녀, 꿀벅지 등 외모 관련 신조어들이 하루가 다르게 등장하고 있으며, 아름다운 외모를 지닌 여배우들을 '여신'이라 부르며 우상시하기도 한다. 대중매체는 이러한 분위기를 부추기고 확산시킨다. 외모가 좋지 못하면 실력이 있어도 취업이 어렵고, 이성 교제가 어려우나 죄수나 거지라도 얼짱이면 관심과 주목을 받는 기이한 사회적 현상은 외모에 지나치게 집착하는 우리 사회의 문제점을 드러낸다.

우리말로 외모지상주의라고 번역되는 루키즘(Lookism)은 2008년 8월, 뉴욕 타임즈의 칼럼니스트인 윌리엄 새파이어(William Sapphire)가 처음 사용한 신조어로 외모가 인종이나 성, 종교에 이어 개인 간의 우열과 성패를 가르는 중요한 범주로 작용한다고 지적한 것에서 시작되었다. 현대 사회가 빠른 속도로 변하고 상대방의 내면적 특성까지 파악할 시간과 기회가 적어짐에 따라 개인의 신체적 특성을 바탕으로 하는 외적 이미지는 그 사람의 개인적 능력이나 직업적 성취를 가늠하는 기준이 되고 있다.

우리 사회가 열망하는 이상적인 외모에 대한 선망에서 비롯되는 강박관념은 혹독한 다이어트, 운동 중독, 성형 중독, 쇼핑 중독 같은 심각한 사회현상을 낳았으며, 거식증(anorexia)이나 폭식증(bulimia)과 같은 섭식 장애로도 나타나 정신건강까지 위협하고 있다.

모든 개인은 각기 다르게 태어나며 성장하면서 겪는 경험이 다르기 때문에 각기 다른 욕망과 가치관, 그리고 자아상을 가지게 된다. 그런데 우리는 사회의 획일적인 잣대로 평가된다. 도저히 도달할 수 없는 이상적 미의 기준과 자신과의 간극은 열등감과 좌절로 이어지며 자신을 루저로 낙인 찍게 만든다. 이 사회의 이상적 기준을 받아들이지 않으려 해도 사회의 한 구성원인 우리는 타인의 판단과 시선으로부터 자유로울 수 없다. 끊임없이 타인의 눈에 비친 내 모습에 좌절하기도 하고 자부심을 갖기도 한다. 외모지상주의가 야기하는 문제들은 개인이 해결할 수 있는 차원을 넘어서는 사회·문화적인 문제로 간주하고 사회적 차원에서 진지하게 논의해야 할 것이다. 다양한 미의 기준이 받아들여지고, 개인의 개성과 다양성이 존중되는 열린 사회로 바뀌는 사회·문화적 차원에서의 변화가 절실히 필요하다.

1 무리한 다이어트는 거식증, 섭식증과 같은 섭식장애로 이어질 수 있다.
2 마른 몸매에 대한 강박증은 자신이 야위었는데도 뚱뚱하다고 느끼는 신체이미지 왜곡 현상을 일으킨다.

자기 몸 긍정주의

자기 몸 긍정주의(Body Positivity)는 최근 전 세계 미디어와 패션업계를 강타한 새로운 흐름으로, 획일화된 미의 기준에 집착하지 말고 자기 몸을 있는 그대로 사랑하자는 움직임이다. 사회가 제시하는 정형화된 미가 더 이상 자아정체성을 훼손해서는 안 된다는 이러한 사회적 움직임은 더욱 확산되는 추세이다. 플러스 사이즈 브랜드 토리드(Torrid)는 2017년 9월 뉴욕에서 최초의 플러스 사이즈 컬렉션을 개최한 이래 플러스 사이즈 모델을 선발하고, 패션쇼를 진행해 오고 있다. 토리드는 미국 여성의 60%가 플러스 사이즈임에도 불구하고, 이러한 여성들이 쇼핑할 때 자신의 사이즈가 없어 불쾌한 경험을 했거나 타인의 시선 때문에 자신의 몸을 부끄러워하고 입고 싶은 옷을 마음껏 입지 못했음에 주목하고, 플러스 사이즈의 여성도 패션을 사랑하고 즐길 수 있어야 한다고 주장했다.

케이티 스투리노(Katie Sturino)는 어떤 사이즈라도 멋진 스타일을 연출할 수 있다고 믿는 뉴요커이다. 사이즈 2의 세상에서 살고 있는, 사이즈 12~18을 입는 자신과 같은 빅사이즈 여성을 위해 12 스타일 닷 컴(the 12ish style.com)을 2015년 봄부터 시작했다. PR 에이전시 틴더피알(TinderPR)의 설립자이기도 한 그녀는 자신의 블로그와 인스타그램을 통해 플러스사이즈 여성을 위한 유니크한 패션스타일을 소개하고 있다.

날씬한 몸이 아름답다는 생각은 뿌리 깊게 우리 안에 내면화되어 있어 우리의 미적 가치관을 바꾸는 일은 쉽지 않을 것이다. 그러나 불가능한 미적 기준에 자신을 끼워 맞추느라 정말 중요한 것이 무시당하게 놔두어서는 안 된다. 한 예능 프로그램에서 가수 에일리가 했던 인터뷰는 큰 울림을 준다. "다이어트로 49~50kg까지 체중을 감량했어요. 체중이 감소하니까 목소리가 나오지 않았어요. 가수인데 무대에 서려면 어쩔 수 없이 다이어트를 해야 한다는 게 슬펐어요. 마른 몸매로 노래하면 제 역량을 100% 발휘하지 못한 느낌이라 자괴감이 들었어요. 보기에는 좋았을지 모르지만 정신적으로는 우울했어요. 그래서 저는 신경 쓰지 않기로 했어요. 스스로 행복하고 제 노래에 만족하는 게, 제 몸을 사랑하는 게 더 중요한 것 같아요. 지금 제 모습에 만족해요."

특히 남과 비교하는 데 익숙한 한국인들은 남의 몸을 자신의 기준으로 평가하고 언급하는 잘못을 자주 저지른다. 이러한 비교와 평가는 나의 미적 가치관을 상대방에게 강요하는 행위이며 그러한 지적이 타인에게 상처를 줄 수 있음을 인식해야 한다. 우리 모두는 다르고 각자만의 개성을 지닌 존재로 존중받아야 한다는 자기 몸 긍정주의가 한국 사회에서도 확산되어야 할 것이다.

12 스타일을 운영하고 있는 파워블로거 케이티 스투리노

FASHION STYLING 101

CHAPTER 5
패션 스타일링 101

패션 스타일링은 의복을 비롯하여 헤어스타일과 메이크업, 액세서리, 소품 등 머리에서 발끝까지 사용되는 모든 아이템들을 착용자와 어울리게 연출하여 서로 조화를 이루도록 하면서 착용자의 개성과 라이프 스타일을 표현하는 것을 말한다. 패션 스타일링 방법은 미적 감각의 기준에 따라 다양한데, 디자인의 요소와 원리를 알고 이를 응용하면 스타일링에 도움이 된다. 패션 디자인의 주요 요소는 형태, 컬러, 패브릭으로, 이런 요소를 혼합하는 원리는 통일, 조화, 균형, 리듬, 강조, 비율 등이다. 이처럼 다양한 요소와 원리를 인지하고 의복을 착용하면 보는 사람이나 입는 사람 모두에게 강한 이미지를 심어 줄 수 있고 때로는 잠재된 반응까지 이끌어 내기도 한다. 또한 이러한 요소들이 옷에 어떤 효과를 낼 수 있는지 이해하고 분석하는 능력은 패션 스타일링을 발전시키는 데 도움을 준다. 외모지상주의에 빠져 유행하는 패션 스타일링을 무조건적으로 쫓기보다는 자신의 개성을 나타내고 장점을 보여 주는 패션 스타일링을 추구하여 자신만의 감각을 키우는 데 기본이 되는 스타일링 방법에 대해 살펴보도록 하자.

형태를 이용한 스타일링

형태를 이용한 스타일링

패션 디자인의 형태를 결정하는 요소에는 선, 실루엣 등이 있다. 이러한 디자인 요소들을 이해하고 적절한 배치방법을 패션 디자인에 적용하면 조화로운 디자인이 완성될 뿐 아니라 다른 디자이너의 장점을 평가하고 트렌드와 시장의 변화를 감지하는 데에도 도움이 된다.

선을 이용한 스타일링

사람은 디자인에 사용되는 여러 가지 선에 대해 각기 다른 반응을 하게 된다. 직선에서는 엄격함을 느낄 수 있고, 부드러운 선에서는 유연함을 느낄 수 있다. 선은 시선을 여러 방향으로 이끌기도 하고 전체의 윤곽선을 이끌어 내기도 한다. 또한 선은 보는 사람으로 하여금 더 좁거나 넓어 보이도록 착시를 일으키게 할 수도 있다.

1 가로선을 이용한 스타일링
2 세로선을 이용한 스타일링
3 가로선, 세로선, 사선을 이용한 스타일링
4 곡선을 이용한 스타일링

패션에서 선은 솔기선이나 다트선 같은 기능적인 구성선과 디자인선, 디테일선 등 미적 목적을 위해 만들어지는 장식선으로 나누어진다. 선의 종류와 각각의 성질을 체형에 맞게 이용하여 패션 스타일링을 하는 방법에 대해 알아보자.

가로선을 이용한 스타일링

어깨 요크 라인(yoke line), 헴 라인(hem line), 벨트, 옆으로 넓은 칼라, 가로가 짙은 체크무늬, 티어드(tiered) 스커트 등이 가로선을 표현한다. 시선을 수평방향으로 움직여 좌우로 분산시켜 실제 면적보다 넓어 보이는 효과와 가로선을 기준으로 위아래가 분리되어 키가 작아 보이는 착시를 가져올 수 있다.

세로선을 이용한 스타일링

프린세스 라인, 앞여밈선, 세로로 늘어선 단추, 서스펜더, 지퍼, 슬릿(slit), 세로 줄무늬 등이 세로선을 표현한다. 세로선은 시선을 수직방향으로 움직이게 하므로 착용자의 신장이 커 보이는 착시를 가져온다. 하지만 폭이 좁은 세로 줄무늬는 오히려 시선이 가로로 분산될 수 있기 때문에 가로로 면적이 넓어 보일 수도 있다.

곡선을 이용한 스타일링

주로 의복에 풍만하고 여성스러운 느낌을 주며 부드러운 이미지를 표현하기에 적합하다. 둥근 패턴으로도 곡선을 연출할 수 있고 플리츠(pleats), 턱(tuck), 프릴(frill), 개더(gather), 러플(ruffle), 셔링(shirring), 리본, 레이스 등의 디테일을 사용하여 곡선을 표현할 수 있다.

사선을 이용한 스타일링

의복의 느낌을 유연하고 역동적으로 보이게 한다. 각도가 작은 사선은 가로선의 효과를, 각도가 커서 가파른 사선은 세로선의 효과를 가져온다.

허리선의 위치를 이용한 스타일링

원피스에서 상하를 나누는 허리선의 위치에 따라 느낌의 변화를 가져올 수 있다. 하이 웨이스트는 실제 허리선보다 위쪽에 위치하기 때문에 다리가 길어 보이는 착시를 일으킨다.

1 하이 웨이스트 라인
2 미드 웨이스트 라인
3 로 웨이스트 라인

실루엣을 이용한 스타일링

실루엣은 일반적으로 옷을 입었을 때의 형태나 전체적 스타일을 나타내는 외곽선을 가리킨다. 실루엣을 결정하는 데는 몇 가지 요소가 있다. 특히 웨이스트 라인, 헴 라인의 위치로 상·하의 이동, 어깨폭의 확대와 축소, 절개선과 다트의 형태 및 길이, 방향 등 선을 이용한 디테일이 중요한 요소가 된다. 또한 실루엣 전체의 형태로서 의복이 직선적인가, 곡선적인가, 움직임의 요소를 가지는가, 단순한가, 복잡한가 등의 요소가 실루엣 변화의 요인이 된다. 원피스로 표현되는 기본 실루엣을 잘 이해하면 디자인뿐 아니라 스타일링을 하는 것에도 많은 도움이 된다.

X라인 실루엣

프린세스 라인, 아워글라스 라인과 유사한 모래시계 형태로 허리부분을 조여서 강조한 실루엣이다. 여성스럽고 우아하며 볼륨감 있는 스타일을 연출할 수 있다.

H라인 실루엣

허리선을 없애고 엉덩이선 밑으로 떨어지는 직선 라인이므로 단순하고 날씬해 보인다. 엠파이어 스타일, 하이 웨이스트나 스트레이트 실루엣, 토르소 라인과도 유사하다. 뚱뚱한 아랫배를 감추거나 날씬하게 보이고 싶을 때 유용하다.

A라인 실루엣

상체는 좁고 하체 쪽으로 갈수록 넓게 디자인된 실루엣이다. 키가 작거나 하체가 통통한 단점을 가릴 수 있다.

Y라인 실루엣

어깨폭을 좌우로 강조하고 엉덩이에서 하의 아래쪽으로 경사지게 하여 슬림하게 디자인한 실루엣이다. 좁은 어깨의 단점을 가려 주고 자신감과 강한 이미지를 전달할 수 있다.

1 A라인 실루엣 2 H라인 실루엣 3 X라인 실루엣 4 Y라인 실루엣

컬러를 이용한 스타일링

의복에서 컬러는 매우 중요한 요소 중의 하나로, 개인의 인상과 기호, 성격뿐 아니라 미적 감각을 나타내는 중요한 요인으로 작용한다. 컬러는 순수한 무채색(흰색과 여러 층의 회색 및 검은색에 속하는 색감이 없는 계열의 색)을 제외하고 모든 유채색이 색상, 명도, 채도의 3속성을 가지고 있다. 각 속성은 해당 컬러의 성격과 느낌을 보여 주며, 이것을 충분히 활용하면 좋은 스타일링의 기본이 될 수 있다.

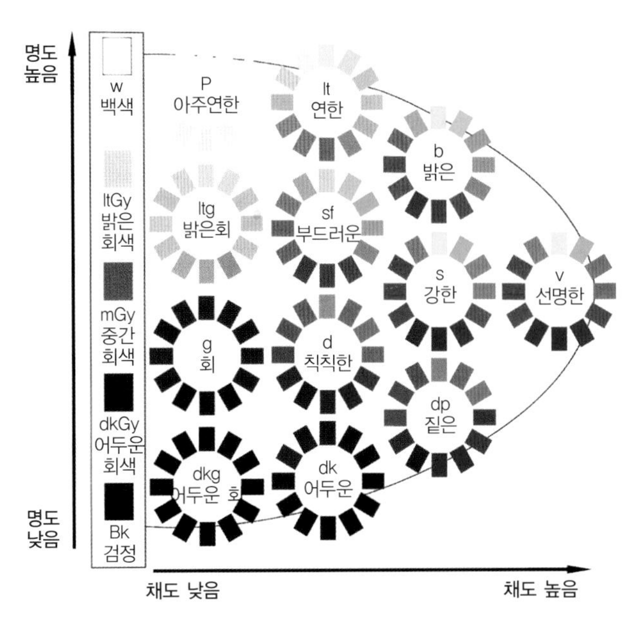

톤의 이미지에 따른 색채 분류

컬러의 속성

색상

색상(hue)은 빨강, 노랑, 파랑이라는 색의 차이에 따라 주어진 이름을 말한다.

명도

명도(value)란 색의 밝고 어두움의 정도를 말한다. 1~9로 나누며 1은 검은색, 9는 흰색, 그 사이는 회색이다.

채도

채도(saturation)는 색의 맑고 탁한 정도를 말하며, 순색에 가까울수록 채도가 높고 순색에서 멀어질수록 채도는 낮아진다.

톤

톤(tone)은 명도와 채도의 복합적 개념으로, 색의 상태를 색상에 있어 유사한 명도와 채도의 색으로 그룹화하여 분류한다. 같은 톤의 색은 감정 효과가 변하지 않으므로 톤의 이

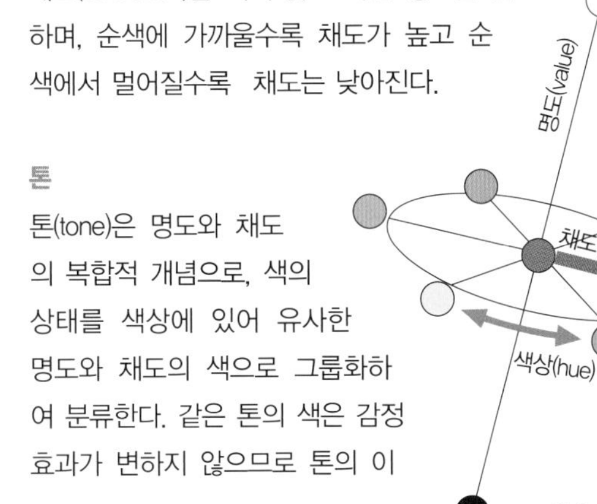

색의 3속성

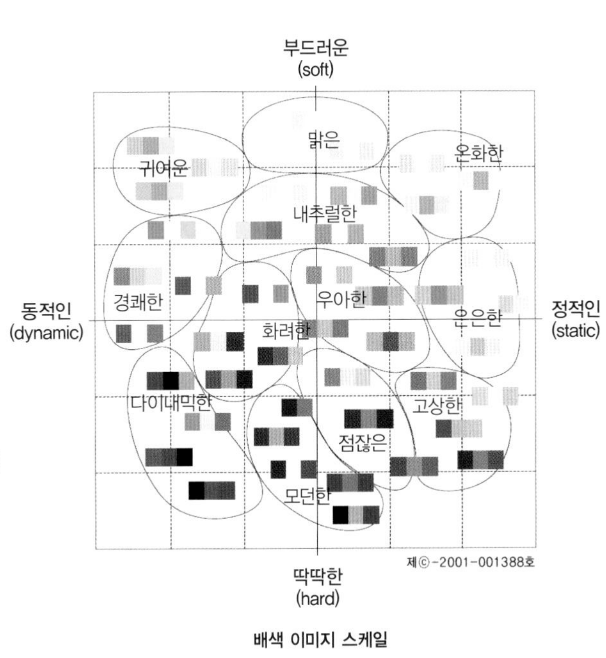

배색 이미지 스케일

미지를 알아 두면 그 톤에 속하는 색의 어느 것을 사용하여도 그 이미지에 가깝게 할 수 있다. 색상에 변화가 있는 것은 톤을 통일하고, 톤에 변화가 있는 것은 색상을 통일하면 스타일링의 기초에 도움이 된다.

컬러의 느낌

온도감

따뜻해 보이는 난색은 색상환에서 빨강, 주황, 노랑 계열이며 추워 보이는 한색은 파랑이나 청록 계열이다. 그 중간인 중성색은 따뜻하지도 춥지도 않은 중간적인 효과를 가져 온다. 밝은 명도는 좀 더 차가우며 어두운 명도는 좀 더 따뜻하다. 난색 계통의 의복은 강렬하고 전진적 · 충동적 · 활동적인 느낌을 주며, 실제보다 확대되어 보이는 착시현상을 일으키는 반면, 한색계통의 의복은 평온하고 수동적 · 이지적이고, 후진하는 느낌을 주며 실제보다 축소되어 보이게 하는 착시현상을 일으킨다. 이러한 특성을 의복에 이용하면 개성이나 분위기의 표현뿐 아니라 체형이나 성격상의 장점을 강조하고 단점을 보완하는 데 활용할 수 있다.

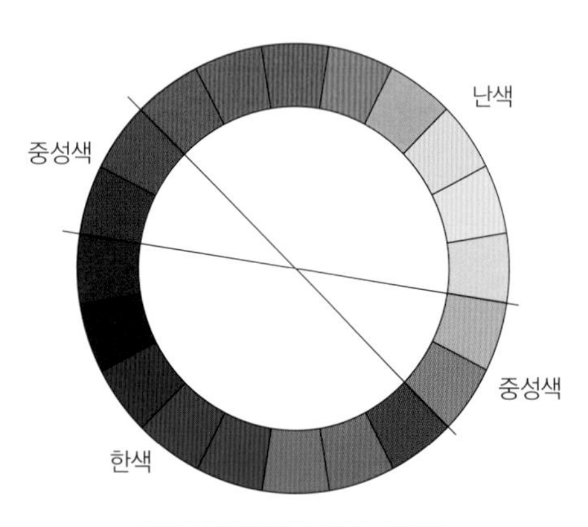

먼셀 표색계에서 느껴지는 온도감

중량감

가볍고 무거운 느낌은 색상보다 명도의 차이에 크게 좌우된다. 고명도의 컬러는 가볍게, 저명도의 색은 무겁게 느껴진다. 자연의 법칙상 무거운 것이 위쪽보다는 아래쪽에 있는 것이 안정감을 주는 것과 마찬가지로, 가벼운 컬러가 위에 놓이고 무거운 컬러가 아래에 놓이는 것이 안정감이 있다. 상의는 밝게, 하의는 어둡게 배색한 것이 안정감 있어 보이는 것도 바로 이런 이치이다. 그러나 의복의 용도에 따라 동적인 분위기를 위해 무거운 컬러를 위에 놓는 경우도 있다.

면적감

컬러는 뒤에 있는 배경색에 따라 진출과 후퇴가 상대적으로 나타나는데, 배경색보다 밝은 색일수록 튀어나와 보이듯이 저채도의 배경에서는 고채도의 컬러가 튀어나와 보인다. 또 황색이나 적색 계통은 팽창색이라 하여 밖으로 퍼지는 듯한 느낌을 주고, 반대되는 컬러를 수축색이라고 한다. 일반적으로 명도와 채도가 높을수록 팽창해 보이기 때문에 뚱뚱한 사람은 수축색을, 마른 사람은 팽창색을 사용하는 것이 효과적이다.

경연감

컬러에서 느껴지는 딱딱함과 부드러움인 경연감은 명도와 채도의 영향을 받는다. 명도가 높고 채도가 낮으면 부드러운 느낌을 주고, 중명도 이하로 명도가 낮고 채도가 높으면 딱딱한 느낌을 준다.

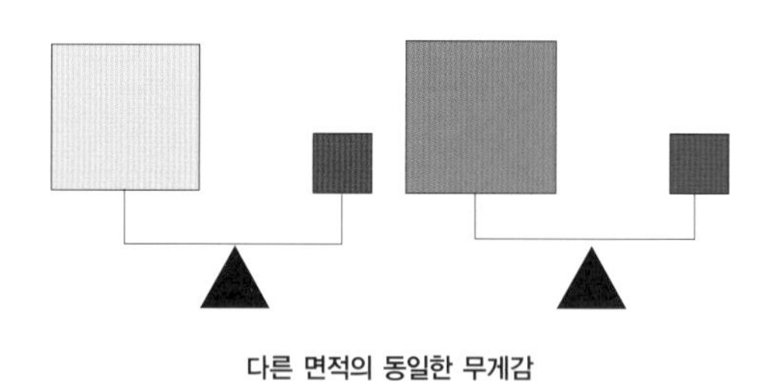

다른 면적의 동일한 무게감

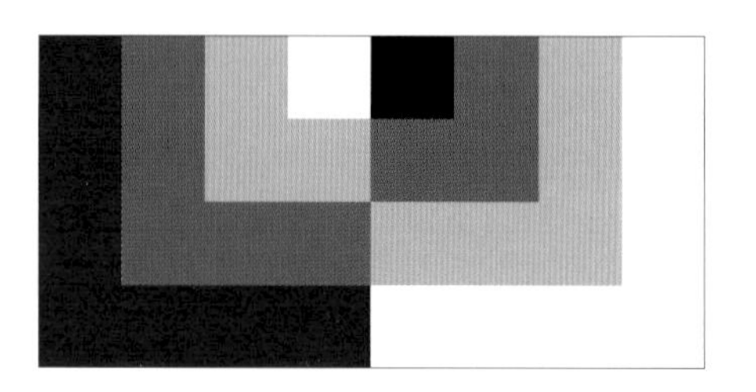

무게감에 따른 안정감의 느낌

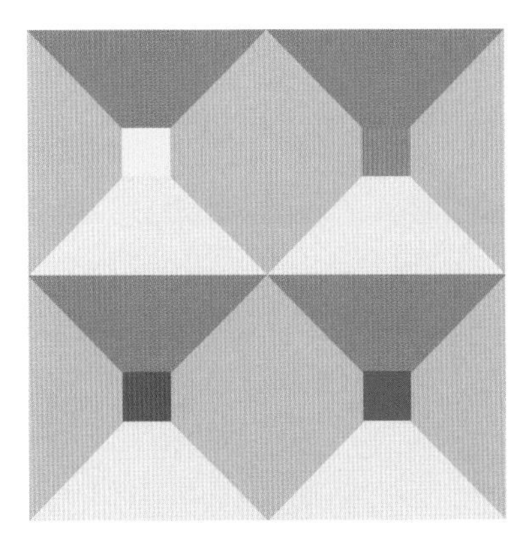

컬러에 따른 면적감

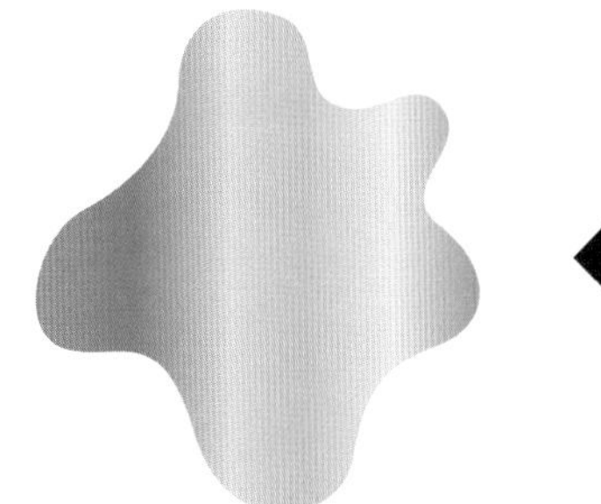

컬러의 경연감

컬러를 이용한 스타일링

유사색의 스타일링

유사색의 스타일링에는 동일색상의 스타일링과 인접색상의 스타일링이 있다. 동일색상의 스타일링은 한 가지 색상만을 사용하여 명도나 채도의 변화에 의해 조화를 이루는 방법이다. 동일색상으로 인해 조화는 쉽게 이루어지나 반면에 특징이 없고 단조로운 단점이 있어서 효과적으로 사용하려면 명도의 대비는 크게 하는 것이 좋다. 옅은 하늘색의 상의와 짙은 파란색 바지의 착용이 여기에 해당된다. 전체적으로 정돈되고 차분한 인상을 주며 무난한 스타일링을 즐기는 사람에게 어울린다.

인접색상의 스타일링은 색상환에서 약 30~60° 안에 포함되어 있는 색과의 조화를 말한다. 여기에는 서로 공통된 컬러가 있기 때문에 쉽게 조화를 이룬다. 예를 들면, 주황색과 연두색의 조화는 노란색을 공통으로 가지고 있고, 청보라와 녹청색의 조화는 청색을 공통으로 가지고 있어서 서로 조화를 잘 이룰 수 있다. 인접색상의 스타일링을 할 때 가장 뚜렷한 배색은 순색끼리의 배색이지만 변화를 주고 싶을 때는 명도와 채도의 차이를 두면 된다.

대조색의 스타일링

대조색의 스타일링은 보색끼리 대비시키거나 온도감이 서로 반대되는 느낌을 주는 컬러끼리 조합하는 보색 스타일링이다. 색상환에서 서로 반대편에 있는 보색이나 그 주위의 컬러를 이용한다. 컬러를 이용한 스타일링 중에 가장 파격적이고 대담한 스타일링으로 매우 강렬한 느낌을 주며, 특히 보색대비 현상에 의해 상대 컬러를 더욱 선명하게 보이게 한다. 넓은 면적의 컬러가 의복 전체의 지배적인 컬러를 결정하고 나머지 컬러로 하여금 부차적인 위치에서 조화를 이루게 해야 한다.

악센트 배색 스타일링

평범하고 단조로운 코디네이션 위에 악센트 컬러를 주어 강조하고 싶은 부분에 시선을 집중시켜 생기와 포인트를 주는 코디네이션이다. 배색방법은 주가 되는 컬러 위에 대조적인 컬러를 포인트로 두거나 의외성이 강한 컬러를 더하는 것으로, 전체적인 통일감과 조화를 고려해야 한다. 베스트나 스카프, 벨트와 같이 작은 아이템이나 액세서리를 이용하거나 포켓, 칼라 등 면적이 작은 디테일 부분에 이용하면 쉽게 패션 스타일링을 할 수 있다.

패브릭에 따라 의복의 이미지나 감성은 매우 다르게 느껴질 수 있다. 패브릭은 그 촉감이나 조직, 염색, 프린트 등에 따라 다양한 변화를 보일 수 있으므로 자아 이미지를 표현할 때 고려해야 할 중요한 요소이며, 착용 후의 쾌적성이나 적합성 등의 기능적 요소도 매우 중요하다.

1 동일색상의 스타일링　2 명도차를 둔 동일색상의 스타일링　3 대조색의 스타일링　4 인접색상의 스타일링

패브릭을 이용한 스타일링

유사 패브릭과의 스타일링

동일하거나 유사한 패브릭과 매치시키면 소재의 이질성에 의한 구김이나 뒤틀림이 방지되고 세탁을 할 때에도 편리하다. 또한 시각적으로 단정하고 정돈되어 보이며 통일감과 일치감, 안정감을 주는 장점이 있다. 동일 패브릭과의 스타일링은 동일색상의 스타일링처럼 단조로운 매치가 될 수 있으므로 상·하의의 색상 변화를 주거나 패턴의 유무를 적용하는 것이 좋다. 또는 같이 착용하는 액세서리로 포인트를 주어 지루한 스타일링이 되는 것을 피한다.

이질적인 패브릭과의 스타일링

서로 다른 패브릭과의 조화는 의외성과 기발한 아이디어를 보여 줄 수 있고, 서로 어울리지 않는 조화를 통해 새롭고 창조적인 매력을 발산한다. 최근에는 기술개발을 통해 다양한 소재의 혼합방식이 소개되고 있다. 부드러운 패브릭과 뻣뻣하고 딱딱한 패브릭, 거친 패브릭과 매끄러운 패브릭, 진과 실크, 메탈과 가죽, 실용적인 패브릭과 화려한 패브릭, 클래식과 로맨틱 패브릭, 클래식과 스포티 패브릭 등 분위기나 용도, 이미지가 다른 소재를 복합적으로 표현하는 패션 스타일링이 부각되고 있다.

패턴 온 패턴 스타일링

패턴 온 패턴 스타일링은 패브릭의 패턴과 패턴을 조합시키는 방법으로 유사한 패턴끼리 조합하거나 완전히 다른 패턴끼리 조합하는 방법이 있다. 통일된 조화를 원할 때는 패턴의 크기나 컬러를 통일시키거나, 형태는 다르더라도 패턴의 종류가 같은 것을 사용한다. 혹은 서로 이질적이고 부조화적인 패턴을 조합시킴으로써 독특한 개성을 표현할 수도 있다.

1 유사 패브릭과의 스타일링
2 이질적 패브릭과의 스타일링
3 패턴 온 패턴 스타일링

패턴의 종류

스트라이프 패턴

Pencil stripe
연필로 가늘게 그린 듯한 느낌. 주로 와이셔츠, 컬러 셔츠에 사용

Pin stripe
스트라이프 패턴 중 유일하게 점으로 선을 표현한 줄무늬

Hairline stripe
가느다란 머리카락처럼 생긴 줄무늬. 펜슬 스트라이프보다 간격이 촘촘함. 보통 1.5mm 이하의 두께를 가짐

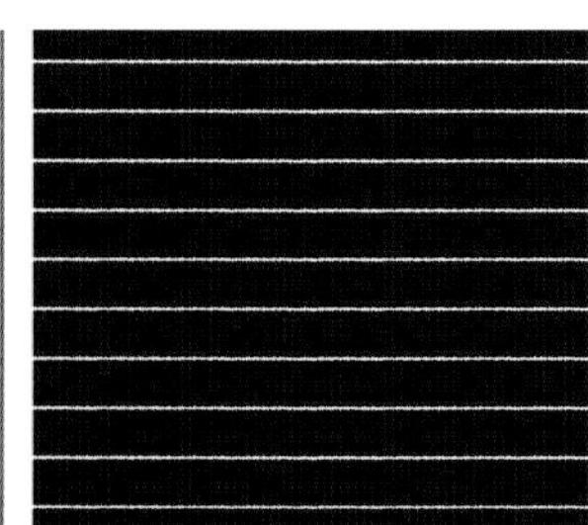

Chalk stripe
어두운 바탕에 흰 분필로 선을 그은 듯 윤곽이 희미해 보이는 줄무늬

Candy stripe
보통 흰색 천에 선명한 원색의 줄무늬를 3mm 정도의 간격으로 배열

Block stripe
아주 넓은 두께와 간격의 줄무늬가 연속으로 구성. 주로 캐주얼 셔츠에 사용

Thick & Thin stripe
두께가 다른 두 가지의 줄무늬가 번갈아 배열 된 것. 줄무늬 색이 다르면 얼터네이트

Alternate stripe
두 종류의 다른 줄무늬가 서로 번갈아 배열된 줄무늬. 용도의 폭이 넓고 패턴의 변화도 다양함

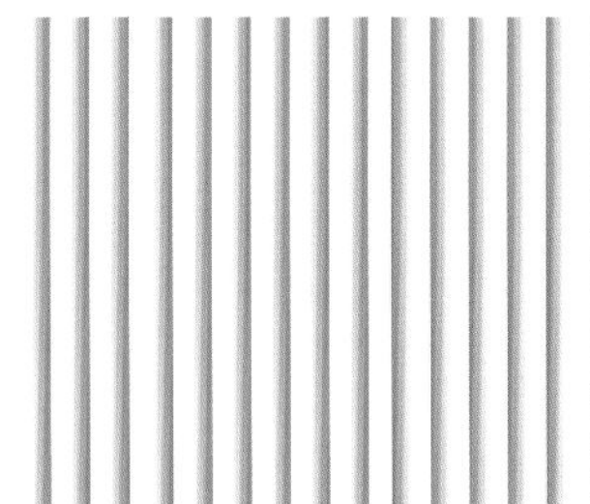

Shadow stripe
서로 꼬임이 다른 경사로 직조한 줄무늬 평직물로, 빛의 각도에 따라 문양이 달라 보임

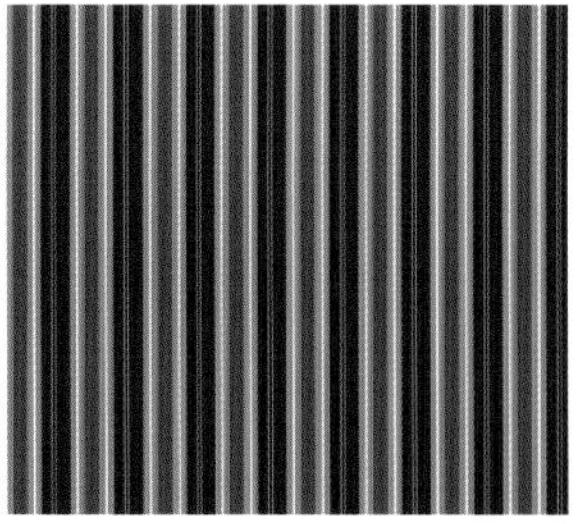

Cascade stripe
줄무늬의 한쪽 혹은 양쪽에서 차차 가늘어지는 줄무늬. 유사한 톤과 상반된 색감을 규칙적으로 배열하여 번짐 효과를 만들어 냄

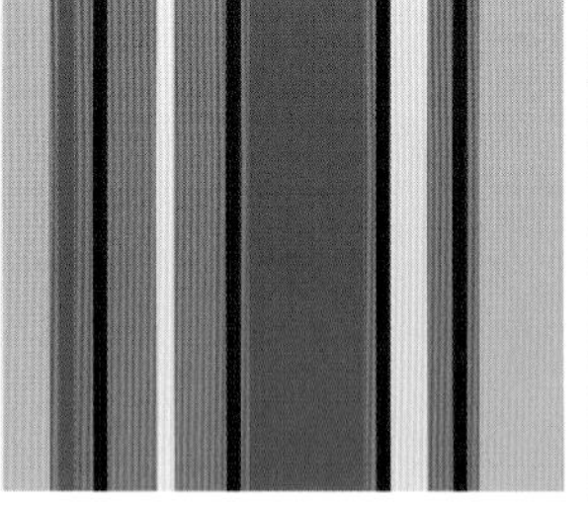

Multi stripe
줄무늬가 불규칙적으로 계속 변형되는 스트라이프. 화려함과 특별함 부여

Barcode stripe
바코드 형태를 이용한 줄무늬. 기본은 흑백이지만 다양한 배색을 이용하기도 함. 좁은 간격과 불규칙한 배열이 특징

체크 패턴

Hound's tooth
체크의 형태가 사냥개 이빨처럼 보이는 데서 유래

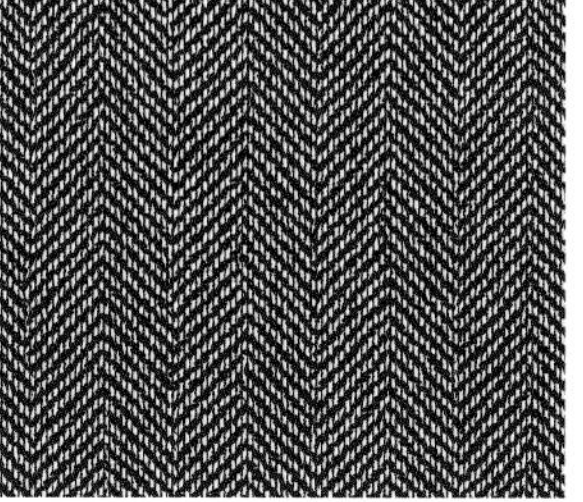

Herring bone
'청어의 뼈' 란 뜻으로 제직 형태가 그와 흡사한 데서 유래. 슈트, 재킷, 코트 등 주로 겨울용 의류감으로 쓰임

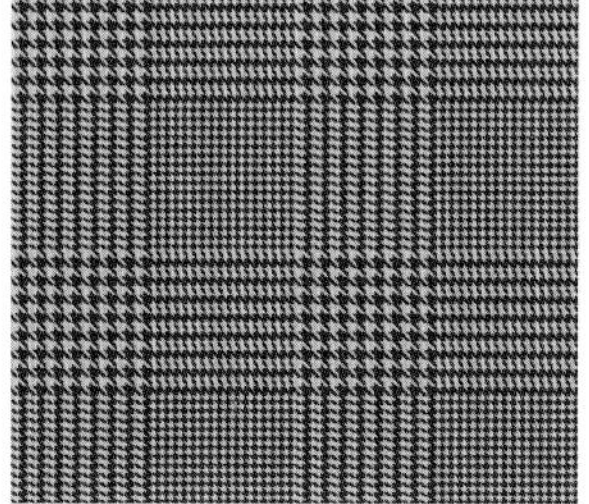

Glen
작은 격자로 구성된 큰 격자무늬, 스코틀랜드의 글레니 카트 체크의 약칭

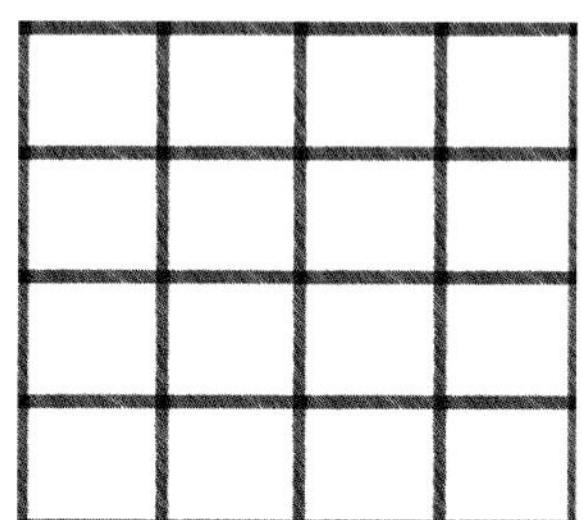

Window pane
창유리모양의 격자무늬, 가느다란 한 줄의 세로줄무늬와 가로 줄무늬가 교차해서 생긴 무늬

Tartan
스코틀랜드 씨족에 전해지는 전통무늬

Gingham
흰색과 다른 색 하나 또는 여러 색의 경사(세로실)와 위사(가로실)로 구성되는 면 등의 가로, 세로 같은 간격의 작은 격자무늬

Argyle
정식 명칭은 아가일 플래드, 화려한 색채 배합에 따른 마름모 무늬

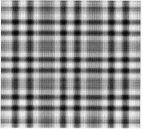

Ombre
한 가지 색의 농담으로 된 격자무늬로 기본이 되는 선의 한쪽이나 양쪽이 점차 바탕색에 녹아들어가는 것 같이 보임

그 외 패턴 종류

Paisley
식물 형태로부터 개발한 작은 물방울 형태의 무늬. 스카프나 숄에 많이 사용. 원래 페르시아에서 유래

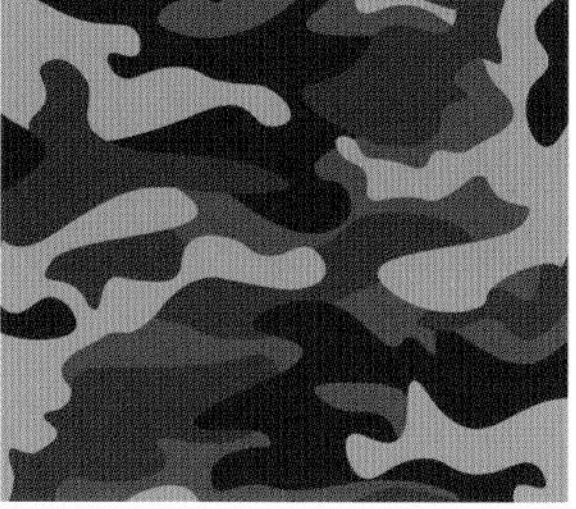

Camouflage
원래 전투 시 적으로부터 몸을 은폐할 목적으로 주변 환경과 유사한 색상, 무늬로 디자인한 것

Ethnic
이국적인 이미지를 주며 중국, 티베트, 인도, 아프리카, 인디언 등의 고유의 문양과 색상을 연상시키는 디자인

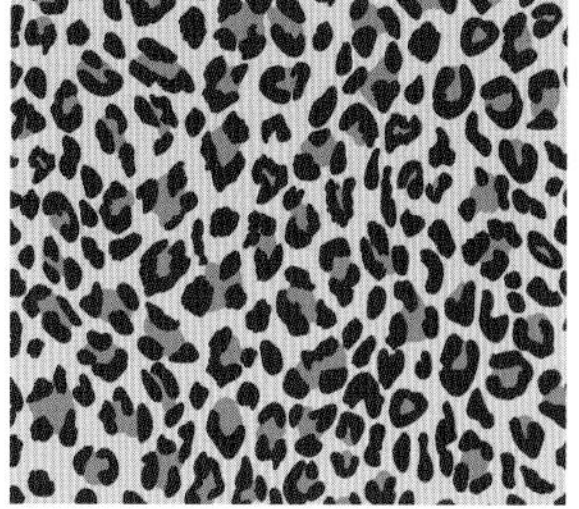

Leopard
고양잇과의 맹수인 표범의 불규칙한 황색 바탕과 검은색 반점을 모티프로 한 디자인

BODY IMAGE STYLING

CHAPTER 6
신체 이미지 스타일링

체형은 골격의 크기와 굵기에 따라 이루어진 체격에 근육과 피하지방이 포함된 것으로, 전반적인 체형이 인체의 매력을 결정한다. 체형은 다이어트나 운동에 의해 달라질 수 있지만 인간은 각자 타고난 골격이 다르기 때문에 노력한다고 해서 누구나 이상적인 체형이 될 수는 없다. 불가능한 목표를 설정하거나 자신의 체형을 타인의 체형과 비교하는 것은 어리석은 일이다. 내게 가능한 최상의 신체를 갖기 위한 노력은 기울이되 자신의 신체를 있는 그대로 받아들이고 사랑해야 한다. 완벽하지 않은 체형을 가졌더라도 패션을 즐길 수 있으며 패션으로 자신을 표현할 수 있다.

이 장에서는 먼저 자신의 신체를 객관적으로 파악해서 장점과 단점을 알아본 후 장점은 살리고 단점은 보완하는 스타일링 방법에 대해 알아보겠다. 신체 비례와 신체 실루엣에 따른 패션 스타일링, 얼굴형에 맞는 헤어스타일, 화장과 안경을 이용한 스타일링을 소개하겠다. 그리고 자신의 신체색을 진단해 보고 자신의 신체색에 맞는 패션 스타일링을 생각해 보자.

신체 비례에 따른 스타일링

신체 비례 체크하기

가브리엘 샤넬은 "패션은 건축이다. 패션은 비례의 문제이다."라고 했다. 즉, 신체의 비례와 의상이 적절한 비율로 연출되었을 때 가장 아름답다. 신체의 비례를 측정하는 데 기본이 되는 두신지수와 상 · 하체의 비율 그리고 신체 각 부분 사이의 연관관계를 알아보고 이를 고려한 패션 스타일링을 살펴보겠다.

두신지수

신장에 대한 머리길이의 비율을 두신지수라 한다. 머리의 크기를 1로 보았을 때 키가 머리 크기의 몇 배인지를 말하는 것이다. 신장은 달라도 남녀 모두 평균적으로 유사한 비례를 지니는데, 평균적으로 7~7$\frac{1}{2}$등신 정도이다.

상체와 하체의 비례

키, 두신지수와 함께 패션 스타일링에 있어 중요한 것이 상체와 하체의 비례이다. 여성의 허리선은 유두에서 배꼽 사이의 1/3 위치에 해당하며, 남성은 1/6 위치에 해당된다.

신체 각 부분 간의 비례

신체 각 부분 간의 연관관계를 알아본다. 목의 길이와 두께, 어깨너비, 가슴둘레, 허리둘레, 힙둘레, 팔다리의 길이 및 두께, 배의 크기 그리고 여성의 경우 가슴의 크기 등 신체의 각 부분은 개인에 따라 차이가 있다.

1 키
2 머리
3 상·하체 비율
4 목
5 어깨
6 가슴
7 팔
8 다리
9 허리
10 배

신체 각 부분 간의 비례

재킷이나 코트 길이의 변화, 부츠나 벨트를 이용해 신체 비례에 변화를 줄 수 있다.

신체 비례에 따른 스타일링

키

키가 큰 사람은 상 · 하의를 다른 색상으로 분할하거나 가능한 한 아래쪽으로 시선을 유도하여 더 길어 보이지 않도록 한다. 상 · 하체의 균형이 잘 잡혔다면 옷과 대비되는 색의 벨트를 사용해 시선을 분리하면 좋다. 분리할 때는 황금비율인 2 : 3이나 3 : 5가 되도록 한다. 키가 크고 마른 여성이 원피스를 입으면 키가 너무 커 보일 수 있으므로 주의하며, 원피스는 심플한 라인의 밝은 컬러, 짧은 길이를 선택한다.

가로 효과를 주는 보트넥이 효과적이며 트리밍은 수평 처리한다. 크고 대담한 문양, 뚜렷한 액세서리, 형태감 있는 직물을 권한다. 구두나 스타킹 등 하의에 독특한 디자인이나 색상으로 악센트를 준다.

키가 작은 사람은 상 · 하의를 같은 색상으로 입는 것이 좋으며 상 · 하의 비율은 4 : 6이 되도록 한다. 광택소재의 상의, 지나치게 화려한 장식이나 패턴의 상의, 볼륨이 너무 큰 옷은 몸집을 부풀리고 키를 더 작아 보이게 하므로 피한다. 하이 웨이스트의 원피스, 밝은 이너웨어는 시선을 위쪽으로 끌어올려 키를 커 보이게 한다.

시선을 길이 방향으로 유도하는 V네크라인, Y라인, H라인이 좋으며 디테일과 트리밍도 수직방향으로 처리하는 것이 좋다. 즉, 긴 세로 지퍼, 세로로 길게 배열한 단추, 롱 카디건, 긴 스카프는 세로 효과를 극대화한다. 단순하고 깨끗한 라인의 의상, 작은 문양, 크지 않은 액세서리, 텍스처가 두드러지지 않는 소재가 좋으며, 헤어스타일은 너무 부풀리고 화려한 것보다는 단정한 편이 잘 어울린다.

1 명도가 낮은 하의와 명도가 높은 상의는 시선을 높은 명도의 상체 쪽으로 유도하여 키가 커 보이는 효과를 준다.
2 수직으로 떨어지는 긴 머플러는 세로 효과를 만들어 키를 커 보이게 한다.
3 짧은 볼레로 재킷은 하체를 길어 보이게 해서 키를 커 보이게 한다.
4 Y라인은 시선을 수직방향으로 이동시켜 키가 커 보이게 하며, 짧은 바지나 스커트는 다리 부분을 길게 노출시켜 다리가 길어 보이게 한다.

상 · 하체 비례

다리가 긴 여성은 선망의 대상이지만 대체로 허리가 짧아 허리에 조금만 살이 있어도 허리 라인이 없어 보인다. 프린세스 라인이나 페플럼이 있는 재킷처럼 허리선을 살릴 수 있는 디자인을 권한다. 블루종 스타일의 튜닉, 허리를 지나가는 긴 상의와 원피스, 로 웨이스트에 골반에 느슨하게 걸치는 벨트 등 허리를 길게 수직방향으로 연장시키는 디자인도 잘 어울린다.

다리가 짧고 허리가 긴 사람은 허리선이 높은 하이 웨이스트 스커트나 원피스, 볼레로 스타일의 짧은 재킷이 좋고, 블라우스와 셔츠는 스커트와 팬츠 안에 넣어 입으며, 팬츠는 커프스가 없는 것으로 선택하고 바지의 길이는 길게 한다. 스웨터와 셔츠 자락을 밖으로 빼어 입을 때에는 길이가 길지 않게 하며, 넓은 벨트를 허리에 매어 상반신을 수평으로 분할하는 것이 좋다. 롱스커트보다는 다리를 많이 드러내는 미니스커트나 숏팬츠를 입으며 7부 바지는 피하는 것이 좋다. 피부색과 유사한 톤의 신발은 다리 길이를 연장시켜 주며 낮은 굽보다는 하이힐이 다리를 길어 보이게 한다.

1 페플럼이 있는 상의는 허리선을 살려준다.
2 골반에 걸치는 로 웨이스트 바지는 다리가 긴 여성에게 어울린다.
3 하이 웨이스트 스커트는 하체를 길어 보이게 한다.
4 7부나 8부 바지는 다리를 짧아 보이게 한다.

1 긴 목에는 가로선을 만드는 초커가 잘 어울린다.
2 목이 긴 체형은 하이네크라인이 어울린다.

목

목이 짧고 굵은 체형은 목 주변에 공간을 확보하는 것이 포인트이다. 네크라인이 깊이 파인 U자나 V자형을 선택하며, 셔츠는 단추를 오픈하여 목을 많이 노출시킨다. 하이 네크라인, 목 주변에 보 장식, 프릴, 큰 목걸이, 어깨 견장, 큰 어깨패드는 목을 더 짧아 보이게 한다. 긴 목에는 하이 네크라인이나 터틀넥, 보, 프릴, 타이 칼라가 잘 어울리며 스카프나 머플러로 목 주위를 풍성하게 연출하면 멋을 살릴 수 있다. 재킷이나 칼라의 깃은 세우고, 귀고리는 크고 흔들리는 형을 선택해 시선을 가로로 분산시키는 것도 좋다.

3 조끼와 같이 어깨를 수직으로 분할하는 디자인은 넓은 어깨를 좁아 보이게 한다.
4 견장 디테일과 어깨선이 연장되는 프렌치 슬리브는 어깨를 넓어 보이게 한다.

어깨

어깨가 넓은 여성은 돌먼 슬리브나 민소매, 상의 위에 레이어링한 조끼나 볼레로로 어깨선이 분할되는 효과를 줄 수 있다. 프린세스 라인 같은 수직선의 절개나 높게 달린 슬리브, U자나 V자 네크라인이 어깨를 좁아 보이게 하며, 보트 넥이나 큰 칼라, 어깨 주위의 장식은 피한다.

어깨가 좁으면 상대적으로 머리가 커 보이고, 체격이 왜소해 보이므로 수평선의 효과가 나는 장식이나 디테일로 어깨에 넓이감을 준다. 어깨 패드가 들어간 상의, 프렌치 슬리브, 탭 장식, 큰 칼라, 보트넥, 퍼프소매, 캡소매처럼 어깨에 볼륨감을 주는 디자인을 선택한다.

가슴

빈약한 가슴을 가진 여성은 볼레로 재킷이나 케이프 같은 상의로 가슴의 빈약함을 보완할 수 있으며, 숄칼라, 요크, 러플이나 프릴, 셔링 등의 디테일로 풍성함을 더할 수 있다. 가슴 부위에 여러 줄의 목걸이를 하거나 상의를 여러 개 레이어링해 입는 것도 볼륨을 줄 수 있는 방법이다.

가슴이 커서 맵시가 나지 않는 체형은 너무 밀착되는 니트나 면 셔츠보다는 헐렁한 스타일을 택한다. 풍만한 가슴을 강조하고 싶으면 상의와 하의의 볼륨감에 대비적인 조화를 이루기 위해 허리를 알맞게 조이는 것도 효과적이다.

팔과 다리

굵은 팔을 가진 여성에게는 7부나 손목뼈까지 오는 긴 소매, 팔을 드러내는 민소매, 래글런 소매나 기모노 소매, 진동과 소매통이 적당히 여유 있는 디자인이 좋다. 캡소매나 퍼프 소매는 팔을 굵어 보이게 한다.

다리가 굵은 사람은 허리에서 발끝까지 같은 색으로 연출하며, 꼭 붙거나 두꺼운 소재는 피한다. 스커트의 단이 다리의 가장 굵은 곳에서 끝나지 않도록 하며 화려한 단 장식은 시선을 다리보다는 장식에 머물게 한다.

허리

허리가 굵은 경우에는 시원하게 파인 네크라인이 좋으며, 화려한 장식이나 스카프, 브로치 등을 이용해 시선을 올려 준다. 약간 여유가 있는 H라인도 좋고, 펑퍼짐하고 큰 일자형보다는 허리 라인이 살짝 들어간 편이 오히려 허리가 가늘어 보인다.

배

배가 나온 체형의 경우 무조건 굵은 허리를 감추기 위해 박스형 상의만을 고집하면 더욱 뚱뚱해 보일 수 있다. 허리 라인을 살짝 살린 싱글 브레스트 재킷을 입고 버튼을 하나 정도 채운다. 티셔츠나 블라우스는 바지나 스커트 속에 입기보다는 밖으로 꺼내 입는다. 허리 라인을 노출하고 싶지 않다면 박스형 상의에 슬림한 바지나 스커트로 하반신을 날씬하게 강조한다. 주름치마는 피하는 것이 좋은데 꼭 입고 싶다면 엉덩이선 중간부터 주름이 있는 스타일을 택한다. 상의를 짙게 입고 하의를 옅게 입으면 시선을 아래로 유도할 수 있다.

1 2

1 가슴에 러플 장식이 있는 블라우스는 가슴이 작은 체형을 보완해 준다.
2 견장 장식과 가슴 부분에 볼륨감을 살린 포켓이 달린 상의는 빈약한 상체를 보완해 준다.

1 퍼프소매는 팔을 굵어 보이게 한다.

2 다리가 굵은 여성은 스커트로 다리의 굵은 부분을 가리는 것이 좋다. 수직 방향의 단추와 같은 디자인은 하체를 길어 보이게 하는 효과를 준다.

3 두드러진 부츠로 하체를 분할하면 다리가 더 짧아 보일 수 있다.

4 허리에서 발끝까지 같은 색상으로 연출하는 것이 다리가 길어 보인다.

5 배가 나온 체형에는 배를 덮는 길이의 적당히 피트되는 상의가 좋으며, 밝은색 하의와 짙은 색상의 티셔츠의 매치는 시선을 아래로 유도한다.

6 박스형 상의에 스키니 바지를 매치하면 배를 커버하면서도 전체적으로 슬림하게 보일 수 있다.

7 시원하게 깊이 파인 네크라인으로 굵은 허리를 보완할 수 있다.

8 허리선이 살짝 들어간 원피스는 허리를 가늘어 보이게 하며, 목선이 깊이 파인 Y-라인은 세로 효과를 준다.

신체 실루엣에 따른 스타일링

자신이 바라는 이미지와 실제 이미지의 차이를 파악하는 것은 '어느 부분을 어떻게 보완할 것인가'에 대한 답을 찾는 것이다. 적절한 옷을 선택하려면 우선 자신의 전체적인 실루엣상의 특징을 파악하는 일이 필요하다.

체형이 드러나 보이는 옷을 입고 전신 거울 앞에 서서 자신의 신체 실루엣을 바라보면 손쉽게 자신의 신체 실루엣의 특징을 파악할 수 있다. 전체적인 신체 실루엣을 기하학적 형태로 분류하고 이에 따라 스타일링을 생각해 본다.

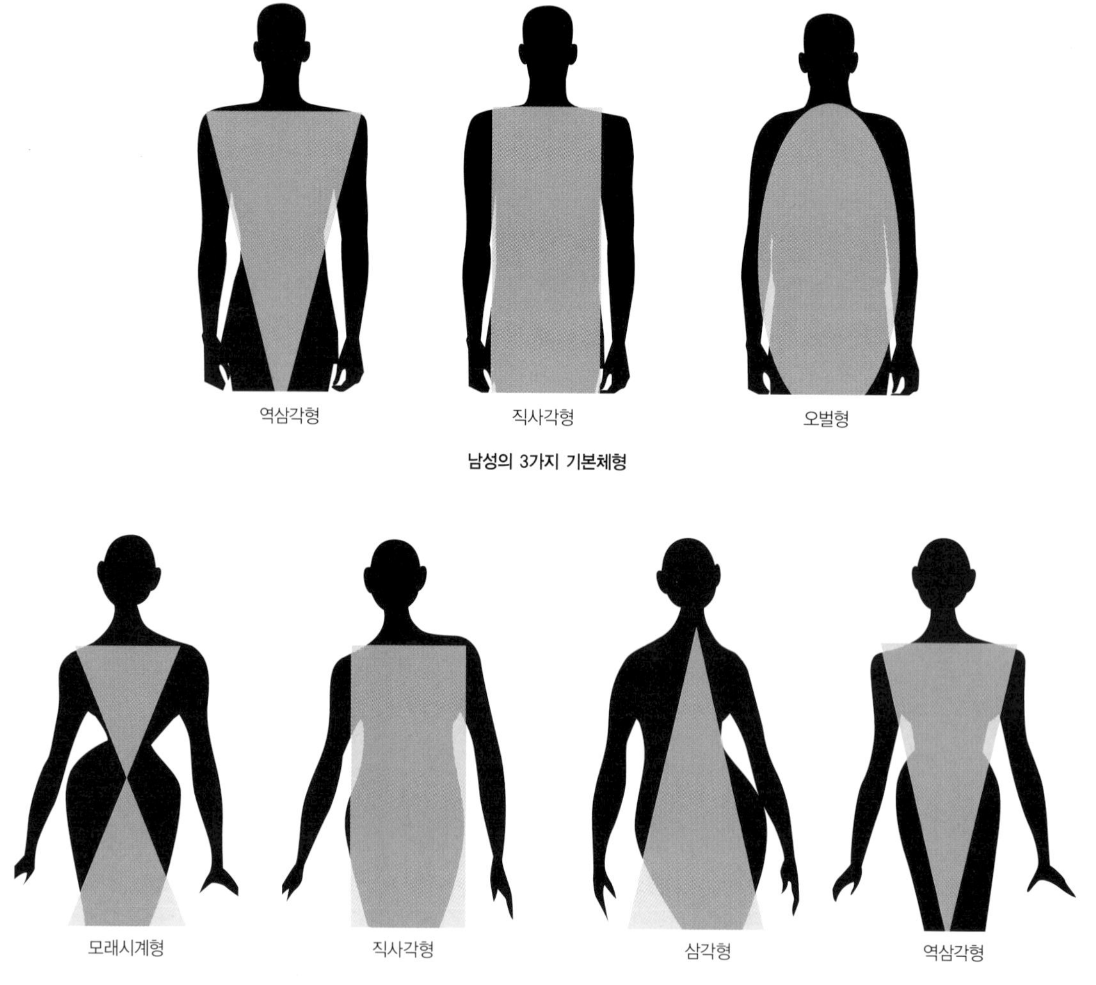

남성의 3가지 기본체형

여성의 4가지 기본체형

남성의 기본 체형과 스타일링

역삼각형은 어깨가 넓고 상체가 발달하여 남성미가 돋보이는 이상적인 체형이다. 가슴과 허리둘레의 차이가 18cm 이상이며 운동으로 가꾸어진 근육질의 몸매이다. 키가 작지만 않다면 어떤 스타일이든 잘 소화할 수 있다.

직사각형은 전체적으로 슬림한 직선형의 몸매이다. 어깨, 가슴과 허리의 차이가 많지 않아 가늘고 여윈 인상을 주거나 작고 왜소해 보일 수 있다. 어깨에 볼륨을 주고 허리를 가늘어 보이게 해 남성적인 매력을 살려 준다. 어깨 패드를 사용하거나 밝은 색 상의를 입는 것이 체형 보완에 도움이 된다. 머리를 단정하게 붙여 두상을 작아 보이게 하면 어깨가 넓어 보인다.

오벌형은 통통한 체형으로 어깨는 처진 편이며 허리둘레가 두껍다. 가슴둘레와 허리둘레의 차이가 13cm 이하로, 목이 짧은 형이 많다. 오벌형 체형은 세로로 길고 가는 직선적인 실루엣으로 보이게 하는 것이 가장 중요한 포인트이다. 상 · 하의를 같은 색상으로 매치해 시선을 수직방향으로 유도한다.

1 근육질의 역삼각형 체형을 돋보이게 하는 피트된 실루엣의 슈트
2 밝고 패턴 있는 상의와 행커치프, 셔츠로 상반신에 볼륨을 주어 직사각형 체형을 보완한 디자인
3 셔츠를 오픈해서 겹쳐 입어 세로 효과를 주는 Y라인. 오벌형 체형에 어울리는 적당히 피트되는 상·하의 같은 색상의 슈트

여성의 기본 체형과 스타일링

모래시계형 체형은 어깨와 힙 사이즈가 비슷하고 허리가 짤록한 체형으로 어떤 옷이나 잘 어울린다. 몸매의 곡선과 가느다란 허리를 강조하는 것이 효과적이다. 어울리는 스타일로는 허리선을 살린 재킷, 로 웨이스트 플레어가 있는 바지, 벨트형의 코트나 상의, 랩 스타일의 상의와 원피스 등이 있다.

직사각형 체형은 어깨, 허리, 엉덩이와 대퇴부의 넓이가 거의 같은 일직선의 체형이다. 가슴에 디테일을 주고 힙과 하체에 볼륨을 살리는 느슨한 실루엣으로 곡선의 착시현상을 만든다. 부드럽고 자연스러운 어깨선의 재킷과 코트, 프린세스 라인의 원피스와 코트, V네크라인 등이 잘 어울린다.

삼각형 체형은 한국 여성에게 가장 많은 체형으로, 대체로 좁은 어깨가 처져 있고 허리가 길고 가는 편이며 힙이 크고 허벅지가 굵다. 따라서 힙 부분을 감추고 빈약한 상반신에 볼륨을 살리는 것을 추천한다. 견장, 핀턱이 있는 재킷이나 코트, 퍼프소매 상의와 커다란 어깨 패드가 들어가 어깨가 연장된 디자인이 어깨를 보완해 준다.

역삼각형 체형은 어깨는 넓고 힙이 좁으며 다리가 가는 체형으로 하체가 상체에 비해 빈약하므로 하체에 볼륨감을 주며 상의는 심플한 라인으로 하고 몸에 피트되게 한다. 래글런이나 돌먼 슬리브의 코트나 재킷, 홀터 네크라인, 어깨를 분할하는 디자인의 상의, 플레어나 개더 등 볼륨 있는 스커트나 넉넉한 바지가 좋다.

1 모래시계형 체형은 몸에 밀착되어 실루엣을 살리는 스타일이 좋다.
2 직사각형 체형은 허리라인을 살려주는 디자인이 좋다.
3 어깨를 강조하는 재킷은 좁은 어깨를 보완해 주며, 슬림한 블랙팬츠는 하체를 날씬하게 보이게 한다.
4 역삼각형 체형은 상체를 슬림하게 하고 하체에 볼륨을 살리는 실루엣이 여성스러움을 살린다.

1 상체가 피트되고 하체가 풍성한 스타일은 직사각형 체형과 역삼각형 체형에 어울린다.
2 허리선을 살린 디자인으로 어느 체형에나 어울리는 실루엣이다.
3 상반신이 피트되고 하의가 넉넉한 디자인은 역삼각형이나 직사각형 체형을 보완해 준다.
4 어깨가 좁은 삼각형 체형에 어울리는 스타일이다.
5 넓은 어깨를 분할하는 민소매는 어깨가 넓은 역삼각형이나 직사각형 체형에 어울린다.
6 상체를 축소시키는 검은색 탑과 명도가 높은 넓은 스커트
7 좁은 어깨의 삼각형 체형에 어울리는 디자인으로 대각선의 단추가 키를 더 커보이게 한다.
8 어깨가 강조된 롱코트는 좁은 어깨의 삼각형이나 모래시계형에 잘 어울린다.

얼굴형에 따른 스타일링

묶거나 핀을 꽂아 머리를 뒤로 빗어 넘긴 다음 목선이 낮은 옷을 입고 거울 앞에 서서 수성 펜으로 자신의 얼굴 윤곽선을 그려 본다.

사각형

양 턱이 돌출되어 각을 이룬 사각형 얼굴은 강한 인상을 준다.

헤어스타일

적당히 긴 머리가 좋으며 가벼운 컬과 층으로 얼굴 윤곽을 부드럽게 감싸는 것이 좋다. 양쪽 머리에 살짝 볼륨을 주어 전체를 둥글게 하고 옆머리로 귀를 반쯤 덮어 준다. 앞머리를 시원스럽게 드러내 시선을 위로 끌어올리도록 한다. 여성의 경우 스트레이트 단발머리는 피한다.

화장

눈썹은 부드러운 화살 모양으로, 아이섀도는 눈꼬리 쪽을 향해 위쪽으로 칠한다. 볼터치는 광대뼈를 따라 넓게 칠하며 각진 턱을 어둡게 표현해 각을 완화시킨다. 립스틱은 중앙이 도톰하도록 바른다.

안경 & 패션

사각형 안경은 피하고, 가벼운 오벌형, 둥근형, 양끝이 올라간 캣아이형이 좋다. 귀고리는 오벌이나 링과 같이 둥근 형태를, U네크라인, 숄칼라, 둥근 셔츠 칼라를 권한다.

역삼각형

이마와 광대뼈가 넓고 턱이 뾰족한 역삼각형 얼굴은 깔끔하고 세련되어 보이며 도시적 이미지를 풍기지만 지나치게 날카로워 보이거나 얌체처럼 보일 수 있다.

헤어스타일

이마를 올백으로 드러내거나 윗머리를 풍성하게 하면 넓은 이마가 강조되어 몸에 비해 머리가 커 보일 수 있다. 앞머리는 가볍게 내리고 머리 윗부분은 자연스럽게 머리에 붙게 한다. 머리카락으로 턱선 부분에 볼륨을 살리는 단발이나 긴 머리가 좋다.

화장

눈썹은 약간 짧은 듯하게 아치형으로 그린다. 아이섀도는 눈두덩이 중앙에 하이라이트를 주고 눈 바깥쪽을 둥글게 칠하며 뺨에는 동그랗게 볼터치를 한다. 라이너를 사용해 입술은 넓게 칠하며 립글로스를 칠해 입술에 볼륨을 준다.

안경 & 패션

안경테가 관자놀이 밖으로 나가지 않는 것으로, 화려한 패턴과 컬러보다는 테가 없거나 가벼운 것이 좋다. 귀고리는 턱선에 시선을 집중시킬 수 있는 커다란 것이 좋으며, 목이 길다면 달랑거리는 귀고리가 좋고 둥근 링 디자인을 선택한다. 라운드 네크라인, 드레이프 칼라, 홀터 네크라인이 잘 어울리며 셔츠 칼라도 좋다.

동그란 형

짧은 얼굴에 둥근 뺨을 가진 동그란 형은 귀엽고 어려 보인다. 부드러운 곡선이 매력적이나 헤어스타일과 화장으로 갸름하고 분위기 있는 얼굴로 연출 가능하다.

헤어스타일

둥근 얼굴을 가리는 옆가리마와 비대칭 앞머리가 좋다. 여성의 경우 커다란 웨이브 파마나 둥근 단발머리, 앞머리가 없는 긴 생머리는 얼굴을 더욱 동그랗게 보이게 할 수 있으므로 피한다. 남성은 머리 앞부분부터 정수리에 걸쳐 위로 볼륨을 주고 옆머리는 무스나 젤을 발라 뒤로 붙여 준다. 옆머리는 귀를 덮지 않게 짧게 잘라 주고 앞머리를 얼굴선을 따라 내리면 얼굴이 길어 보인다.

화장

눈썹은 바깥쪽 끝이 아래로 처지지 않도록 직선형으로 그린다. 아이섀도는 바깥을 향해 위쪽 대각선으로 칠한다. 볼터치는 광대뼈를 따라 입꼬리를 향해 사선으로 칠하며, 광대뼈 위에 밝게 하이라이트를 해 준다. 립 라이너를 사용하면 입술이 넓고 얇아 보이도록 할 수 있다.

안경 & 패션

볼륨이 큰 안경은 양 볼을 통통해 보이게 하므로 피하고, 둥근형보다는 약간 넓은 직사각형 테나 캣츠 아이형이 좋다. 목이 길다면 달랑거리는 각이 진 형태의 귀고리를 택하며 둥근 링 귀고리는 피한다. V네크라인과 테일러드 칼라가 얼굴을 길어 보이게 하며 셔츠의 경우는 단추를 풀고 입으면 좋다.

긴 형

이마나 턱이 길게 발달하고 좁고 갸름한 얼굴로 성숙하고 침착한 인상을 준다. 얼굴을 더 짧고 둥글게 보이도록 하는 것이 포인트이다.

헤어스타일

여성은 윗머리를 부드럽게 층을 내고 귀 부분을 풍성하게 만든 형태가 좋다. 이마를 드러내고 앞가르마를 탄 긴 스트레이트 스타일은 얼굴을 더욱 길어 보이게 한다. 자연스럽게 내린 앞머리나 뱅은 얼굴을 짧아 보이게 한다. 남성은 머리 정수리 부분을 낮게 하고, 머리카락을 이마 아래로 살짝 내려 옆머리는 볼륨을 준다. 긴 얼굴에는 덥수룩한 헤어스타일보다는 짧은 헤어스타일이 스마트해 보인다.

화장

눈썹은 아이브로 펜슬로 눈꼬리보다 약간 길고, 두껍지 않게 그린다. 아이섀도는 눈의 안쪽에서 바깥쪽으로 수평으로 여러 색상을 층층이 칠한다. 볼터치는 광대뼈를 따라 가로로 길게 해 준다. 입술은 실제 입술보다 약간 통통하게 그린다.

안경 & 패션

안경은 얼굴 폭을 벗어나는 크기의 긴 스타일, 두껍고 큰 프레임이 어울린다. 귀고리는 볼륨을 더하는 곡선형이 좋으나, 길고 달랑거리는 스타일은 피한다. 라운드 네크라인, 보트 네크라인, 세일러 칼라, 쇼트 포인트 칼라에 윈저노트 타이, 탭 칼라가 어울린다.

턱에 각이 있는 사각형 얼굴은 자칫하면 날카로운 인상을 줄 수 있는데,
사각형 얼굴과 잘 어울리는 링귀걸이는
브라운 색상의 머리, 눈썹, 눈과 함께 부드러운 인상을 준다.

1
2
3
4

▲ 1 사각형 얼굴에 어울리는 둥근 안경
2 역삼각형 얼굴에 어울리는 크지 않고 가벼운 테의 안경
3 둥근 얼굴에 어울리는 각이 있는 사각형 테의 안경
4 긴 얼굴에 어울리는 얼굴 폭을 벗어나는 크기의 안경
5 사각형 얼굴에 어울리는 둥근 테 안경
6 긴 얼굴을 가로지르는 사각형의 두드러지는 큰 프레임이 있는 안경
7 둥근 얼굴에 어울리는 살짝 각이 있는 큰 프레임의 안경
8 넓은 이마를 보완하는 둥근 테 안경

◀
1 자연스럽게 내린 앞머리와 부드러운 컬이 있는 세미롱 헤어는 사각형 얼굴에 잘 어울린다. 반짝이는 립글로스로 입술의 볼륨을 살렸다.
2 넓은 이마를 살짝 덮는 과감하게 짧은 숏커트는 역삼각형 얼굴을 돋보이게 한다. 눈썹은 자연스럽게 하고, 좁은 하관을 보완하도록 입술을 도톰하게 살렸다.
3 둥근 얼굴에는 옆가르마가 잘 어울린다. 긴 머리에는 살짝 웨이브를 주었으며, 눈썹은 직선으로 하고 볼터치는 광대를 따라 대각선으로 칠했다.
4 긴 얼굴형에는 가로로 길게 눈썹을 그려 얼굴이 짧아 보이게 하며, 볼터치는 가로로 길게 그린다.

신체색에 따른 스타일링

신체색이란

인간은 누구나 태어날 때부터 자신만의 고유한 피부색, 머리카락색, 눈동자색을 지니는데 이것을 신체색(personal color)이라 한다. 자신을 돋보이게 하고 좋은 느낌을 주는 색채는 자신이 선호하는 색이 아니라 자신의 신체색에 어울리는 색이다. 자신에게 어울리는 색상을 선택하기 위해서는 신체색에 대한 진단과 이해가 필요하다. 자신에게 어울리는 색상은 피부색을 투명하고 혈색이 좋아 보이게 하며, 눈동자가 생기 있고 젊고 건강해 보이게 한다. 반면 어울리지 않는 색상은 피부색을 어둡고 칙칙하거나 창백해 보이게 하며 기미, 잡티 등이 두드러져 보일 수도 있다.

신체색의 속성

신체색의 온도감 : warm & cold

피부색, 모발색, 눈동자색 등의 신체색은 따뜻한 유형과 차가운 유형으로 나눌 수 있다. 따뜻한 유형은 피부가 노르스름한 황색 계열로 아이보리나 내추럴 베이지 계열이며, 모발과 눈동자색은 황색과 적갈색 계열이다. 차가운 유형은 피부가 흰빛과 푸른빛을 지닌 색으로 우윳빛이나 핑크 베이지 계열이고, 붉은빛이 도는 갈색 피부이며, 모발과 눈동자색은 회색, 와인 계열, 검정 계열이 주를 이룬다.

신체색의 명도 : light & dark

신체색상이 밝은지 어두운지를 구분한다. 피부색의 경우에는 흰 피부, 중간 피부, 어두운 피부로 구분한다.

신체색의 채도 : clear & muted

색상에서 느껴지는 것 외에 투명도에 따라 구분하기도 한다.

신체색상 간의 대비 : high & low contrast

신체색 간의 대비가 큰지, 작은지를 구분한다.

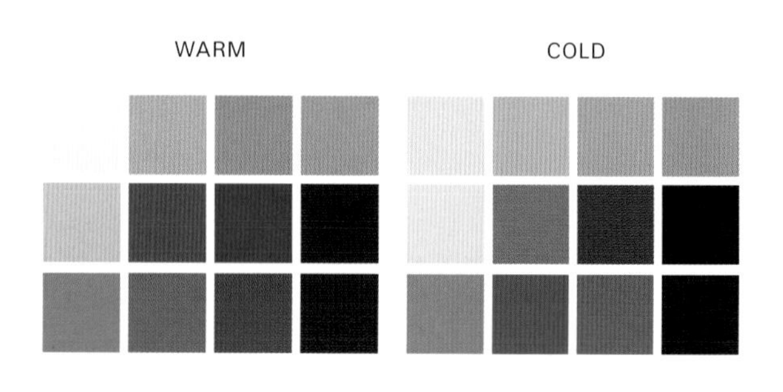

신체색의 자가진단

1) 피부색 진단 카드 분석

자연광이나 자연광에 가까운 조명에서 화장을 하지 않은 상태로 장신구를 제거한다. 흰색의 천으로 의복과 모발을 감싼 뒤 피부색 진단카드를 빰 부위에 가까이 대고 볼, 입, 코 주변의 피부색과 비교 분석한다.

2) 진단천을 이용한 분석

다양한 톤과 색상으로 이루어진 진단천으로 상체를 덮어 얼굴빛의 변화를 파악한다. 어울리는 색을 얼굴 가까이 대면 얼굴이 밝고 환하게 보이며, 반대로 어울리지 않는 경우엔 얼굴이 어둡고 칙칙하게 보인다. 먼저 골드와 실버 메탈 천을 어깨에 둘러 보면 자신의 신체색을 쉽게 진단할 수 있다. 골드가 어울리면 따뜻한(warm) 계열, 실버가 어울리면 차가운(cold) 계열로 볼 수 있다. 그리고 다양한 색상의 천을 어깨에 둘러본다.

3) 옷을 이용한 분석

옷장을 열고 다양한 색상의 옷을 몸에 대 보아 얼굴빛이 어떻게 변화하는지 관찰하면서 자신에게 어울리는 색상을 찾는다.

4) 립스틱을 이용한 분석

발랐을 때 오렌지색 립스틱이 더 어울리면 따뜻한 계열, 핑크색이 더 어울리면 차가운 계열로 볼 수 있다.

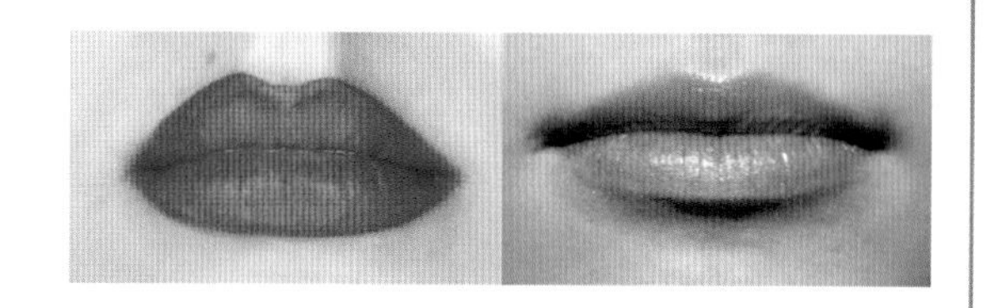

신체색의 종류

피부색

피부색은 헤모글로빈의 붉은색, 멜라닌으로 구성된 갈색과 카로틴의 황색이 겹쳐져 나타나는 것이다. 피부색이 푸르거나 붉게 보이는 것은 피부 층이 얇아 혈관의 정맥과 동맥이 비쳐 보이기 때문이며, 카로틴의 황색 색소는 피부색을 노랗게 하고 멜라닌 색소가 많을수록 피부색이 황갈색에서 흑갈색으로 변한다. 멜라닌 색소가 많은 따뜻한 계열의 피부는 혈색이 없어 보이며 기미나 잡티가 생기기 쉽다. 헤모글로빈이 비쳐 보이는 차가운 계열의 피부는 쉽게 붉어진다.

동양인의 경우 일반적으로 노르스름한 피부나 황갈색 피부라고 생각하지만 붉은빛이 도는 베이지나 푸른빛이 도는 베이지가 황색의 누르스름한 피부색보다 많다. 헤모글로빈 색소는 손바닥이나 귀에서, 멜라닌 색소는 손목 안쪽, 목, 이마에서 발견할 수 있다.

모발색

얼굴형에 따라 헤어스타일이 달라지듯 피부색에 따라 모발색도 달라져야 한다. 모발 색상에 따라 얼굴의 크기나 밝기, 투명도, 형색 등이 달라 보이며, 나이가 젊어 보이거나 인상이 부드러워지기도 한다. 모발색 역시 멜라닌 색소의 합성 정도에 따라 결정된다. 모발색은 황색이나 붉은 적갈색이 가미된 따뜻한 계열과 푸른빛의 검정이나 회색빛을 지닌 차가운 계열로 구분한다. 모발을 염색한 경우에는 현재 염색한 상태의 모발색과 원래의 색상을 모두 분석해야 한다.

눈동자색

눈동자는 홍채에 들어 있는 멜라닌 색소에 의해 결정된다. 백인종은 청색이나 회색 등 다양한 색이 존재하나 동양인의 경우에는 검정, 짙은 갈색 계열이 많으므로 크게 고려하지 않아도 되었다. 하지만 최근에는 컬러 렌즈를 착용함으로써 눈동자 색상을 피부색이나 모발색에 따라 변화시키기도 함에 따라 이미지 연출에 있어 변화가 가능해졌다. 눈썹의 색상도 탈색과 염색을 통해 밝은 색상으로 표현할 수 있다. 황색과 갈색은 따뜻한 계열, 파랑과 초록, 회색은 차가운 계열이다.

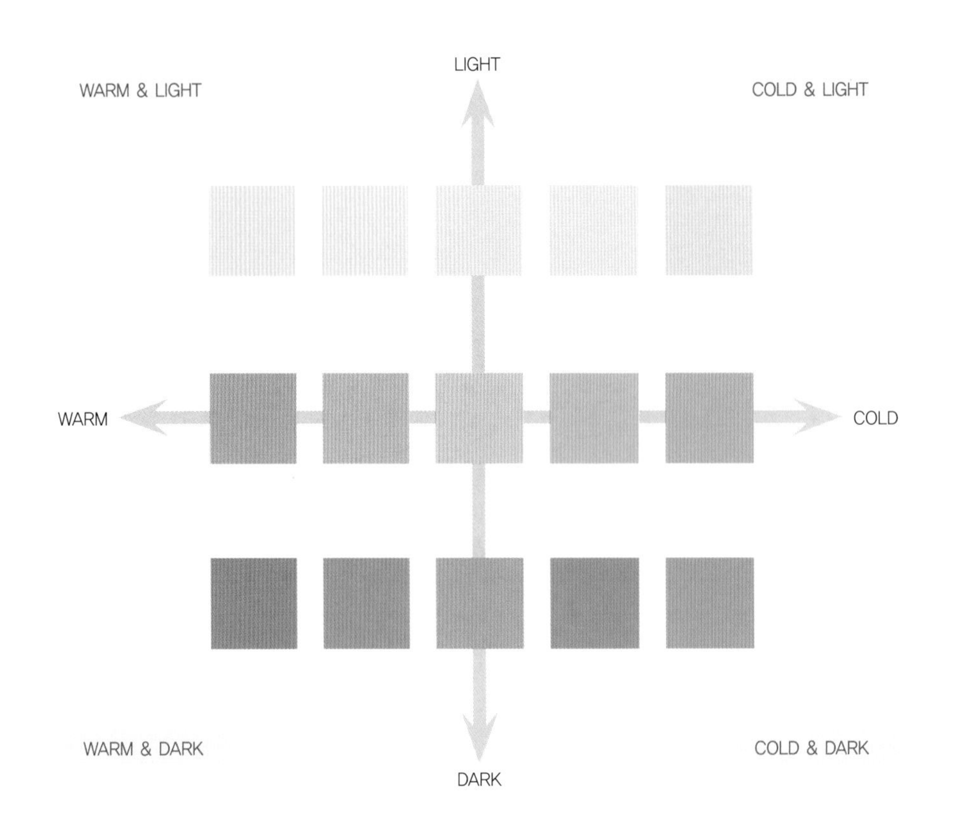

동양인의 피부색 분포

1 따뜻한 느낌의 모발색

2 차가운 느낌의 모발색

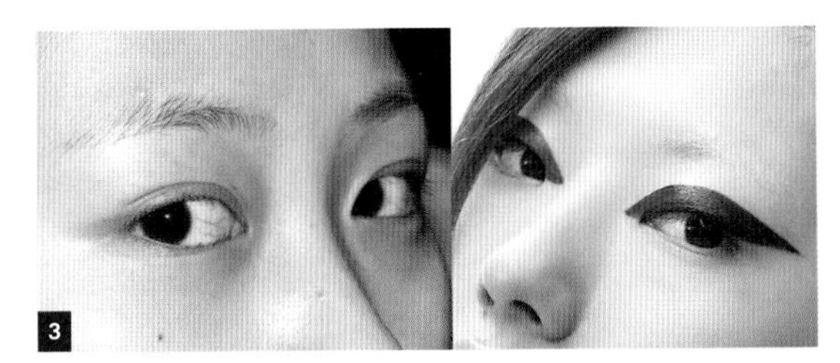

3 따뜻한 느낌의 눈동자색

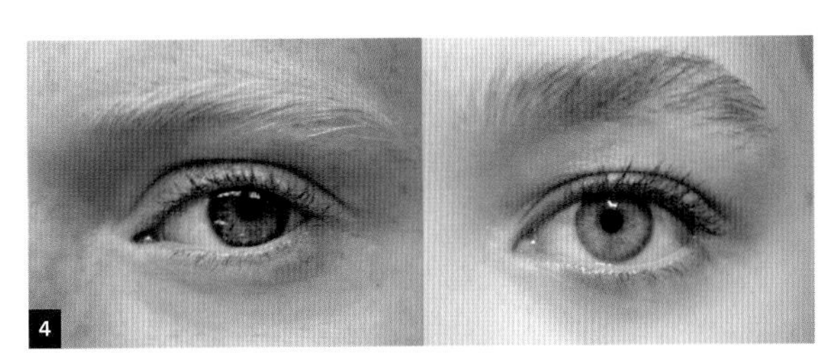

4 차가운 느낌의 눈동자 색

신체색에 따른 스타일링

색상의 온도감에 따른 스타일링

색을 따뜻한 색과 차가운 색으로 구분하는 것은 색상환에서 보이는 1차적인 색의 온도감으로 구분하는 것이 일반적이다. 노랑, 주황, 빨강 계열은 따뜻한 계열에, 초록, 파랑, 보라는 차가운 계열에 속한다. 따듯한 계열에 속하는 빨강이지만 노란색이나 파란색이 얼마만큼 섞여 있느냐에 따라 따뜻한 빨강과 차가운 빨강으로 나눌 수 있다. 신체색이 차가운 계열에 속하는 사람에게는 노란색이 가미된 주홍빛의 빨강보다는 파란색이 가미된 보랏빛이 도는 빨강이 잘 어울린다. 빨강에 노랑이나 주황을 가미하면 따뜻한 느

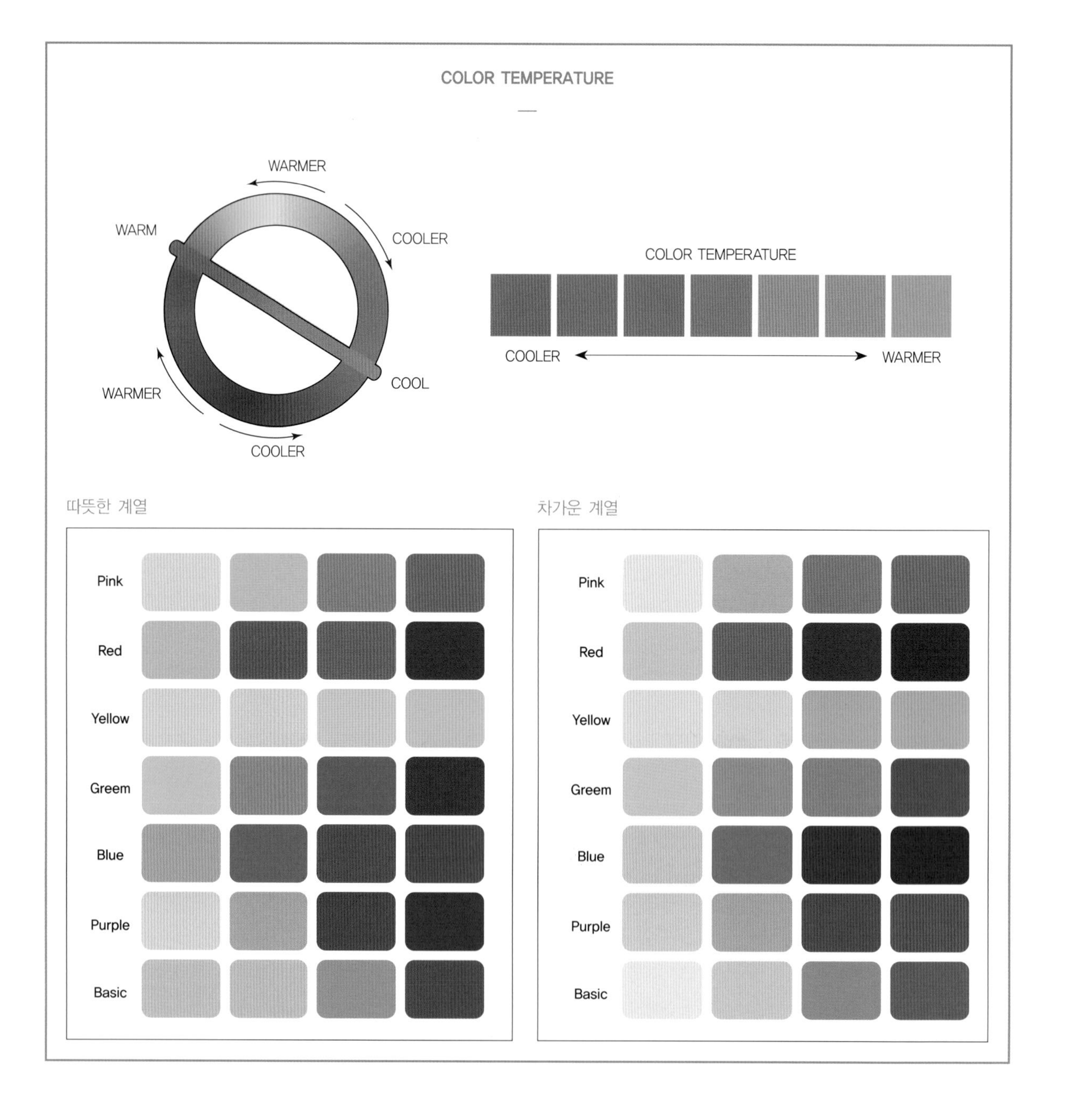

낌의 빨강이지만 검정, 파랑, 보라를 섞으면 차가운 느낌의 빨강이 된다.

실버와 골드

실버와 골드, 브론즈는 주로 액세서리에 많이 사용되는데 피부색에 따라 따뜻한 계열은 골드나 로즈핑크 톤이, 차가운 계열은 실버가 잘 어울린다. 자신의 신체색에 어울리도록 실버와 골드, 브론즈 색상을 코디네이션에 활용하면 얼굴을 돋보이게 할 수 있으며 자신만의 독특한 감성을 섬세하게 표현할 수 있다.

실버와 골드를 활용한 패션 코디네이션

1 2
3
4 5
6

색상의 온도감에 따른 스타일링

- **따뜻한 계열** : 대체로 노랑, 주황, 빨강, 골드 등 따뜻한 색상을 배색하는 것이 어울린다.
- **차가운 계열** : 대체로 파랑, 초록, 보라, 실버 등 차가운 색상을 배색하는 것이 어울린다.

신체색의 대비에 따른 스타일링

대비는 주로 피부색과 모발색의 명도 차에 의해 상대적으로 결정된다. 일반적으로 피부색이 밝고 모발색이 검을수록 명도차가 커지고 대비는 높아진다. 눈이 큰 사람과 눈썹이 진한 사람은 대비가 높다. 신체색 간의 대비 정도가 그 사람의 인상을 좌우한다. 대체로 대비가 크면 날카로운 인상을, 대비가 적으면 부드러운 인상을 준다. 신체색 간의 대비 정도를 의상의 코디네이션에 적용하면 나만의 독특한 스타일링을 연출할 수 있다.

이 페이지에 제시된 신체색 스타일링 사진 중에서 신체색 대비와 스타일링이 가장 멋지게 조화된 사진은 어떤 것인가? 내가 추구하는 이미지에 맞는 사진은 몇 번 사진인가?

6 7
8
9
10 11

FASHION IMAGE STYLING

CHAPTER 7
패션 이미지 스타일링

다른 사람에 비해 아름다워지고 싶고 멋지게 보이고 싶은 것은 인간의 본능이다. 사람들의 미의식은 개인에 따라 다르고, 그 차이를 개성이라고 부른다. 패션계에서는 이러한 미의식을 '감성'이란 말로 표현하고 있다. 사람들의 마음속에는 여러 가지 감성이 있기 마련이다. 다양한 문화를 표현하고 싶어 하는 이국적인 감성, 개성이 강하며 미래지향적인 감성, 현대적이고 지성미를 존중하는 모던한 감성, 활동적이고 자유분방한 스포티 감성, 여성스럽고 기품 있는 우아한 감성, 낭만을 좇는 동화 속 여주인공 같은 로맨틱한 감성, 남성 취향의 절제되고 정적이며 중성적인 느낌의 매니시한 감성, 자연 생활을 그리워하고 목가적 정취와 야성미를 느끼게 하는 내추럴한 감성 등이 있다. 이러한 감성을 패션 스타일링 맵과 이미지 맵을 통해 이해하고 패션 스타일링에 적용해 자신에게 가장 잘 어울리는 이미지를 연출해 보자.

패션 스타일링 맵과 패션 이미지 스타일링

패션 스타일링 맵은 인간의 감성을 중심으로 한 여러 가지 트렌드를 다음과 같이 하나의 그림으로 나타낸 것이다. 패션 스타일링 맵을 편의에 따라 크게 3개의 축으로 나눈 후, 각각을 'Contemporary/Tradition', 'Mannish/Feminine', 'Natural/Artificial'로 구성하였다. 축의 성격에 따라 패션 스타일은 모던, 스포츠, 클래식, 엘레강스, 로맨틱, 아방가르드, 소피스티케이티드, 엑조틱의 8개로 나누었다. 또한 8개의 패션 스타일은 운동성에 따라 진한 회색(static), 중간 회색(middle), 연한 회색(dynamic)의 세 가지 색상으로 구분하였다. 다이내믹한 패션 스타일링으로는 스포츠, 아방가르드가 있고, 정적인 패션 이미지에는 모던, 소피스티케이티드, 엘레강스, 클래식이 있으며, 그 중간에는 로맨틱, 엑조틱을 배치하였다.

패션에서의 시간성, 성(性)성, 활동성, 지역성을 보여 주는 패션 이미지는 그 해의 유행에 따라 표현형태나 결합방식의 차이를 보인다. 패션에서의 크로스 오버 경향은 서로 상반되는 이미지 간의 결합을 가져와 보헤미안 치크, 네오클래식, 앤드로지너스 등의 복합적인 양상을 보이는 스타일이 나타나기도 한다.

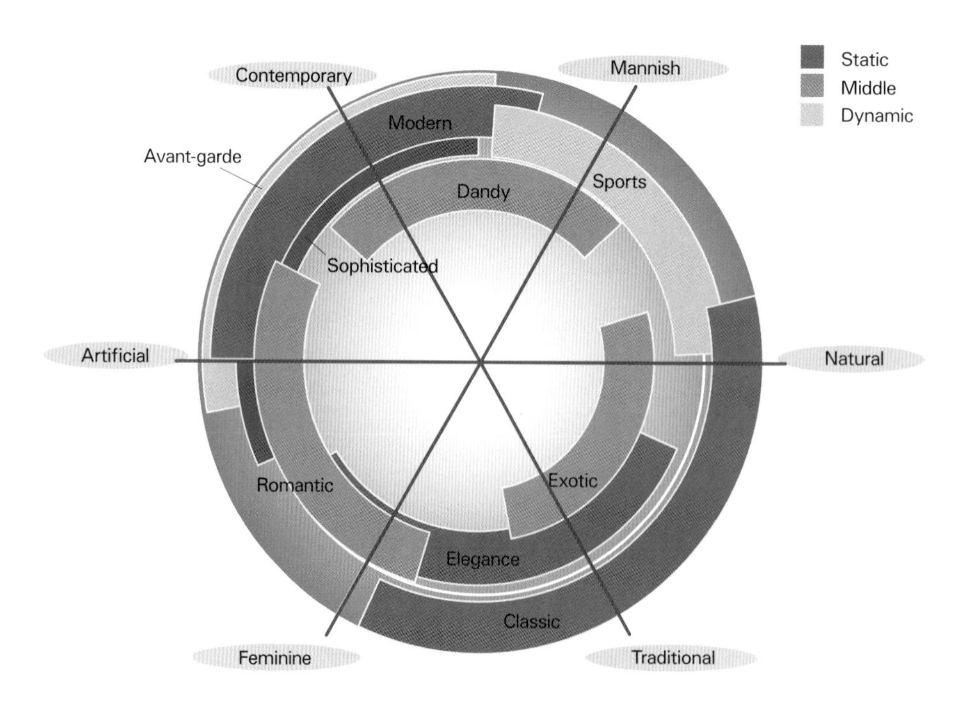

패션 스타일링 맵

17-6229 TPX
16-0540 TPX
13-0614 TPX
15-0525 TPX
18-0830 TPX
1
2
3
4
5
6
7
8
Herringbone Objects by Phil Cuttance
Yves Saint Laurent Museum by Studio KO
Plant lamps by Kiki van Eijk at Dutch Design Week
Sealing by V Studio
15-1327 TPX
Community
18-4510 TPX
Rural
18-1355 TPX
Civilized
Chloé
Concave Roof by BMDesign Studios
Dries Van Noten

엘레강스 이미지 스타일링

품위 있고 우아하며 세련된 분위기의 패션 이미지로, 섬세하고 고상한 이미지를 부각시킬 수 있는 대표적인 스타일이다. 섬세하고 꾸밈이 없으면서도 품위가 돋보이며 균형 잡힌 우아한 이미지를 지향하는 클래식한 감성의 패션을 의미한다.

색상은 우아하고 색이 바랜 느낌을 나타내기 위해 엷은 탁색계를 중심으로 온화하게 배색하며, 강한 느낌의 배색은 자제한다. 연한 분홍색이나 그레이시한 보라색을 적절히 사용하면 감각적이고 기품 있는 이미지를 연출할 수 있다. 엘레강스 이미지의 디자인은 타이트하고 호리호리한 실루엣이 많으며, 어깨선의 과장됨이 없고 웨이스트 라인을 강조해 여성의 아름다움을 부각시킨다. 최소한의 디테일을 사용해 요란하지 않고 절제된 느낌을 준다.

남성복에는 어깨에 패드를 넣어 각을 만들고, 광택 있는 소재의 액세서리, 부드럽지만 피트한 실루엣 등 우아한 느낌을 살린 디테일로 엘레강스 스타일을 강조한다.

핑크에서 블루 계열의 부드러운 실크 스카프, 넥타이나 백, 진주 등의 액세서리를 사용하여 은은하고 우아한 분위기를 돋보이게 한다. 화려하고 스포티한 이미지와는 반대 이미지이며, 온화한 분위기를 좋아하는 차분한 사람에게 잘 어울린다.

ELEGANCE

로맨틱 이미지 스타일링

온순하고 부드러운 여성적 이미지로, 서정적이고 섬세하다. 일반적으로 부드러운 질감의 꽃무늬, 물방울무늬 또는 곡선이 주를 이루는 디자인을 사용하며, 부드럽고 다정하며 사랑스러운 이미지를 표현한다. 프릴이나 레이스, 리본 장식 및 부드러운 감각으로 표현된 장식적인 디테일을 사용함으로써 소녀적 취향을 느끼게 한다. 주로 파스텔 계열의 밝고 은은한 색상을 사용하며, 엷고 부드러운 청색계와 백색계를 배합하여 맑은 이미지를 표현해낸다. 페미닌(feminine)하거나 로맨틱한 패션 이미지를 위해서는 표면이 매끄럽고 부드러운 소재들이 많이 선택되는데 면과 견이나 실키한 느낌의 폴리에스터 소재가 효과적이다. 저지, 크레이프, 벨벳, 앙고라, 시폰, 니트 등 가벼운 질감과 얇고 비치는 직물도 자주 사용된다.

여성복으로는 곡선미를 살린 둥근 어깨선, 잘록한 허리를 강조하는 디자인과 드레이프가 가볍게 아래쪽으로 떨어지는 디자인 등이 있다. 남성복에서도 파스텔 계열의 색상과 회색을 같이 배치하면 은은한 로맨틱 이미지가 표현된다. 눈썹 위까지 내려오는 앞머리를 웨이브를 주어 연출하면 부드러운 이미지의 헤어스타일이 될 수 있다.

액세서리는 심플하고 귀여운 디자인의 코사지와 리본, 꽃장식 등을 같이 연출하고 스팽글이나 구슬 장식도 효과적이다. 다양한 장식의 펌프스, 샌들, 뮬 등의 신발을 같이 매치할 수도 있다. 볼륨감 있는 롱 웨이브의 헤어스타일, 머리 끝을 살린 쇼트나 미디엄 길이도 귀여운 이미지를 연출한다.

ROMANTIC

스포츠 이미지 스타일링

건강하고 활동적이며 운동을 하는 선수들에게서 느껴지는 이미지로, 심플하고 기능적인 디자인이 많다. 최근 라이프스타일의 변화로 인해 선호도가 높아지고 있으며, 거친 이미지에서 일상적인 활동 속에서 적용이 가능한 실용적인 디자인이 많아졌다. 단순히 스포츠 웨어의 기능성만 강조된 것이 아니라 활동성과 밝고 편안한 느낌을 부각시키는 것이 특징이다. 즉, 실루엣은 단순하나 실용성을 강조한 포켓, 스트랩, 지퍼, 버클 등의 장식을 사용하여 기능상의 편리함을 더한다.

컬러는 화이트, 블루, 레드를 기본으로 원색을 주로 이용하며 비비드 톤과 스트롱 톤 등을 사용하나 최근에는 세대별로 다양한 톤과 패턴이 개발되었다. 소재는 면과 같은 천연소재 이외에도 스트레치 소재, 폴리우레탄 코팅 소재 등의 기능적인 합성소재가 사용된다. 청바지, 카고팬츠, 티셔츠, 스웨터 셔츠, 후드 티셔츠, 스포츠 재킷, 다운파카 등의 아이템들이 있다. 액세서리로는 스트라이프 패턴, 숫자, 로고 등이 들어간 스포츠백, 백팩 등과 헤어밴드, 모자, 스니커즈, 스포츠 전용 시계 등을 이용하여 스포츠 이미지를 완성한다.

SPORTY

모던/소피스티케이티드 이미지 스타일링

모던은 1920년대의 양식인 모더니즘의 특징을 반영한 단순하고 장식이 절제되어 있으며, 직선을 많이 사용한 스타일을 대표한다. 모던 이미지 스타일링은 현대적이고 지적인 이미지를 추구하는 스타일링으로 문명화된 사회의 도시적 세련미를 나타낸다. 다소 차가운 분위기가 느껴지나, 미니멀리즘의 영향으로 장식성이 배제된 간결미를 추구하는 스타일링이 많다. 색상배색은 무채색을 주로 사용하여 차가운 분위기를 연출하며, 흑백의 고명도 대비와 함께 회색 역시 자주 이용된다. 무늬의 경우 직선적인 패턴이나 옵 아트(op art) 풍의 기하학적인 패턴이 많이 사용된다.

소피스티케이티드 이미지 스타일링은 모던 이미지 스타일링과 거의 흡사하나 조금 더 페미닌한 감각이 추가된 것을 말한다. 모던한 이미지에 세련된 느낌을 추구하여 지성미와 교양미를 같이 표현하며 자수나 레이스 등의 섬세한 디테일이 추가된다. 색상배색은 모던한 이미지와 같이 무채색 계열을 많이 사용하며 여기에 세련된 탁색계와 파스텔 계열의 색을 적절하게 사용한다. 액세서리는 실버 계통의 차가운 분위기의 금속을 이용한 기하학적인 것이나 미래지향적인 디자인이 잘 어울린다. 심플한 이미지를 추구하는 모던한 의상에는 특이한 소재나 형태의 액세서리를 매치시키면 좋다. 소피스티케이티드한 의상에서는 단순한 디테일의 액세서리가 잘 어울린다.

1 2 3 4 5

MODERN/SOPHISTICATED

6 7 8 9 10 11 12

엑조틱 이미지 스타일링

엑조틱 이미지 스타일링(exotic image styling)이란 이국적 신비스러움을 추구하는 패션 감각으로 세계 여러 나라의 민속의상과 민족 고유의 염색, 직물, 자수 등에서의 느낌이 디자인에 표현된 것을 말한다. 오리엔탈리즘(orientalism), 트로피컬(tropical), 포클로어(folklore), 에스닉(ethnic) 패션을 모두 포함한다. 민속의상의 디자인에서 영감을 얻기도 하고, 토속적이고 종교적인 느낌의 의상이나 문양 등도 중요한 디자인 소스가 된다. 선명한 색채와 열대지방 특유의 프린트 무늬 소재는 트로피컬 룩을 더욱 돋보이게 하여 리조트 패션으로 잘 어울리고, 소박하고 전원적인 이미지로 대자연 속의 생활을 표현하는 디자인은 포클로어풍의 의상에 어울린다. 또한 액세서리로는 나무, 구슬, 호박류의 보석, 동물의 뼈, 깃털, 가죽 등 자연에서 얻을 수 있는 재료를 이용한 것이 어울린다. 이국적인 문화를 느끼게 하는 컬러배색을 해야 하지만 실제로는 특정 지역이나 나라를 의식한 배색을 이용하기도 한다. 채도가 높고 깨끗한 색을 중심으로 사용하며 난색 계열의 색이 중심을 이룬다. 그러나 색차가 큰 색상이나 밝은 그레이 계열의 색상을 대조배색으로 사용하면 효과적이기도 한다. 민속적인 느낌의 엑조틱 패션 이미지를 표현하기 위해서는 면, 마, 거친 양모 섬유 등으로 제작된 전통 소재가 많이 선택된다.

한편, 현대에 이르러 오리엔탈리즘이란 용어는 제국주의적 지배와 침략을 정당화하고 동양에 대한 서양의 왜곡된 인식과 태도 등을 가리키는 말로 인식되기 시작했다. 동양과 서양이라는 이분법적 구별에 바탕을 둔 오리엔탈리즘은 단지 아시아의 스타일을 '오리엔탈 룩' 또는 '오리엔탈 패션'이라고 하는 것과는 구별되어야 한다. 아시아, 아프리카, 중남미 등의 민속복식을 모티브로 한 복식뿐 아니라 북미의 인디언풍이나 유럽 국가들의 민속풍 복식도 넓은 의미의 에스닉풍 복식에 포함할 수 있다.

1
2
3
4
5
6
7
8
EXOTIC
9
10
11
12
13
14
15
16
17

아방가르드 이미지 스타일링

기존 예술과 전통을 부정하고 전위적인 예술을 통칭하는 아방가르드의 뜻과 같이 격식이나 전통에서 벗어나 비이상적이고 기이한 패션 이미지를 연출한다. 기존의 패션디자인을 구성하는 디자인 요소와 의복 구성방법, 표현기법이나 착장방식 등이 정형화된 틀을 벗어나려 하는 특징을 가지고 있다. 현대에는 펑크(punk), 그런지(grunge), 사이키델릭(psychedelic) 등의 여러 가지 룩으로 나타나며, 다양한 소재와 아이템을 혼합하여 새롭게 탄생된 스타일이 계속 생겨나고 있다. 컬러는 블랙과 골드, 실버, 네온과 같이 인공적인 색상이 많고, 좌우 비대칭, 불규칙한 라인, 안팎 뒤집기, 패치워크, 솔기 풀기 등 다양한 기법이 사용된다.

아방가르드 이미지는 극도로 크거나 작은 액세서리와 다양한 소재와 인공적인 디자인의 액세서리로 연출한다. 재미있고 기발한 형태와 패턴도 이용되며, 헝클어지거나 비대칭적 · 기하학적인 헤어스타일과 눈에 띄는 염색으로 아방가르드 스타일을 표현한다.

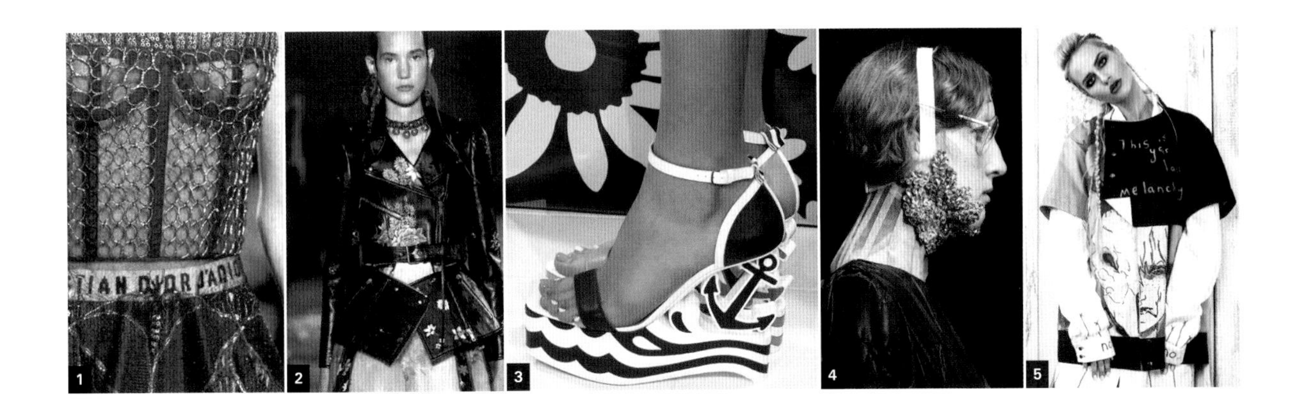

AVANT-GARDE

클래식 이미지 스타일링

세련되고 지적이며 품위 있는 이미지를 표현한다. 최신 유행을 따르는 것이 아니고 오랫동안 선호되어 시간적인 제약을 받지 않는 전통적 · 보수적인 스타일을 추구하며, 균형과 조화를 중시한다. 클래식 이미지 스타일링은 크게 부각되지는 않으나 많은 사람에 의해서 꾸준히 입혀진다. 테일러드 슈트, 샤넬 슈트, 블레이저 재킷, 트렌치 코트, 카디건 스웨터, 청바지, 폴로셔츠 등이 대표적인 클래식 아이템이다. 색상배색은 갈색 톤을 중심으로 적포도주색, 짙은 녹색, 겨자색 등의 탁색계와 딥톤이나 다크톤의 난색계를 적절하게 사용하며 감색이나 검은색도 쓰인다. 소재로는 벨벳, 트위드, 울, 코듀로이, 실크 등이 사용되고 천연소재가 많이 선호된다. 소재의 패턴으로 글렌체크, 하운드투스, 타탄체크, 플레이드 등의 전통적인 패턴이나 체크무늬와 물방울, 스트라이프 등의 기하학적 패턴이 자주 사용된다.

액세서리 역시 보수적이고 중후한 이미지를 줄 수 있는 갈색, 골드, 네이비 계열의 시계, 가방, 장갑, 모자, 구두 등이 어울린다. 1950~1960년대 스타일의 선글라스도 좋은 액세서리가 될 수 있다. 복고풍의 헤어스타일로 스타일을 완성한다.

현대에는 현대적인 감각을 더한 누보클래식, 컨템퍼러리 클래식 등의 새로운 해석을 통한 다양한 클래식 이미지 스타일링들이 나타나고 있다.

CLASSIC

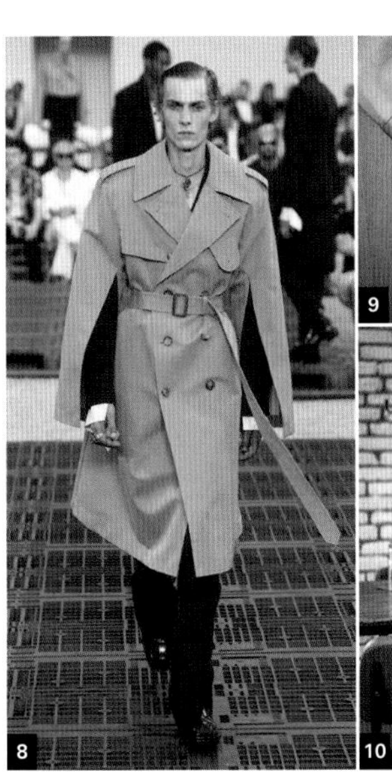

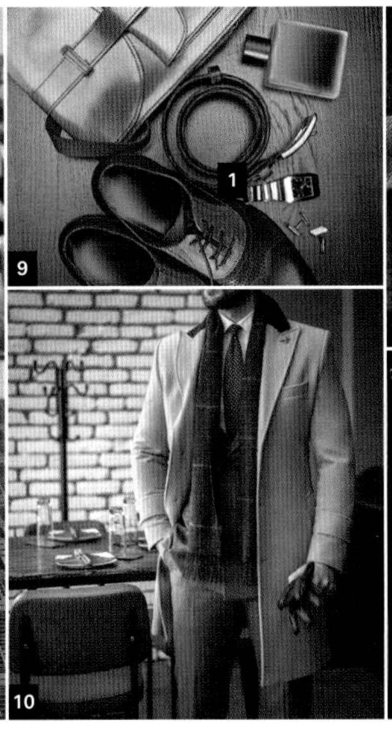

BOARD

LIFE STYLE & FASHION STYLING

CHAPTER 8
라이프 스타일과 패션 스타일링

패션 스타일링은 자신의 생활방식에서 비롯되어야 한다. 아무리 예쁘고 멋진 옷이라도 시간과 장소, 상황에 맞지 않는다면 좋은 스타일링이라 할 수 없다. 착용자의 나이, 성별, 직업, 가치관에 맞으면서도 개성을 살리고 미적 감각과 감성을 표현할 수 있어야 한다. 이 장에서는 라이프 스타일과 라이프 스테이지, TPO에 대해 알아보고 자신의 라이프 스타일과 이미지에 맞는 패션 스타일링에 대해 알아보자.

라이프 스타일과 라이프 스테이지

라이프 스타일

라이프 스타일이란 한 개인이 살아가는 생활방식으로 개인의 활동, 관심, 의견을 의미하는 AIO(Activity, Interest, Opinion)를 말한다. 같은 나이나 사회적 지위, 직업을 가진 사람이라도 그들의 라이프 스타일을 구성하는 활동이나 관심 영역 그리고 특정 사건에 대한 의견은 다르며, 이것은 그들의 패션 스타일링에도 영향을 미친다.

사무실 근무자의 비즈니스 정장

활동

주로 어떤 활동을 하면서 시간을 보내는가? 일, 취미, 자원봉사, 클럽과 지역사회에의 참여, 쇼핑, 스포츠, 사회적 행사, 종교 활동 등이 포함된다.

관심

좋아하고 중요하게 여기는 관심사는 무엇인가? 가정, 직업, 지역사회, 소셜 미디어, 패션, 영화, 미술, 음식, 스포츠 등이 포함된다. 힙합을 좋아하는 대학생은 매일 힙합 음악을 듣고 힙합 공연을 자주 보며, 학교 힙합댄스 동아리 모임에 참석하고 힙합댄스를 추는 데 많은 시간을 할애한다. 즐겨 입는 패션은 스냅 백 모자, 로고 티, 배기 바지나 아디다스 운동복 바지 등이다.

의견

이 세상과 삶에 대해 어떻게 생각하며 어떤 태도를 취하는가? 자기 자신, 사회적 문제, 정치 · 경제, 사업, 교육, 미래, 문화에 대한 생각에 따라 의복에 대한 태도는 달라진다. 소박하지만 건강하고 느긋한 삶을 추구하는 킨 포크(kin folk)를 동경하는 사람은 화려하고 과장된 디자인이나 명품으로 치장하기보다는 단순하고 편안한 '놈코어(norm core)' 스타일의 패션을 선호한다.

개성은 인격의 고유한 성질로 타인과 구별되는 한 개인의 특징이나 성격을 말한다. 라이프 스타일은 개성의 영향과 개인에 의해 내면화된 사회적 가치가 결합된 개념으로 생활의 구조적인 측면인 생활양식, 행동양식, 사고방식 등 생활의 모든 측면의 차이를 말한다. 따라서 라이프 스타일이란 그 사회의 문화나 가치를 포함해서 개개인의 생활방식과 행동 등에 의해 형성되는 복합개념이다.

1 힙합 동아리의 패션

2 여유 있는 삶을 즐기는 킨포크족의
놈코어 스타일

라이프 스테이지

라이프 스테이지(life stage)란 한 사람의 일생을 라이프 사이클에 따라서 구분하는 단계를 일컫는다. 연령의 변화를 축으로 학교생활, 결혼, 사회적 지위, 수입, 가족구성원 등을 참조해 일정한 그룹으로 나누는 방식이다.

한 여성의 삶이 학교생활을 주체로 한 캠퍼스 라이프로부터 학교를 졸업하고 사회에 진출해 직업을 갖게 되는 오피스 라이프로 바뀌면 패션 스타일링도 크게 변화하고, 결혼하여 가정생활을 시작하는 홈 라이프로 가게 되면 또 한 번 크게 달라진다. 라이프 스테이지가 변함에 따라 체형도 조금씩 변하게 된다. 라이프 스테이지의 변화는 생활환경의 급격한 변화를 의미하며, 접촉하는 사람들과 활동하는 장소와 행동반경 등이 바뀌게 되어 사고방식이나 취향, 가치관까지 달라지게 된다.

1 학교생활 2 졸업 3 직장 4 가정생활

TPO에 따른 패션 스타일링

TPO란 'Time, Place, Occasion'의 약자로, 시간이나 계절 감각(time)과 맞는지, 어떤 장소(place)에서 입을 것인지, 어떤 행사나 활동 시(occasion)에 입을 것인지를 고려하는 것이다. 모든 사회에는 상황에 맞는 적절한 옷차림에 대한 그 사회의 암묵적 드레스 코드가 있다. 자기가 속한 사회의 드레스 코드를 자신의 개성과 절충해 그 상황에 맞게 스타일링하는 것이 바람직하다.

입사 면접

취업의 최종 관문인 면접에서 옷차림을 비롯한 외면적인 모습은 첫인상을 결정하는 중요한 판단기준이 된다. 어떤 조사에 따르면 지원자가 방으로 들어오는 순간에 합격과 불합격의 80%가 결정된다고 한다. 면접 시에는 회사가 원하는 인재상과 수행하게 될 일의 성격에 대해 이해하고, 자신의 자질과 성격이 그 역할에 적합하다는 것을 면접관에게 보여 준다. 회사에서 면접을 통해 알고자 하는 것은 이력서에 포함되지 않는 심리상태, 정신력, 업무 처리방식, 태도, 성격 같은 내면적인 부분이다. 상관이나 동료들과 원만하게 관계를 유지할 수 있는 성격의 소유자인가와 같은 인성적인 부분에 관심을 갖는다. 면접관들은 옷차림, 헤어스타일, 걸음걸이, 앉는 자세, 시선, 눈빛, 목소리 등 행동과 태도에서 그 사람의 진짜 모습을 읽는다.

최근 들어 다양한 가치관이 받아들여지고 특정 유형에 따른 고정적 이미지는 많이 희석되고 있는 추세이기는 하다. 그러나 아직도 직업에 따라 그 역할에 적합하다고 생각하는 이미지가 있고, 그 이미지에 부합하는 사람이 채용될 가능성이 높다.

면접

남성의 면접 의상

대기업에서는 대체로 튀는 사람보다는 조직에 융화될 수 있는 인재를 원하므로 지나치게 유행 지향적이고 튀는 디자인과 과한 스타일보다는 기본에 충실한 스타일이 신뢰감을 준다. 어두운 색상의 슈트에 흰색이나 푸른색 계열의 와이셔츠, 감각적인 넥타이와 검정 구두에 양복과 같은 색상의 양말을 착용하고 머리는 짧고 단정한 스타일로 빗어 넘겨 이마를 드러내 스마트하고 성실한 이미지를 연출하도록 한다.

영업직은 고객을 대하는 시간이 많으므로 친근감이 느껴지는 이미지로 연출을 하는 것이 좋으며 방송, 광고 등의 전문직 종사자는 세련되고 개성 있게 표현한다. 창의력을 요하는 디자이너 같은 직업의 경우에는 감각이 돋보이는 차림이 좋으며, 다소 대담하고 화려한 이미지로 연출해도 좋다. 벤처기업 역시 활동적이고 다재다능한 인재를 선호하므로 틀에 박힌 형식보다는 변화를 주는 것이 좋다.

여성의 면접 의상

일반 사무직 여성의 경우 깨끗하고 차분해 보이는 이미지를 연출하는 것이 바람직하다. 단정한 단발머리나 쇼트 컷이 좋으며, 긴 머리는 비능률적으로 보일 수 있으므로 깨끗이 묶거나 빗어 넘긴다. 밝고 깨끗하며 진하지 않은 화장, 무늬가 많지 않은 투피스 정장이 무난하다. 너무 많은 색상을 사용하면 복잡한 느낌을 주므로 색상은 차분한 것으로 선택하며,색상의 수를 제한한다. 액세서리는 세련되면서 작은 것을 착용한다.

전문직의 경우에는 클래식한 느낌의 정장에 화려하고 트렌디한 스카프나, 액세서리와 백을 매치해 지적이고 세련된 이미지를 연출하며, 창의적인 일을 하는 경우에는 너무 포멀한 옷차림보다는 일에 대한 열정과 감각을 보여 줄 수 있는 옷차림이 좋다.

맞선이나 소개팅

모르는 남녀가 처음 대면하는 자리이므로 평소보다는 살짝 격식을 갖춘다. 지나친 신체 노출은 피하고 화사하게 연출하되 너무 유행에 앞서가는 패션 스타일링은 삼가는 것이 좋다. 이성끼리의 만남이므로 중성적 스타일보다는 남성은 남성다움을, 여성은 여성다움을 풍기는 스타일을 권한다. 한 예로, 유행하는 '크로스 섹슈얼 스타일(cross sexual style)'을 한 이성에게는 의외로 많은 사람들이 거부감을 느낀다고 한다. 여성은 세련된 남성을 좋아하면서도 자신의 배우자에 대해서는 너무 패셔너블하지 않기를 바라는 이중적인 태도를 보이며, 남성 역시 긴 생머리 스타일의 청순한 타입을 선호하는 등 이성 문제에 있어 여전히 보수적인 경향을 보인다. 하지만 '첫사랑 스타일'이나 '청담동 며느리 룩' 같은 전형적인 스타일을 따르기보다는 자신의 내면을 표현할 수 있는 스타일링이 좋겠다.

1 데이트

대학 캠퍼스

수업, 프레젠테이션, 기숙사 생활, 현장학습, 동아리 활동, 축제, 각종 행사, 스포츠 활동 등 그날그날의 스케줄과 활동의

2 캠퍼스

성격에 따라 매일 변화를 주면 즐거운 하루하루를 맞이하게 될 것이다. 주변의 시선을 끄는 지나치게 화려한 차림이나 고가의 상표는 피하는 것이 좋다. 남성의 캠퍼스 웨어에 필요한 기본 아이템은 진이나 치노 바지, 재킷, 점퍼, 티셔츠, 버튼다운 셔츠 정도이다. 재킷은 격식을 갖춘듯한 느낌을 주며 캐주얼 아이템과도 두루 착용할 수 있으므로 베이직한 스타일로 장만한다. 각 아이템을 믹스하는 방법에 변화를 주거나 가방이나 색, 운동화, 머플러, 모자 등으로 악센트를 준다.

레저 활동

레저는 바쁜 일상에서 벗어나 심신의 에너지 충전을 위해 필요하며 자기개발, 자아실현을 위한 소중한 시간이다. 다양한 취미활동은 자신의 다른 자아를 표현할 수 있는 장이므로 색다른 패션 스타일링을 시도해 보자.

각 스포츠의 본래 기능을 살린 스포츠 웨어가 다양하게 등장해 선택의 폭이 넓어졌다. 특수한 재질과 디자인의 스포츠 웨어는 각각의 활동을 더 적극적으로 할 수 있게 해주며 신체를 보호해 준다. 등산복은 땀을 배출하면서 체온은 유지해 주는 기능성 섬유나 바람을 막아 주는 소재가 사용되고, 요가복은 스트레칭에 알맞은 신축성과 흡습성을 살린 면과 라이크라(lycra) 혼방 소재가 사용된다.

여행 시에는 여행지와 어울리는 차림을 한다. 바닷가로 휴가를 떠날 때는 플라워 패턴이나 야자수 등 태양과 해변에 잘 어울리는 화려한 패턴과 비비드한 색상의 리조트 룩을 연출한다. 여성은 수영복 위에 레이어드할 수 있는 캐주얼 셔츠와 시스루 카디건 그리고 로맨틱 디너를 위한 소매 없는 원피스를, 남성의 경우엔 반바지에 티셔츠, 반팔 셔츠 등을 준비한다. 왕골이나 밀짚 소재의 모자와 백, 오버사이즈 선글라스 등으로 시원하고 감각적으로 연출한다.

산이나 들과 같은 자연을 여행할 때는 대자연의 느낌을 만끽할 수 있는 사파리룩이나 내추럴룩이 좋다. 베이지, 카키 등의 내추럴 색상에 주머니가 많이 달린 사파리풍 점퍼, 흰 티셔츠, 치노 바지에 운동화와 에스닉한 느낌의 통가죽 팔찌나 애니멀 프린트의 가방으로 매치한다.

박물관, 미술관, 카페, 쇼핑을 즐기는 대도시 여행의 경우에는 반바지 차림보다는 화이트, 핑크, 엷은 베이지 등 뉴트럴 계열의 셔츠와 치노 바지, 면 스커트에 플랫 슈즈, 메탈 액세서리로 럭셔리한 홀리데이 룩을 연출한다.

1 MTB
2 미술관 관람

1 2

행사

입학식, 졸업식, 결혼식, 피로연, 각종 기념식 등의 공식 행사에 참여할 경우에는 격식과 품위를 갖춘 옷차림이 필요하다. 서양처럼 파티가 일상화되지 않은 우리나라에서 예복이나 드레스를 갖춰 입을 수는 없지만 우아한 스타일의 슈트와 원피스, 스커트 정장 차림으로 돋보일 수 있다. 벨벳이나 새틴 소재의 슈트나 재킷은 포멀한 저녁 행사에 잘 어울린다. 진주 액세서리는 낮과 밤의 모든 행사에 잘 어울리며, 저녁 행사에는 화려한 색상의 주얼리와 작은 클러치백을 매치한다. 낮 행사에는 남성의 경우 슈트를 입거나 재킷과 셔츠, 정장바지를 감각 있게 매치하고, 여성은 원피스나 블라우스와 스커트 또는 바지를 매치하되, 백이나 구두를 제대로 갖춰 입으면 다소 캐주얼한 아이템을 믹스해도 포멀한 자리에서도 손색이 없는 패션이 된다. 행사의 성격에 맞게 의상은 클래식하게 입고, 화장은 화사하게, 액세서리는 다소 화려하고 패셔너블하게 연출하면 드레스 코드에 맞으면서도 개성을 표현할 수 있다.

요즘에는 특수 계층에게만 국한된 것으로 여겨 오던 파티 문화가 생활 전반에 걸쳐 널리 퍼지고 있다. 크리스마스 파티나 생일 파티, 할로윈 파티 외에도 젊은이들은 캐주얼한 각종 파티뿐만 아니라 하나의 주제, 즉 파티의 콘셉트를 정하여 거기에 맞추어 개성대로 표현하는 파티를 즐기는 추세이다. 공연에서도 드레스 코드 규칙을 정해 입장시키기도 한다. 같은 색상이나 콘셉트의 옷으로 축제의 분위기를 상승시키는 이러한 경향은 옷을 차려 입음으로써 게스트가 아니라 호스트가 되는 즐거움을 선사하고 파티에 모인 사람들에게 일체감을 갖게 한다. 전에는 '포멀'이나 '캐주얼' 정도였으나 요즘은 '퍼플', '화이트'와 같이 색상을 지정하거나 '커플 룩', '섹시', '글램' 등 구체적인 스타일을 지정하기도 한다. 같은 주제로 각자 풀어내는 스타일이 다르고 그 스타일 속에서 나만의 개성을 드러낼 수 있다. 이제 패션은 파티를 통해 즐길 수 있는 재미있는 놀이가 되었다. 패션은 파티의 열기를 고조시키고 즐거움을 만끽하게 해주는 중요한 역할을 한다. 평상시에는 남과 달라 보이는 것에 대한 두려움 때문에 과감하게 연출하기를 꺼렸다면 파티를 일상과 다른 나를 표현해 보는 '변신의 장'으로 활용해 보는 것도 좋겠다.

1 야외 결혼식 참석
2 할로윈 파티

라이프 스타일과 패션 스타일링

옷장 속에는 옷이 넘쳐 나지만 특별한 날의 외출을 위해 입을 옷이 없어 당황했던 경험은 누구에게나 있다. 매일 아침 무엇을 입을까 고민하며 옷장 앞에서 입고 벗는 일을 반복하기도 한다. 그날 입을 옷을 결정하는 일은 하루를 시작하는 즐거운 선택인 동시에 선택 피로를 유발하는 일이기도 하다. 크리스토퍼 놀란(Christopher Nolan) 감독은 2014년 뉴욕타임스와의 인터뷰에서 "매일 입을 옷을 고르는 데 에너지를 쏟는 일이야말로 낭비다."라고 말했다. 마크 주커버그(Mark Zuckerberg), 스티브 잡스(Steve Jobs)나 버락 오바마(Barack Obama) 같은 성공한 인물들이 일에 에너지를 전념하기 위해 거의 같은 옷을 입는다는 것은 널리 알려진 사실이다. 선택의 수고를 덜기 위해서 우리가 이들 유명인들처럼 한 가지 스타일을 고수하기는 어렵다. 만약 나만의 고유한 스타일이 있고 패션 아이템들을 선택하고 조합하는 나만의 방식이 있다면 좁아진 선택의 폭 안에서 손쉽게 스타일링을 할 수 있다.

우선 나의 라이프 스타일과 처하게 되는 상황에 대해 이해하고, 그 상황에서 연출하고 싶은 이미지에 대해 생각해 보자. 내가 가진 옷과 액세서리들을 분석해 보고 어떻게 그 아이템들로 상황마다 적절한 이미지를 연출할 수 있을지 샘플 스타일링 작업을 해 보자.

의상 선택에 따른 고민

라이프 스타일과 상황적 자아 이미지

나의 일상적인 삶을 고찰해 보면 내가 처하게 되는 상황들과 그 상황마다 가장 적절한 이미지가 떠오를 것이다. 우선 2주간 내가 하는 모든 활동들을 나열해 보고, 하루 중 소요되는 시간을 적어 보자. 그리고 일상적인 활동은 아니지만 1년 중에 참석하는 행사들이 있다면 연 몇 회인지, 몇 시간 정도 소요되는지 어림하여 적어 보자.

1주	활동 소요시간	장소	2주	활동 소요시간	장소
월	강의(4), 도서관(6), 친구와의 만남(3)	학교, 카페, 음식점	월	강의(4), 도서관(4)	학교
화	강의(3), 아르바이트(4), 데이트(4)	학교, 편의점, 음식점	화	강의(3), 도서관(2), 아르바이트(4)	학교, 편의점
수	강의(4), 도서관(2), 봉사활동(3)	학교, 복지센터	수	강의(4), 도서관(2), 봉사활동(3)	학교, 복지센터
목	강의(2), 아르바이트(4), 테니스(2)	학교, 편의점, 테니스코트	목	강의(2), 아르바이트(4), 테니스(2)	학교, 편의점, 테니스코트
금	강의(4), 동아리 모임(4), 친구와의 만남(3)	학교, 카페, 음식점	금	강의(2), 동아리 모임(4)	학교
토	데이트(6)	극장, 카페, 음식점	토	친구와의 만남(6), 연주회(3)	홍대앞, 카페, 음식점, 아트홀
일	테니스(2), 교회(3), 가족모임(3)	테니스코트, 교회, 음식점	일	테니스(2), 교회(3), 데이트(3)	테니스코트, 교회, 음식점

일상적 활동(1주간 평균 소요시간)		특별한 이벤트(연간 평균 소요시간)	
강의	하루 5시간/주 5회	선배나 친척의 결혼식	하루 3시간/연 1회
도서관	하루 4시간/주 4회	선배나 친척의 졸업식	하루 3시간/연 2회
아르바이트	하루 4시간/주 2회	축제	하루 6시간/연 2회
봉사활동	하루 3시간/주 1회	록 페스티벌	하루 5시간/연 2회
이성과의 데이트	하루 4시간/주 2회	영화관람	하루 3시간/연 6회
교회 예배 및 친교	하루 3시간/주 1회	연주회나 전시회	하루 3시간/연 3회
테니스	하루 2시간/주 2회	등산	하루 8시간/연 4회
친구와의 시간(식사, 쇼핑)	하루 3시간/주 2회	여행(바다, 스키)	연 2회
휴식(TV, 음악 듣기 등)	하루 1시간/주 3회	가족모임	3시간/연 10회
이동시간	하루 1시간/주 7회		

1 대학캠퍼스 2 지하철 통학

우선 나의 라이프 스타일에 대한 고찰이 필요하다. 내가 누구이며 어디에 가고 무엇을 하며, 누구를 만나는가? 각각의 상황들은 나에게 어떤 의미이고 그 활동들을 통해 내가 이루고자 하는 것은 무엇인가? 어떤 활동이 나의 우선순위이며, 무엇을 할 때 가장 행복한가? 의미 없이 버려지는 시간은 얼마나 되는지, 없애거나 추가해야 할 활동은 있는지 생각해 보자.

누구를 만나는지도 아주 중요하다. 내 패션이 나에게 존재감을 주는 것은 같은 상황에 있게 될 타인들이 나를 어떻게 생각하느냐와 그들이 무엇을 입느냐에 의해 결정된다. 상황에 따라 나에게 가장 적절한 패션은 달라질 수 있다. 고가의 명품으로 치장한 패션은 상대방에게 박탈감을 줄 수 있으며, 보그 잡지에서 나온 듯 완벽한 패션은 나를 다른 세계에 속한 사람으로 느껴지게 해 거리감을 줄 수 있다. 타인을 배려하지 않은 잘 차려 입은 패션이 오히려 소통의 기회를 박탈할 수 있다. 반대로 멋지게 차려 입은 사람들 사이에서 후줄근한 차림이 나를 위축시킬 수 있다. 내가 처하게 될 상황을 생각할 때에는 활동을 하게 될 물리적 장소가 어디인가와 함께 만나게 될 타인에 대한 이해와 세심한 배려가 필요하다. 좋은 이미지 메이킹이란 나를 타인에게 다시 만나고 싶은 사람, 가까이 하고 싶은 사람으로 느껴지게 하는 일이다.

"오늘 무엇을 입을까?"란 질문은 오늘 어떤 나로 살 것인가를 선택하는 일이다. 매일 스스로 어떤 사람이 되기로 결정하는 것은 나 자신이다. 패션 스타일링이란 오늘 가게 될 장소와 만나게 될 사람들을 선택하고 그들과 함께 있을 자신의 모습을 선택하는 일이다. 즉, 내 삶의 주인이 되는 일이다.

패션 스타일링 시에는 내가 가게 될 장소와 만나게 될 사람들에 대한 이해와 배려가 필요하다.

패션 아이템과 패션 스타일링

많은 옷을 가지고도 상황에 적절하게 옷을 입지 못하는 사람이 있는가 하면, 적은 옷으로도 감각 있게 다양한 연출을 하는 사람도 있다. 선택의 폭이 넓다고 최상의 결과가 보장되는 것은 아니다. 오히려 경우의 수가 많으면 선택 자체가 힘들어진다. 소지한 의복을 효과적으로 활용하기 위해서는 내 스타일의 핵심이 되는 키 아이템(key item), 다른 옷과 쉽게 코디 가능한 기본적인 베이직 아이템(basic item), 그리고 색다른 분위기로의 변신이 가능한 팬시 아이템(fancy item)을 적절하게 갖추고 있어야 한다. 이제 옷장을 열고 세 가지 범주에 따라 내 옷들을 분류하는 작업을 해 보자.

아이템 분류	특징	예
키 아이템 (key item)	내가 표현하고 싶은 이미지에 맞는 아이템으로 다른 아이템들과 함께 다양한 스타일로 연출이 가능하며, 내 일상의 활동들에도 적절한 아이템	네이비 블레이저, 베이지 트렌치 코트, 디스트로이드 진, 가로 스트라이프 티셔츠, 검은색 베이스볼 캡
베이직 아이템 (basic item)	대부분의 옷들과 함께 입을 수 있는 단순하고 평범한 디자인과 색상의 아이템	화이트나 그레이 반팔 티셔츠, 화이트 버튼다운 셔츠, 블랙진, 베이지 치노 바지, 화이트 캔버스 운동화
팬시 아이템 (fance item)	일상적인 평범함으로부터 탈피해 색다른 이미지 연출이 가능한 아이템	레이스 미니 원피스, 가죽 미니 스커트, 은색 반짝이 하이힐, 화려한 프린트의 실크 블라우스, 카우보이 부츠

2주간의 라이프 스타일에 따른 패션 스타일링

내가 가진 키 아이템과 베이직 아이템, 팬시 아이템을 활용해 2주간의 샘플 스타일링을 해보자. 그날의 활동에 가장 적합한 패션 연출을 위해 의도성을 가지고 신중하게 아이템들을 선택하고 조합해 본다. 구입할 수 있는 옷이 다양한 가격대와 디자인으로 출시되고 있어서 선택의 폭이 넓어졌다고는 하지만 남들과 유사한 패션이 되기 쉽다. 나를 표현할 수 있는 나만의 스타일링으로 발전시켜야 한다. 고정관념이나 어떤 심리적인 틀이 자유로운 스타일링을 막는 것은 아닌지 생각해 본다. 창의성을 발휘해 상황에 따라 유머 있거나, 위트 있게, 때로는 엉뚱하고 기발하게, 또는 우아하거나 섹시한 이미지로 시도해 보면서 다양한 나의 자아를 드러내 보자. 꼭 필요한 아이템이 있다면 쇼핑 리스트를 작성해 보고 내 옷장의 문제점을 적어 보자.

키 아이템(디스트로이드 진)을 활용한 스타일링

라이프 스타일에 따른 셀프 스타일링

패션 스타일링을 통해 '되고 싶은 나'를 표현해 보자. 그동안 스크랩했던 사진들과 스타일에 붙여 보았던 제목들을 분석하여 나의 이미지 보드를 만들어 본다. 나의 라이프 스타일을 분석해 보고 그중 한 가지 상황을 선택해 '상황에 맞는 옷입기'를 시뮬레이션해 보자. 훌륭한 패션 스타일링이란 탁월한 패션 감각과 멋진 옷으로 완성될 수 없다. 가장 중요한 것은 패션 스타일링의 중심에 항상 '나'를 놓아야 한다는 것이다. 나를 돋보이게 만드는 패션 센스는 수많은 시행착오와 피드백을 통해 얻어진다.

라이프 스테이지		현재 자신의 일생에 있어 어떤 단계에 속하는가?
라이프 스타일		자신이 살아가는 삶의 방식을 AIO(활동, 관심, 의견)에 따라 생각한다.
이상적 이미지		존경하는 인물은 누구이며, 내 인생의 모토는 무엇인가? 나에게 성공이란 무엇인가?
		나의 패션 아이콘은 누구이며, 그 사람의 어떤 점이 닮고 싶은가?
체형		나의 체형은 어떠하며 장점과 단점은 무엇인가? 스타일링을 통해 어떻게 체형을 보완해야 할까?
TPO		나의 일상에서 가장 나다운 '나'가 드러날 수 있는 상황은?
패션 테마		나의 스타일링에 영감을 주는 패션 테마는?
패션 스타일링	아이템	패션 테마를 표현할 가장 적절한 아이템들은?
	실루엣	패션 테마를 표현하면서도 내 체형에 적합한 실루엣은?
	색상	패션 테마 표현에 가장 적합한 색상과 색상 배합은?
	소재	패션 테마를 표현할 가장 적합한 소재는 어떤 것들이며, 질감과 패턴은 어떤 것이 적절할까?
	디테일	패션 테마를 표현하고 나를 가장 잘 표현할 수 있는 디테일에는 어떤 것이 있을까?
	액세서리	패션 테마를 완성할 가장 적합한 액세서리들은?
헤어스타일		내 얼굴형을 보완하면서 패션 테마에 가장 어울리는 헤어스타일은?
메이크업		내 얼굴형을 보완하면서 패션 테마를 가장 잘 표현해줄 메이크업은?
자세		나의 이상적 모습이 드러날 수 있는 적절한 자세는?
화술		어떻게 말하는 것이 '이상적인 나'다운 표현일까?
표정		어떤 표정이 나의 이상적 이미지를 가장 잘 표현할까?

나의 패션 이미지 보드 1 (셀프 스타일링의 예)

BLUE COLOR

라이프 스테이지	건축 전공 대학 4학년 남학생
라이프 스타일	학교 수업과 인턴을 병행하고 있으며 재즈 음악을 좋아함
이상적 이미지	스위스의 건축가 페터 춤토르(Peter Zumthor)
체형	키가 작고 마른 체형
TPO	인턴으로 일하고 있는 회사에서 미팅이 있는 날
패션 스타일링 방향	Blue Color : 미국 서부 광산 노동자들이 입던 데님의 실용성과 자연 친화적 느낌이 공존하는 편안한 스타일로 소재의 표면 질감에 초점을 맞춘 심플한 스타일링
실루엣|소재|색상	슬림한 실루엣. 데님과 면 저지 소재, 성긴 조직의 니트, 색상은 인디고 블루, 카키, 브라운
액세서리	스포티하면서도 무게감 있는 커다란 항공 시계, 아웃도어용 워커나 부츠 또는 투박한 운동화

나의 패션 이미지 보드 2 (셀프 스타일링의 예)

라이프 스테이지	교육학 전공 대학 2학년 여학생
라이프 스타일	학교수업, 동아리 활동과 아르바이트
이상적 이미지	모델 겸 배우 이성경
체형	키가 크고 마른 체형
TPO	토요일 남자친구와 음악회 그리고 저녁 식사
패션 스타일링 방향	얇고 투명한 소재를 레이어링하고 프릴 디테일을 사용해 순수하고 맑은 느낌을 표현한 페미닌 스타일링
실루엣 | 소재 | 색상	트라페즈 라인 & 헐렁한 실루엣. 가볍고 투명하며 표면 질감이 독특한 소재. 부드러운 화이트, 연한 라일락, 페일 스카이 블루, 페일 그레이
액세서리	굽이 없는 가벼운 샌들, 헤어밴드, 로즈골드 색상의 목걸이와 반지

PART 3

패션 비즈니스와 테크놀로지

FASHION B

& TECH

USINESS
NOLOGY

패션 비즈니스

패션 소재와 하이테크놀로지

스마트 패션 소비자

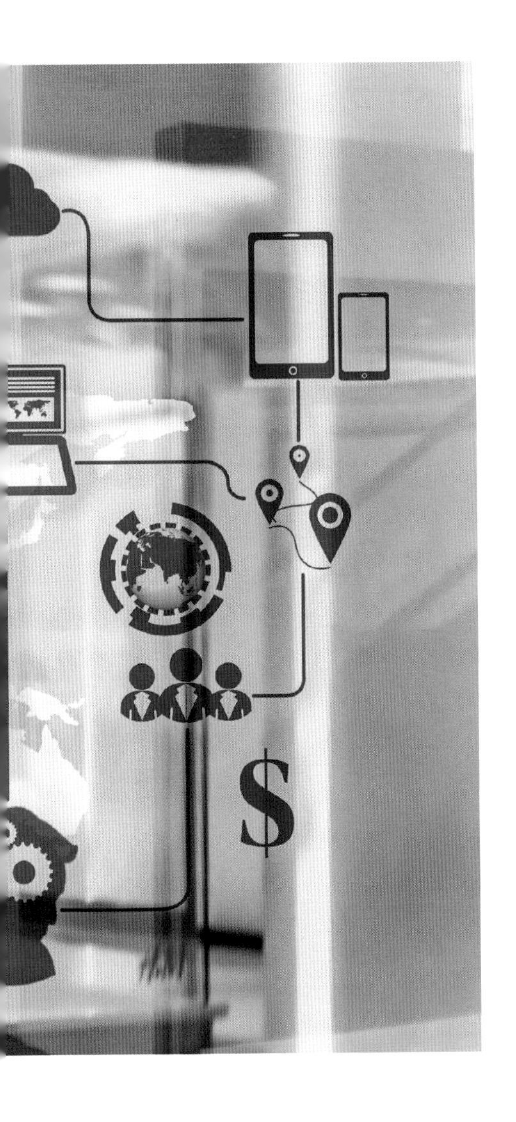

FASHION BUSINESS

CHAPTER 9
패션 비즈니스

인터넷, 모바일의 사용으로 이커머스가 보편화되었으며 전 세계적으로 패션산업의 전통적인 가치사슬 구조가 급속도로 바뀌고 있다. 진입 장벽은 낮지만 하면 할수록 어렵고 복잡다단한 패션 비즈니스는 새로운 사업 모델들의 출현으로 기존의 패션산업에 혼돈을 주고 있다. 국내 패션산업은 산업 내 가치사슬의 디지털화, 글로벌 SPA 브랜드의 고성장, 전통적인 소비구조와 유통구조의 변화 등 다양한 위기 상황에 직면하고 있다. 급격하게 변한 소비 패러다임 속에서 온라인화로 될 수밖에 없는 구조적인 소비 환경이 조성되면서 데이터를 기반으로 한 개인 맞춤화가 유통의 화두로 떠오르고 큐레이션과 같은 패션 브랜드와 소비자 모두에게 맞춤화 판매·관리 시스템이 부상하고 있다.

이 장에서는 패션 소비자 행동 모델과 함께 새롭게 떠오르는 소비자군과 소비 트렌드에 대하여 설명하고 패션산업, 브랜드와 상품, 변화하는 패션 비즈니스 환경에서 글로벌 패션 브랜드의 대응전략에 대하여 살펴보겠다. 그리고 패션마케팅과 프로모션의 중요한 수단이 되고 있는 패션 큐레이션에 대해서도 알아보도록 하겠다.

패션 소비자

패션 소비자와 소비자 행동

신소비자군 밀레니얼 세대

성공적인 패션 비즈니스를 위해 목표 시장(target market)을 파악하고 이해하는 과정은 필수적이며 목표 시장을 명확하게 정의 내리지 않을 경우, 기업은 상품에 관심도 없는 소비자들, 즉 전혀 관련 없는 고객들에게 상품을 홍보하고 마케팅 전략을 실행하는 데 소중한 시간과 돈을 낭비하는 것과 마찬가지이다. 패션은 소비자와 시작하고 소비자로 끝나며, 소비자를 이해하는 것은 소비자들의 니즈를 만족시키는 데 필요한 기본적 요건이다. 현대 사회에서 패션은 사회구성원으로서 인간의 정체성과 개성을 표현하는 수단이 되고 있다. 소비자들의 구매 동기와 이유를 이해하고 파악함으로써 패션 디자이너와 마케터들은 패션제품을 기획하는 데 더 효과적이고 효율적일 수 있으며 인간의 소소한 행동들은 패션 마케터들이 그들의 고객을 이해하는 데 도움이 된다. 패션 기업과 마케터들이 수행하는 마켓 리서치(market research)는 문화, 심리학, 사회학, 민족학 등에 의존하는 소비자 행동 연구와 매우 관련성이 높다.

현대 사회에서 보이는 패션과 유행 관련 현상은 밀레니얼(millenials) 세대로 불리는 새로운 패션 소비자들에 의해 더욱 강하게 나타나고 있으며 미국, 유럽 등 선진국은 물론 국내, 중국 등 아시아권에서도 밀레니얼 세대가 최대 소비층으로 부상하고 있다. 동시대 집단(cohort) 기준에서 1981~2004년 출생한 집단인 밀레니얼 세대는 베이비부머의 자녀 세대로 특징지어지는데 부모 세대가 사회 구성원으로서 정체성을 나타내기 위해 패션을 보여주기 위한 것으로 활용했다면 밀레니얼들은 자신만의 정체성을 표현하는 도구로 패션을 사용하고 있다. 최근 밀레니얼 세대가 경제활동을 시작하면서부터 쇼핑 채널 구도에 큰 변화를 가져 오고 있는 것으로 분석되고 있다. 디지털에 친숙한 밀레니얼 세대는 쇼핑을 하는 방식에 있어서도 다른 세대와 차이를 보이는데 특히 모바일 기기를 통한 인터넷 이용시간이 다른 세대에 비해 약 1.5배 많은 것으로 나타났다. 이처럼 밀레니얼 세대에게 스마트폰이란 자기 자신의 확장 개념이며 오프라인의 상호작용보다 모바일 앱 내에서 더 높은 비중을 차지하는 디지털 라이프를 구성하고 있다는 점에서 매우 중요시되고 있다. 또한 밀레니얼 세대가 이전 세대와 특히 구별되는 특징은 패션을 포함한 제품 선택에 있어서 윤리적인 요소를 중요하게 고려하며 기업의 사회적 책임과 지속 가능성에 대한 높은 기준을 요구한다는 점이다.

소비자 행동(consumer behavior)이란 '소비자들이 그들의 니즈를 충족시키기 위해 제품 구매 전 정보를 조사하고 구매하고 사용하며 여러 제품들을 평가하고 폐기하는 과정에서 보이는 모든 행위'를 말한다. 즉 소비자 행동은 소비자들이 매력적으로 느끼는 제품과 서비스를 포함하기도 하고 기업이 소비자들에게 제품을 처음 제시할 때 노력에 대해 고객이 어떠한 행동을 하는지, 또 다양한 매체를 통해 제품을 홍보했을 때 그들이 어떻게 반응하는지 등을 포함한다. 소비자가 어떠한 제품을 사고 싶어 하는지 알아보기 위해 소비자 개개인 혹은 집단을 기준으로 소비자들의 구매 결정에 대하여 조사하는 것이 요구된다. 성공적인 패션 비즈니스를 위해 패션 소비자들의 구매 습관에 영향을 미칠 수 있는 사회경제학적 · 인구통계적 패턴을 조사하는 것은 큰 도움이 되며 각 패션 소비자들의 구매 동기, 개성, 인지, 태도를 파악하거나 가족, 사회적 집단(학교, 직장), 하위문화 등 집단으로서 그들의 사회적 · 문화적 특성을 조사하는 것도 필요하다.

소비자의 행동은 많은 요인들의 영향을 받으며 이러한 요인들 간 상호작용으로 소비자 행동이 변화하기 때문에 소비자 행동을 이해하는 것은 매우 어렵고 복잡하다. 그러나 소비자들은 패션 기업에서 제공하는 제품, 가격, 유통, 커뮤니케이션을 통해 스스로 의사결정 과정을 거쳐 반응을 나타내는 것은 분명하다. 따라서 패션 비즈니스 관리자로서 소비자들의 다양한 행동을 이해하기 위해서는 나침반 역할을 하는 기준이 필요하다. 아래 그림은 소비자 행동분석의 기준이 되는 기본 모델이며 이 모델에 의하면 소비자는 사회 · 문화적인 요인과 개인적 · 심리적 요인, 인구 통계적 요인과 상황적 요인에 의해 패션 제품 구매 시 의사결정에 영향을 받게 된다. 더불어 마케팅 자극에 의해서도 소비자들의 구매의사가 영향을 받게 되며, 마케팅 관리자들은 소비자들의 의사결정 과정과 영향요인들을 파악하여 마케팅 전략을 수립하여야 한다.

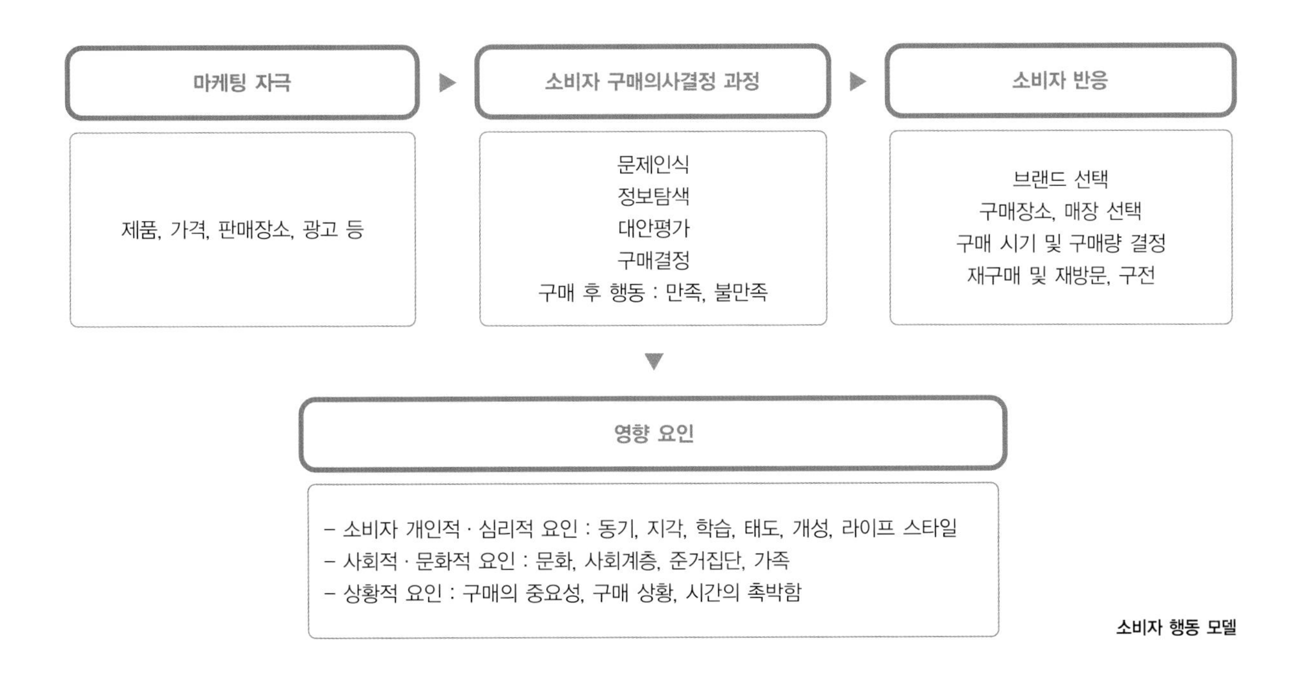

소비자 행동 모델

패션 소비 트렌드

소비 트렌드는 소비 행위가 가지고 있는 가치에 동조하여 다수의 소비자가 따르는 흐름을 의미한다. 소비 트렌드는 한 공동체의 사회 · 경제 · 문화의 거시적인 모습을 담고 있어서, 사회의 흐름을 파악하는 데 필수적이다. 특히 패션 소비 트렌드의 이해와 적용은 패션 비즈니스와 마케팅 전문가들에게 매우 중요한 업무이다. 소비자 행동과 선호도는 예전보다 더 빠르고 크게 변화하고 있으며 패션 예측가와 마케터들에게 소비 트렌드를 추적하는 일이 매우 중요해지고 있다. 패션 소비 트렌드는 끊임없이 진화하고 있으며 트렌드 분석(trend watching)을 통해 소비자 행동 트렌드를 이해하는 능력은 수익률 있는 혁신을 만들어낸다. 패션 기업은 기업 내에 패션 트렌드 예측팀을 두거나 예측 에이전시의 정보를 구매하는 방법으로 소비자 트렌드 정보를 얻는다.

패션 소비 트렌드의 양상은 지속적으로 변화하고 있으며 특히 디지털 네트워크와 경제 발전에 따라 소비자들이 유형 상품에서 감성과 서비스 재화로 소비를 이동하는 현상인 '상품 이탈'이 가속화될 것으로 예상된다. 상품보다는 경험과 참여로, 구매 행동 자체보다 소비 여정과 장소 등 서비스, 감성 경험으로 소비의 무게중심이 이동하면서, 패션 역시 소비자들의 높아진 안목에 따라 차별화된 가치를 갖지 못할 경우 소비자들의 선택에서 밀려나고 있다. 한편 함부로 드러내지 않았던 자기만의 의미인 취향과 정치적·사회적 신념을 '커밍아웃'한다는 점에서 이런 현상을 '미닝아웃(meaning out)'이라고 한다. 미닝아웃이 전통적인 불매운동과 차원이 다른 지점은 그 의미가 다양해지고 표현방법도 놀이처럼 변하고 있다는 데 있다. 소셜미디어에 자신의 관심사를 해시태그로 붙이고, 축제 같은 집회에 나들이 가듯 참석하며, 메시지를 담은 슬로건 패션을 통해 미닝아웃을 실천한다. 1960~1970년대 히피 문화의 일종으로 처음 등장한 슬로건 패션은 초기에는 'Make Love'나 'Not War' 등과 같이 반전, 평화, 환경보호 등의 저항 정신을 담아냈지만, 최근에는 최근에는 각자의 개성을 살린 독창적인 패션으로 진화하고 있다. 패션계에서는 자신의 가치관이나 정치적 견해를 표현하는 슬로건 패션이 영국의 브렉시트 투표나 미국 대선 과정에서 활발하게 나타났고, 런웨이에서도 디올이 2017년 S/S 시즌 컬렉션에서 선보인 'WE SHOULD ALL BE FEMINISTS' 티셔츠를 통해 여성 운동의 목소리를 대변했다.

패션 마케팅 관리자들은 빠르게 변화하는 패션 소비 트렌드에는 어떠한 것이 있는지, 또한 이러한 트렌드가 나타나게 된 배경과 결과에 대해 다음의 질문들을 통해 꾸준히 분석해야 한다.

- 새로운 비즈니스 콘셉트와 브랜드 개발에 있어서 기업의 비전에 영향을 미치는 잠재력 있는 트렌드인가?
- 신상품, 새로운 서비스 혹은 경험 등 소비자에게 새로운 무언가를 제공하는 트렌드인가?
- 마케팅, 광고, PR을 통해 커뮤니케이션하는 데 있어서 새로운 트렌드가 이미 존재하는 소비자 트렌드의 언어도 전달되는가?

이러한 질문들을 통해 기업은 소비자들에게 흥미 있는 신상품을 개발하기 위해 소비 트렌드를 기업의 경쟁력으로 활용할 수 있어야 한다.

디올의 미닝아웃 슬로건 패션

패션산업과 브랜드

패션산업의 이해

패션산업이란 의류산업 외에도 패션과 관련된 상품을 생산, 판매하고 알리는 모든 산업을 의미한다. 패션산업은 좁게는 어패럴, 즉 의류산업을 일컫지만 관련 산업 간의 유기적 협력을 필요로 하는 패션산업의 특성상 보다 넓은 범위의 다양한 산업군이 패션산업의 범주에 포함된다. 예를 들어, 패션소재 생산업과 판매업, 부자재 제조업과 판매업, 의류제조업과 판매업, 액세서리, 패션 관련 출판업과 교육사업, 패션 광고업, 패션 컨설턴트, 패션 정보업, 패션 수출입 비즈니스 등과 같은 보조 사업도 모두 패션산업에 포함된다. 아래의 표는 인간의 신체를 기준으로 가장 가까운 범위에서 점차 확대된 범위로 넓혀 나가면서 패션산업의 범주를 분류한 것이다.

우리나라의 패션산업은 1960년대에 제조업을 중심으로 발달하여 1990년대 이후 패션산업의 핵심이 패션기획과 유통으로 옮겨가는 일대 전환기를 거쳐 2000년대에 들어서면서 패션산업의 글로벌화로 국내외 패션업체 간의 경쟁과 소비자 라이프 스타일의 다양화, 소비의 양극화 현상에 의한 시장세분화 현상이 나타나고 있다.

패션산업의 범주

<table>
<tr><th rowspan="2">범위</th><th colspan="5">광의의 패션산업</th></tr>
<tr><th></th><th colspan="2">협의의 패션산업</th><th colspan="2"></th></tr>
<tr><td>분류</td><td>제1생활공간
(health & beauty)</td><td colspan="2">제2생활공간
(wardrobe)</td><td>제3생활공간
(interior)</td><td>제4생활공간
(community)</td></tr>
<tr><td rowspan="3">해당 산업</td><td rowspan="3">• 뷰티 관련 산업(화장품, 이미용)
• 클리닉산업
• 건강용품, 식품산업</td><td>패션제품</td><td>어패럴 및 복식, 액세서리산업</td><td rowspan="3">• 가정용품산업(생활잡화, 침구, 가구, 조명, 가전 등)
• 인테리어 산업</td><td rowspan="3">• 주택산업
• 자동차산업
• 외식산업
• 숙박, 레저산업</td></tr>
<tr><td>섬유직물 부자재</td><td>• 섬유산업 및 관련 과학산업
• 직물, 직조, 편직산업
• 모피, 원단 및 염색 가공산업
• 부자재 산업 및 소재 판매업</td></tr>
<tr><td>유통 및 정보, 교육</td><td>• 패션 도소매 및 유동산업
• 패션 미디어산업
• 패션 정보 분석 및 연구산업
• 광고 및 홍보대행산업
• 패션 교육산업</td></tr>
</table>

국내 패션산업의 발전단계

성장과정	시기	의류산업의 구조 및 특성	대표적인 패션업체
태동기	1960~1978년	양적 추구시대 • 대기업의 기성복 산업 진출과 대량생산 • 수출 급신장과 수출 주도형 대량생산 • 임금 노동력 확보	• 양복, 양장업계와 대기업의 공존(반도, 제일모직, 한일합섬, 코오롱 등) • 섬유업체
도입기	1980년대 전반기	질적 추구시대 • 대기업의 내셔널브랜드, 라이선스 도입 • 수출신장과 중소업체의 기성복 진출	• 중소전문업체 (논노, 대현, 나산, 성도, 이랜드, 뱅뱅 등)
성장기	1980년대 후반기	감성의류 욕구시대 • 수출 둔화, 내수신장, 생산비 증가 • 88올림픽의 영향으로 스포츠, 캐주얼 시장의 발달	• 고감도 패션업체 (데코, 보성, 태승 등)
성숙기 Ⅰ	1990년대	고감도 캐주얼 및 개성시대 • 교복자율화 영향으로 캐주얼 브랜드 및 단품판매 활성화	• 고감도 캐주얼 및 수출전문 업체 (한섬, 일경 및 유림, 신원 등)
성숙기 Ⅱ	2000년 이후	글로벌 경쟁시대 • 해외소싱 및 직수입 브랜드 • 유통다각화 및 브랜드 간 경쟁 심화	• 세계적인 명품 브랜드, 할인점, 홈쇼핑의 저가의류 • 고감도 남성복, SPA 브랜드

다른 산업과 비교한 패션산업의 특징은 고객의 욕구와 유행의 빠른 변화에 신속하고 탄력적으로 대응해야 하는 산업이며, 스피드 경영이 필요한 유행산업이라는 점이다. 다양한 사회, 문화, 예술적 환경에 노출되어 있는 소비자의 기호가 환경에 영향을 받는 경향이 증가하면서 소비자들의 반응을 꾸준히 관찰하여 상품에 적용해야 한다. 패션 상품의 가치는 물리적 가치 외에도 디자인, 유행, 디자이너의 미적 표현 등 패션 상품이 제조되는 과정에서 상품의 상징적 특성과 서비스, 브랜드 고유의 감각적 이미지에 의해 가치가 상대적으로 평가되는 고부가가치 산업이다. 또한 패션 상품과 브랜드의 기획과 런칭에 앞서 소비시장이나 유행정보 조사가 선행되어야 할 만큼 패션산업에 있어 정보 수집과 분석은 필

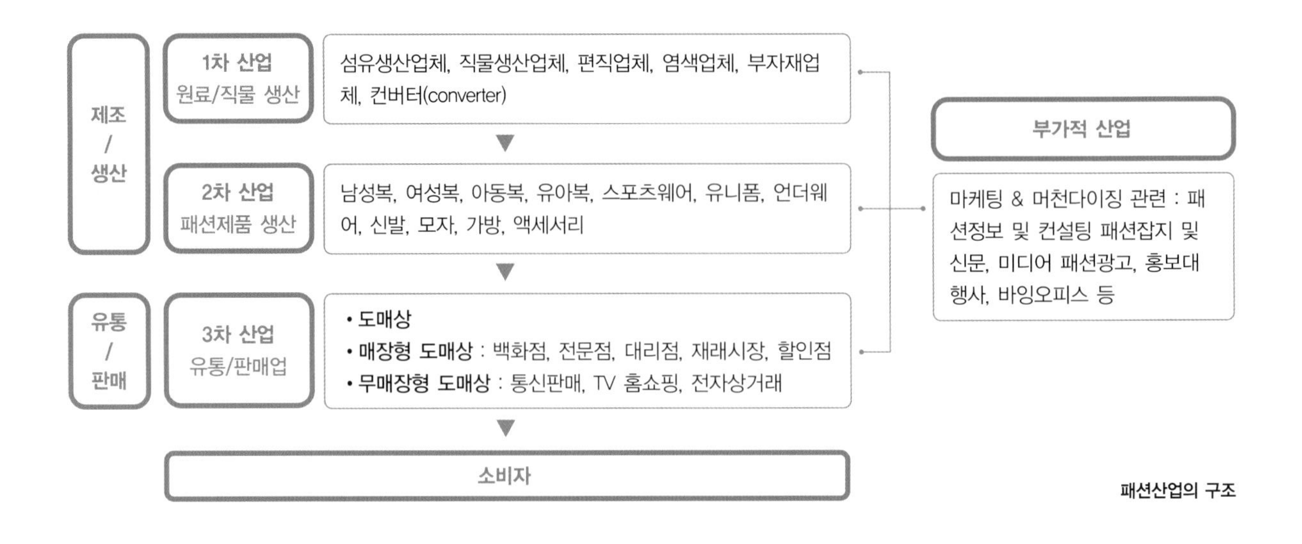

패션산업의 구조

수 과정이다. 패션산업은 상품의 생산에서 유통, 판촉까지 각 단계별 아웃소싱이 가능하며 패션 상품 간 경쟁에서 소비자가 선택하는 상품을 만들어 내기 위해 패션기업은 신속한 유행 변화 외에도 고급화·개성화되어 가는 소비자들의 욕구와 라이프 스타일을 파악하고 반영하여야 하는 소비자 지향산업이다. 최근 의복에 대한 다양한 기능성이 요구되면서 섬유화학 분야의 첨단기술이 의복과 접목되어 기능적인 디자인으로 표현되기도 하며 웨어러블 컴퓨터나 고객의 3D 바디사이징 시스템, 무인 물류 체계, CAD 등의 사용으로 패션산업은 첨단산업과 연계성이 높은 기술산업이라 할 수 있다.

패션 브랜드와 상품

미국 마케팅 협회(AMA, American Marketing Association)에 의하면 브랜드는 '경쟁 브랜드과 차별화되고 다른 제품과 구별될 수 있도록 만들어진 이름, 즉 브랜드명, 브랜드 관련 용어, 표시(sign), 상징, 디자인, 혹은 이들의 조합'이다. 기업은 강력한 브랜드를 만들기 위해 고객의 니즈와 욕구를 이해해야 하며 브랜드 충성도를 높이기 위해 브랜드 전략을 통합하는 것이 필수적이다. 성공적인 브랜딩은 선도적인 포지셔닝 전략을 바탕으로 해야 한다. 경쟁 브랜드와 차별화되기 위해서는 경쟁사 브랜드는 무엇을 하고 있는지 파악하고 시행착오 사례를 분석하고 이해하는 일도 매우 중요하다.

패션산업에서 디자이너의 이름이 종종 브랜드명으로 사용되며, 캘빈클라인이나 타미힐피거처럼 이름과 성이 모두 사용되기도 한다. 혹은 프라다나 구찌처럼 성만 브랜드명으로 사용되는 경우도 있다. 나이키와 휠라처럼 특정 디자이너에 상관없이 강력한 패션 브랜드들을 만들어 낸 사례도 많이 있지만 우리가 그 브랜드에 대해서 바로 인지할 수 있을 정도가 될 때까지 수많은 시간과 자금이 필요했다. 현재의 일시적인 패션(fads)과 트렌드 흐름 때문에 디자이너의 이름을 사용하여 브랜드명을 만드는 것이 가장 좋은 방법이다.

패션 브랜드의 유형은 제조업체 브랜드인가 소매업체 브랜드인가로 먼저 구분하여 제조업체 브랜드인 경우에는 국내 브랜드인지 해외 브랜드인지, 해외 브랜드라면 직수입 브랜드인지 라이선스 브랜드인지 구분할 수 있다. 소매업체 브랜드는 다시 소매업체 자체 브랜드인지 제조 소매업체 브랜드인지로 구분한다. 다음 그림과 표는 패션 브랜드를 분류하여 설명한 것이다.

패션 상품이란 패션에 대해 소비자가 갖는 욕구를 만족시켜 주는 상품이다. 패션 상품은 유행과 시즌에 따라 스타일, 디자인, 컬러, 패션소재 등의 측면에서 새로운 신상품이 등장하고 시간이 지남에 따라 그 상품 가치가 급속히 감소하는 특징이 있다. 또한 동일한 디자인의 상품이 여러 개의 사이즈와 색상, 소재 등에 따라 상품을 분류하는 최소 단위인 SKU(Stock Keeping Unit)가 많으며 디자인이라는 심미적·예

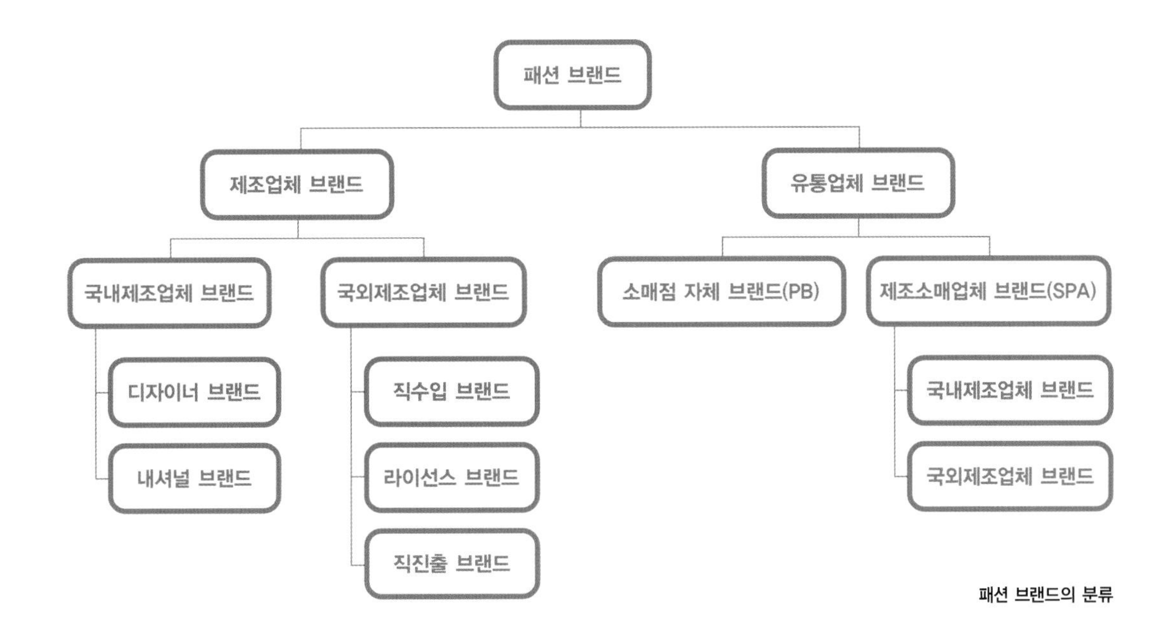

패션 브랜드의 분류

패션 브랜드의 분류

구분	내용
내셔널 브랜드 (national brand) : 제조업체 브랜드	• 국내 의류제조업체에서 독자적으로 개발한 브랜드, 제조업자가 직접 생산하여 전국을 대상으로 영업하는 브랜드(예 형지 – 샤트렌/보끄레머천다이징 – 온앤온)
매스 브랜드 (mass brand)	• 의류제조업체의 상표명 소유, 제조, 생사부터 판매까지 진행, 브랜드 제조업체의 직접관리에 의해 브랜드 이미지를 일관성 있게 유지(예 갤럭시, 빈폴, 헤지스, 코오롱스포츠 등 대기업 중심브랜드)
프라이빗 브랜드 (private brand) : 유통업체 브랜드	• 백화점이나 홈쇼핑 등의 유통업체가 독자적으로 개발하여 소유한 브랜드(예 롯데 – 타스타스, 헤르본/현대 – 어번 H/갤러리아 – 맨즈 GDS/이마트 – 자연주의/롯데마트 – 베이직아이콘, 위드원/홈플러스 – 프리선샛, 이지클래식, 스프링쿨러)
디자이너 브랜드 *디자이너 캐릭터 브랜드 *디자이너 브리지 라인 브랜드	• 디자이너 이름의 브랜드로 디자이너가 소유주인 독자적인 상표명의 브랜드(예 샤넬, 이영희) • 디자이너 능력을 바탕으로 한 내셔널 브랜드(예 정구호 – 구호/우영미 – 솔리드옴므) • 디자이너 브랜드의 세컨라인 브랜드(예 조르지오아르마니 – 엠포리오아르마니/도나카란 – DKNY)
라이센스 브랜드 (license brand)	• 도입기업이 패션 상품의 생산 · 판매를 공여기업으로부터 허가받아 사용하는 브랜드(예 닥스, 니나리치, 인터메조)
직수입 브랜드	• 브랜드의 본사에서 기획, 생산한 제품을 직수입, 수입 완제품을 판매하는 브랜드(예 신세계 인터네셔널 – 조르지오 아르마니, 몽클레어/FNC 코오롱 – 마크제이콥스/한섬(무이) – 발렌시아가)
직진출 브랜드	• 국내에 직진출한 글로벌 브랜드(예 OOO KOREA – COACH KOREA)
제조소매업체 브랜드 (SPA)	• 제품의 기획, 생산, 유통에 이르는 체계가 매우 신속하여 신상품의 공급 주기가 매우 빠름(예 ZARA, GAP, H&M, 르샵, MIXXO, 8SECONDS)

술적 측면의 평가와 함께 개인의 취향에 따른 주관적 평가가 이루어지는 특징이 있다.

패션 상품을 기획할 때에는 수요에 다른 아이템과 패션 유행성의 정도에 따라 베이식 상품(basic goods)과 트렌디 상품(trendy goods), 뉴베이식 상품(new basic goods)으로 구분하여 물량을 기획한다. 즉 베이식 상품과 트렌디 상품, 뉴베이식 상품이 전체 상품 구색이나 생산 물량에서 차지하는 비율을 정하는 것이다. 베이식 상품은 클래식 스타일의 상품으로 스타일 변화가 크지 않고 매 시즌 등장하는 옷이라 할 수 있다. 트렌디 상품은 스타일이나 컬러, 소재, 디테일 등에서 베이식 상품과 구별되며 그 차별성 때문에 소비자들의 구매 욕구를 불러일으킨다. 그러나 유행이 지나면 트렌디 상품도 식상하게 된다. 새롭게 소개된 트렌디 상품에 대하여 소비자들의 호응이 좋을 경우 동일한 상품을 다음 시즌에 계속 출시하게 되기도 하는데 이를 뉴베이식 상품이라 한다.

패션 상품은 가격대에 따라 분류하기도 한다. 가장 최고가인 프레스티지(prestige)에서 시작하여 고가인 브리지(bridge) 라인, 베터(better), 볼륨베터(volume better), 중저가인 볼륨(volume), 저가인 버짓(budget) 순으로 가격이 낮아진다.

글로벌 패션 브랜드

영국 브랜드 가치평가기관인 브랜드 파이낸스(Brand Finance)는 매년 브랜드들의 가치 평판 순위를 매기며 이러한 순위는 판매 및 시장 점유율뿐 아니라 마케팅 투자, 친숙도, 충성도, 직원만족도와 기업 평판 등과 같은 요소를 바탕으로 정해진다. 전 세계적으로 우수한 글로벌 패션 브랜드들 중 상위권을 유지하고 있는 브랜드로는 나이키, 아디다스, 자라, 루이비통, 구찌 등이 있다. 끊임없이 변화하는 소비 환경에서도 소비자들의 충성도를 유지하고 있는 글로벌 패션 브랜드에는 그 무언가가 있기 때문이다. 브랜드 전략가 데이비드 아커(Darid A. Aaker)는 고객의 브랜드 충성도가 높을수록, 브랜드 인지도가 좋을수록, 지각된 품질과 브랜드 연상 이미지가 좋을수록 브랜드 자산이 증가된다고 설

1 나이키 테크랩 디자인
2 아디다스 니트 포 유 팝업스토어

명하였다. 소비자들이 자신의 브랜드를 좋아해서 그 브랜드 상품만 고집하여 구매하도록, 즉 브랜드 충성도를 높이기 위해 치열하게 경쟁하는 패션시장 속에서 글로벌 패션 브랜드들이 소비자들의 호응을 얻으려고 노력하는 사례들이 있다.

최근 다양한 기술을 통한 데이터 취합이 용이해지면서, 패션산업에서도 빅데이터를 활용하는 경우가 증가하고 있는데 글로벌 패션 브랜드 나이키는 웨어러블 디바이스를 착장하고 활동을 했던 운동선수들의 행동 패턴을 분석한 데이터를 기반으로 신개념의 운동복을 출시해서 인체공학적 스포츠 웨어의 새로운 장을 열고 있다. 독일의 아디다스는 독일 정부의 인더스트리 4.0 기조에 발맞춰 패스트 팩토리를 시작한 이래 온 스폿 디자인 & 프로덕션 플랫폼(On Spot Design & Production Platform)은 점차 확대되고 있다. 또한 아디다스는 베를린에서 선보인 슈즈 3D(Shoes 3D) 온디맨드 서비스를 뉴욕에서 상용화하는 계획 발표와 함께 베를린에서는 니트를 매장에서 디자인해 구매, 생산까지 완결할 수 있는 아디다스 니트 포 유(Adidas Knit For You) 베를린 팝업 스토어를 시범적으로 운영하여 3D 온디맨드형 기획 생산의 미래를 보여 주었다. 최근 중국에서는 이와 같은 흐름의 연장선상에서 소량 생산(10장 미만)이 가능한 공장 운영 시스템 구축에 들어갔으며, 미국에서는 다양한 3D 프린팅 소재 개발을 통해 온디맨드 시스템 구축을 위해 투자하고 있다.

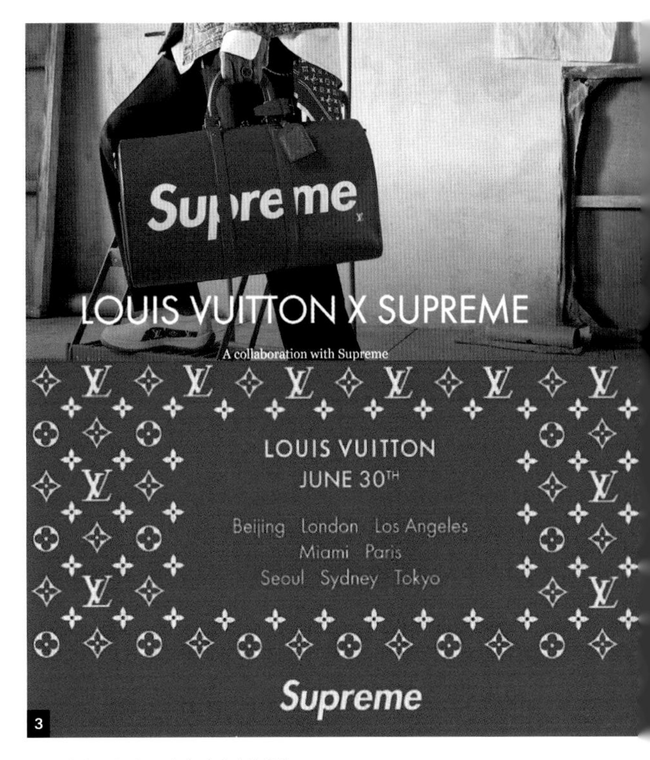

3 루이비통과 슈프림의 컬래버레이션

글로벌 패션 브랜드 루이비통(Louis Vuitton)의 2017 F/W 남성복 컬렉션은 스트리트 패션 브랜드인 슈프림(Supreme)의 로고가 박힌 가방으로 시작되어 브랜드 컬래버레이션을 선보이며 호응을 얻었다. 루이비통은 슈프림과의 협업으로 밀레니얼 세대들을 공략하는 혁신과 실험 정신을 선보이며 젊은 이미지로 변화시키는 데 성공했다는 평가를 얻고 있다. 루이비통은 서울을 포함하여 베이징, 런던, LA, 마이애미, 파리, 도쿄, 시드니 등 전 세계 8개 매장에 루이비통과 슈프림의 협업 제품에 대한 동시 판매를 진행했으며 한정판 제품을 출시하였다. 나이키, 반스, 노스페이스 등 유명 브랜드부터 꼼데가르송, 톰 브라운 등 럭셔리 브랜드까지 총 700회가 넘는 컬래버레이션을 진행해온 슈프림은 루이비통과의 컬래버레이션도 성공을 거두었다. 루이비통 고유의 모노그램 패턴과 카무플라주(camouflage), 그리고 고유마크인 레더 워크에 슈프림 로고를 녹여낸 아이템은 자연스러운 조화를 이루며 한정판 제품들로서 소비자들에게 좋은 호응을 얻었다.

구찌는 세계 젊은 고객들의 대다수가 동물 모피 사용을 선호하지 않으며 구찌 고객의 40% 이상이 밀레니얼 세대라는 점과 기술 혁신으로 천연 모피를 대체할 만한 패션 소재가 개발되고 있다는 점에 주목하여 동물 모피 판매 중단을 선언하였다. 구찌의 모회사인 케링이 사상 처음으로 주가수익배율(PER)이 루이뷔통의 모기업인 LVMH를 제치며 다양화를 무기로 밀레니얼 세대의 취향을 적중했다는 평가를 받았다. 구찌는 제품의 색상과 패턴을 다양화하고 생산 교체 주기를 다르게 하는 식으로 제품군을 다양화한 전략이 밀레니얼 세대와 Z세대의 취향을 만족시킨 것으로 보이며 디지털 IQ 지수에서도 1위에 등극하며 SNS를 비롯한 디지털 환경에서의 브랜딩 전략이 성공했음을 입증하였다.

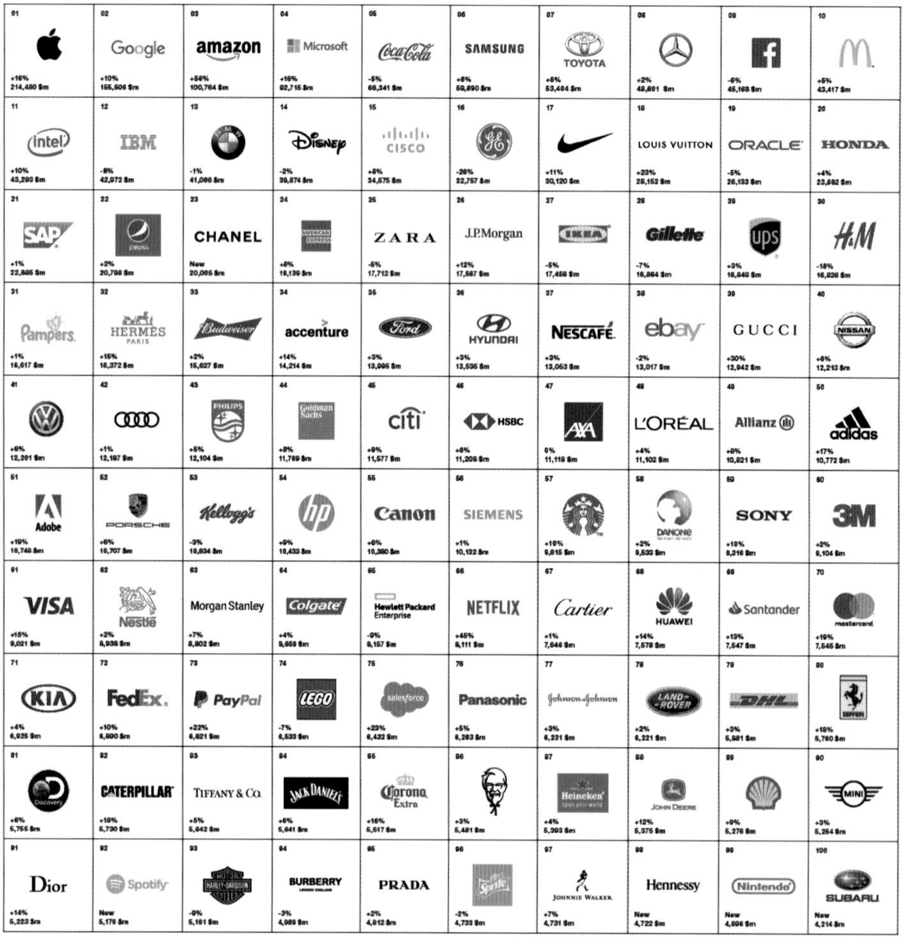

No.	Brand	Change	Value
01		+16%	214,480 $m
02	Google	+10%	155,506 $m
03	amazon	+56%	100,764 $m
04	Microsoft	+16%	92,715 $m
05	Coca-Cola	-5%	66,341 $m
06	SAMSUNG	+6%	59,890 $m
07	TOYOTA	+6%	53,404 $m
08		+2%	48,601 $m
09	f	-6%	45,168 $m
10		+5%	43,417 $m
11	intel	+10%	43,293 $m
12	IBM	-8%	42,972 $m
13	BMW	-1%	41,006 $m
14	Disney	-2%	39,874 $m
15	CISCO	+8%	34,575 $m
16	GE	-26%	32,757 $m
17		+11%	30,120 $m
18	LOUIS VUITTON	+23%	28,152 $m
19	ORACLE	-5%	26,133 $m
20	HONDA	+4%	23,682 $m
21	SAP	+1%	22,885 $m
22	pepsi	+2%	20,798 $m
23	CHANEL	New	20,005 $m
24	AMERICAN EXPRESS	+8%	19,139 $m
25	ZARA	-5%	17,712 $m
26	J.P.Morgan	+12%	17,567 $m
27	IKEA	-5%	17,458 $m
28	Gillette	-7%	16,864 $m
29	ups	+3%	16,849 $m
30	H&M	-18%	16,826 $m
31	Pampers	+1%	16,617 $m
32	HERMÈS PARIS	+15%	16,372 $m
33	Budweiser	+2%	15,627 $m
34	accenture	+14%	14,214 $m
35	Ford	+3%	13,995 $m
36	HYUNDAI	+3%	13,535 $m
37	NESCAFÉ	+3%	13,053 $m
38	ebay	-2%	13,017 $m
39	GUCCI	+30%	12,942 $m
40	NISSAN	+6%	12,213 $m
41		+6%	12,201 $m
42		+1%	12,187 $m
43	PHILIPS	+5%	12,104 $m
44	Goldman Sachs	+8%	11,769 $m
45	citi	+9%	11,577 $m
46	HSBC	+6%	11,208 $m
47	AXA	0%	11,118 $m
48	L'ORÉAL	+4%	11,102 $m
49	Allianz	+8%	10,821 $m
50	adidas	+17%	10,772 $m
51	Adobe	+19%	10,748 $m
52	PORSCHE	+6%	10,707 $m
53	Kellogg's	-3%	10,634 $m
54	hp	+9%	10,433 $m
55	Canon	+6%	10,380 $m
56	SIEMENS	+1%	10,132 $m
57		+10%	9,615 $m
58	DANONE	+2%	9,533 $m
59	SONY	+10%	9,316 $m
60	3M	+2%	9,104 $m
61	VISA	+15%	9,021 $m
62	Nestlé	+2%	8,938 $m
63	Morgan Stanley	+7%	8,802 $m
64	Colgate	+4%	8,659 $m
65	Hewlett Packard Enterprise	-9%	8,157 $m
66	NETFLIX	+45%	8,111 $m
67	Cartier	+1%	7,646 $m
68	HUAWEI	+14%	7,578 $m
69	Santander	+13%	7,547 $m
70	mastercard	+19%	7,545 $m
71	KIA	+4%	6,925 $m
72	FedEx.	+10%	6,890 $m
73	PayPal	+22%	6,621 $m
74	LEGO	-7%	6,533 $m
75	salesforce	+23%	6,432 $m
76	Panasonic	+5%	6,293 $m
77	Johnson&Johnson	+3%	6,231 $m
78	LAND ROVER	+2%	6,221 $m
79	DHL	+3%	5,881 $m
80		+18%	5,760 $m
81	Discovery	+6%	5,755 $m
82	CATERPILLAR	+18%	5,730 $m
83	TIFFANY & Co.	+5%	5,642 $m
84	JACK DANIEL'S	+6%	5,641 $m
85	Corona Extra	+16%	5,517 $m
86		+3%	5,481 $m
87	Heineken	+4%	5,393 $m
88	JOHN DEERE	+12%	5,375 $m
89		+9%	5,276 $m
90	MINI	+3%	5,254 $m
91	Dior	+14%	5,223 $m
92	Spotify	New	5,176 $m
93	HARLEY-DAVIDSON	-9%	5,161 $m
94	BURBERRY	-3%	4,989 $m
95	PRADA	+2%	4,812 $m
96	Sprite	-2%	4,733 $m
97	JOHNNIE WALKER	+7%	4,731 $m
98	Hennessy	New	4,722 $m
99	Nintendo	New	4,696 $m
100	SUBARU	New	4,214 $m

Interbrand 2018 global brands 100

패션 마케팅과 프로모션

패션 마케팅이란

패션 마케팅은 광고, 디자인 개발과 비즈니스 실행을 결합하는 주요 업무이며 패션 마케터들은 목표 고객이 신상품에 주목할 수 있도록 광고를 진행한다. 패션 마케팅은 최신 패션 트렌드 및 소비자 구매 습관과 매우 밀접한 관련이 있으며 트렌드와 소비자 행동을 고려하고 목표 고객의 취향에 기반한 광고 캠페인이 포함되므로 최신 스타일과 패션산업 전반에 대한 이해가 필요하다. 패션 마케터는 패션 디자이너가 제안한 패션 제품을 판매하기 위해 패션 트렌드를 분석하는 일을 하며 디자이너와 소비자를 연결하는 업무를 맡는다. 패션 마케터는 향후 성공적인 트렌드와 소비자 집단을 분석해야 하며, 패션 제품을 목표고객에게 어떻게 판매할지를 알아야 한다.

패션 마케터는 브랜드 자산, 마케팅 기술과 소비자 구매 습관에 대하여 잘 알아야 한다. 그리고 기업의 마케팅 전략과 함께 제품 개발팀과 제품 라인별 구매 부서를 코디네이팅하는 업무를 맡기 때문에 커뮤니케이션 기술이 필요하다. 마케터들은 수익률과 가격정책을 결정하는 데 필요한 산술적 · 분석적 능력을 갖추어야 한다. 마케터들은 패션쇼 참관, 디자이너 쇼룸 미팅 참여부터 시각적 디자인, 광고 캠페인, 제품 판매 촉진 전략 및 브랜드 전략까지 다양한 직무를 맡게 되며 마케팅 믹스라는 전략 툴을 기반으로 기업 혹은 브랜드에 최적화된 전략들을 기획한다. 마케팅 믹스는 1953년 닐 보든(Neil Borden)에 의해 제안된 유명한 마케팅 이론이며, 다음의 4Ps라고 알려진 마케팅 믹스 요소들을 통해 효과적인 마케팅 전략을 실행할 수 있다.

- 제품(product) : 어떤 제품인가? 독창적인 판매 요소(USP, Unique Selling Point)는 무엇인가? 무엇이 이 제품을 경쟁 제품과 다르게 만드는가?
- 가격(Price) : 제조원가, 고객에게 판매될 때 최종 소매가, 경쟁 브랜드의 가격을 고려
- 판매 장소(Place) : 오프라인 매장에서 판매할지 온라인상으로 판매할지 결정. 경쟁 브랜드의 제품 판매 장소를 고려
- 촉진(Promotion) : 제품 판매 촉진을 위한 커뮤니케이션 유형이며 경쟁사 브랜드의 촉진 전략을 분석해야 함

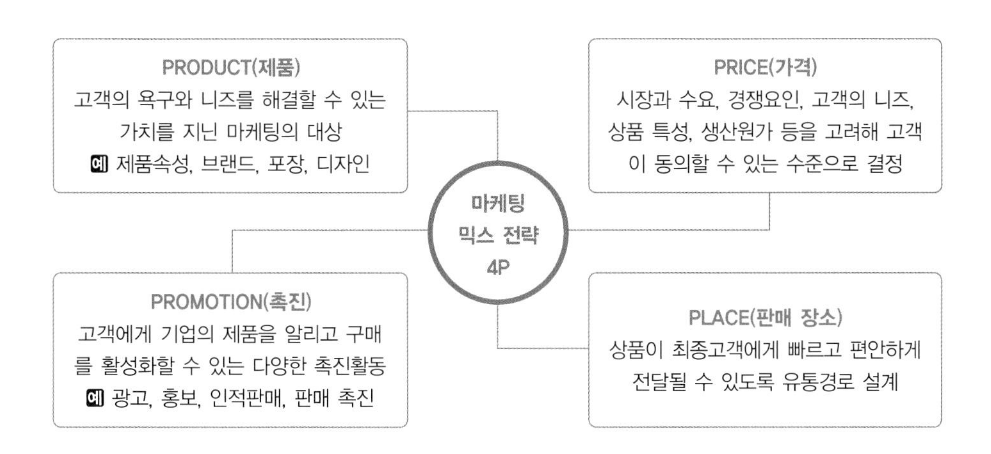

마케팅 믹스 4P

현대 소비자들은 트렌드에 민감하며 많은 정보 지식을 소유하고 있기 때문에 패션 마케터는 이에 대응하기 위해 최신 마케팅 트렌드를 업데이트하면서 가장 효과적인 방법으로 목표 고객의 구매를 유도해야 한다. 또한 브랜드는 소비자의 주목을 끌기 위해 항상 새롭고 흥미로운 방법을 찾는다.

이제 브랜드는 비용 절감을 위해 더 이상 전통적인 광고 기법을 사용하지 않지만 그래도 브랜드 신뢰도를 강화하면서 시장 규모를 유지하기 위해 여전히 전통적인 기법과 혁신적 마케팅 기법을 골고루 사용하는 브랜드들이 있다.

패션 기업은 브랜드에 대한 소비자 관심을 일깨우고 브랜드 충성도를 높이기 위해 소셜 미디어를 통한 바이럴 마케팅(viral marketing)을 실시한다. 바이럴 마케팅이란 TV나 라디오, 신문 같은 다소 비용이 비싼 로컬 매체가 아닌 저비용으로 정보 전파가 가능한 인터넷에서 기업의 제품이나 서비스 등을 홍보하는 마케팅 기법으로, 인터넷을 이용하는 유저들이 자발적으로 이메일이나 블로그, SNS 같은 매체로 입소문이 바이러스처럼 퍼진다고 해서 바이럴 마케팅이라는 이름으로 불리고 있다. 사람들은 자신의 관심사에 대해 다른 사람들은 어떤 생각을 가지고 있는지 생각하며 그 정보를 통해 실제로 제품 혹은 서비스를 이용하고 다시 자신의 생각을 다른 사람에게 전하고 싶어한다. 인터넷에서 자신의 정보를 쉽게 다른 사람에게 전할 수 있는 1인 미디어, 즉 블로그는 바이럴 마케팅의 가장 중요한 핵심 요소가 되어가고 있다. 대부분의 리딩 패션 브랜드들은 페이스북과 트위터 같은 소셜미디어를 통해 소비자들과 온라인상으로 커뮤니케이션을 하고 있으며 소셜 미디어는 촉진 전략, 판매, 소비 트렌드 분석에 매우 중요하다.

온라인 패션 기업 ASOS는 현대 패션산업에서 가장 소셜 미디어를 잘 활용한 기업 사례이다. ASOS는 23만 명의 페이스북, 베보(Bebo), 마이스페이스(MySpace) 팔로워를 보유하고 있으며 3만 명의 ASOS 트위터 팔로워를 보유하고 있다. ASOS의 e-커머스 책임자 제임스 하트(James Hart)는 다음과 같이 말한다. “우리는 소셜미디어를 통해 우리의 고객과 채팅해 왔으며 패션 유명인들의 트위터를 팔로우하면서 교류하고 있다.” 즉, 새로운 기술을 사용해서 커뮤니케이션하는 것이 중요하다고들 하지만 대부분의 마케팅 전문가들은 전통적인 기법과 일반적인 방법 또한 중요하다고 말한다. 소셜미디어는 소비자 주도적 커뮤니케이션 전략이자 홍보 전략이다. ASOS의 경우 패션 선도적인 16~34세의 소비자를 대상으로 버즈(buzz) 마케팅 캠페인을 진행하였다. 버즈 마케팅을 통해 기업은 제품 혹은 서비스에 대한 소비자 관심을 자극하고 마케팅 메시지를 강조하면서 전달한다. 긍정적인 ‘버즈’는 바이럴 마케팅, 홍보, 광고를 위해 필요하다.

패션 프로모션이란

패션 프로모션은 마케팅 믹스의 가장 중요한 요소 중 하나로 광고, 홍보(PR, Public Relations), 촉진 전략이 있다. 광고는 영화, TV, 인쇄매체, 옥외 광고판 등 유료 커뮤니케이션

바이럴 마케팅

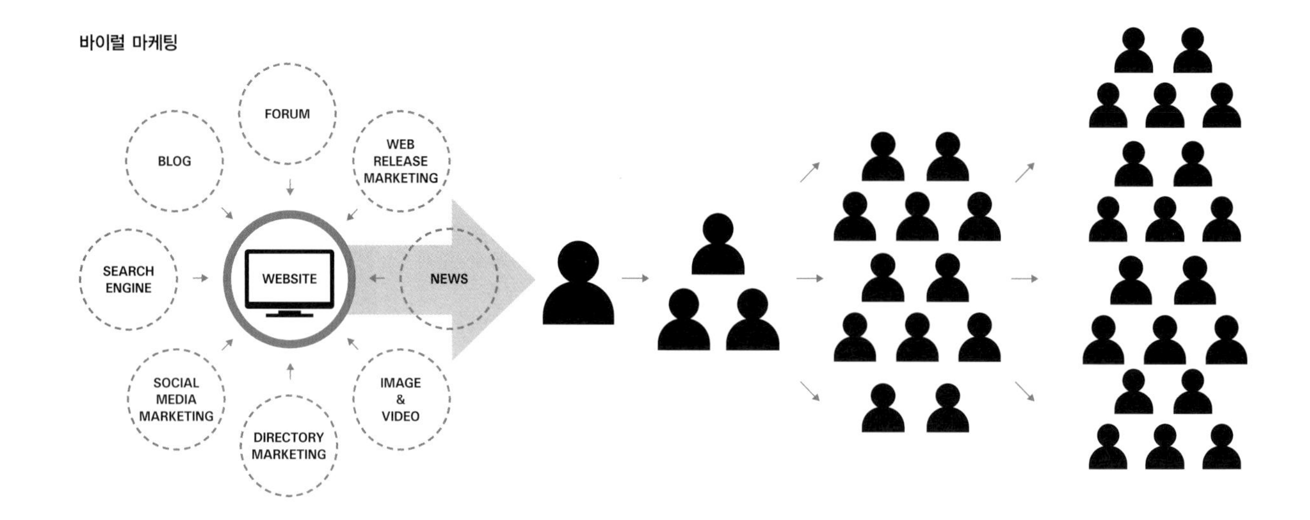

전략이며 PR은 직접적인 비용이 들지 않는 보도자료식 무역 박람회나 이벤트 등이 포함된다. 다른 촉진 전략으로는 브랜드 인지도 향상을 위한 바이럴 마케팅, 인터넷 혹은 만족한 고객이나 고용된 전문가들의 구전 정보 커뮤니케이션이 있다.

목표 고객의 구매를 촉진하는 모든 툴들을 고민해야 하며 패션 촉진의 주요 목적은 브랜드와 제품 인지도를 높이는 것이다. 규모가 큰 매스마켓 유통업체부터 독립적인 디자이너나 니치 마켓 브랜드까지 모든 패션 기업들은 성공을 위해 패션 촉진 테크닉을 사용해야 한다.

패션 광고는 의류, 액세서리와 향수 등 패션제품 판매 촉진을 위한 패션과 라이프 스타일 이미지 커뮤니케이션 전략이며 비용이 소요된다. 광고가 없는 삶은 상상할 수 없으며 TV, 영화 옥외 광고판, 대중교통 정류장, 신문, 매거진과 온라인 등 곳곳에 광고가 있다.

효과적인 패션 광고 전략의 주요 요소는 누가 고객인지, 고객이 선호하는 것은 무엇인지, 고객의 관심을 어떻게 끌지를 파악하는 것이다. 예를 들어 젊은 층의 패션 선도적 소비자들을 유도하기 위한 마케팅 수단은 패션 라벨이다. 가장 효과적인 광고를 유치하기 위해 제품 개발과 광고의 콘셉트에서 일관적인 인텔리전스를 갖는 것이 중요하다.

규모가 큰 패션 하우스는 많은 광고 예산을 계획하며 광고 캠페인 실행을 위해 패션 광고 에이전트를 고용한다. 중저가 패션 상품 매장 또한 고객의 관심을 끌기 위해 패션 광고를 진행하며 광고 예산은 낮지만 같은 목적으로 광고 전략을 실행한다. 모든 패션 브랜드의 광고 전략의 목적은 고객에게 제품과 브랜드를 어필하고 고객이 제품을 구매하도록 유도하는 광고 스토리를 전개하면서 고객과 관련된 이미지를 전달하는 것이다.

AIDA

—

패션 광고와 함께 목표 고객의 구매의도 과정을 설명하는 이론들은 많이 있다. 그중 AIDA는 단순하면서 효과적인 광고 이론이며 1989년 미국의 광고 및 판매 전문가인 엘모 루이스(E. St Elmo Lewis)가 제안했다. AIDA란 다음을 설명한다.

- A – 주의(Attention)
- I – 관심(Interest)
- D – 욕구(Desire)
- A – 행동(Action)

AIDA 모델에 의하면, 광고에 노출된 고객은 그 광고를 주목하고 광고에 제시된 제품의 장점, 혜택, 특징들로 인해 고객은 그 제품에 대해 관심을 갖게 된다. 고객들이 광고와 제품에 관심을 갖게 되어 결국 제품을 원하게 되는 욕망이 뒤따르게 된다. 고객들은 행동, 즉 그들의 욕망과 니즈를 충족하기 위해 구매를 하게 되는데 구매하는 행동은 광고의 성공적인 결과가 된다.

괴짜스러운 콘셉트로 젊은 층을 사로잡은 구찌 패션 광고는 소비자의 관심을 유도하고 제품을 구매하도록 하는 전략이며 목표 고객이 제품에 대해 관심을 갖도록 광고 캠페인을 만들어야 한다.

패션 프로모션의 유형

패션 홍보

홍보는 한 명 혹은 그 이상의 목표 고객이 제품이나 브랜드에 대하여 긍정적인 태도를 갖도록 메시지를 전달하는 것이다. 패션 홍보(fashion PR) 에이전시는 대중들에게 호의적인 이미지를 형성하고 유지하기 위해 고용된다. 홍보 전문가들은 대중들에게 기업의 브랜드명을 인지시키기 위해 창의적인 방법으로 브랜드 메시지를 TV, 신문, 라디오, 광고우편물(DM, Direct Mail)과 같은 채널을 통해 전달한다. 또한 공식 발표문을 작성하고 기자회견을 진행하며 문제나 위기가 발생할 경우 미디어를 연결하는 일을 책임지기 때문에 홍보 실무자들은 미디어 관련자들과 밀접한 관계를 유지하여야 한다.

홍보 전문가들은 일반인이나 저널리스트, 기업의 질문에 답해야 할 의무가 있으며 공식 발표문과 문서를 작성하며 기자회견, 전람회, 리셉션, 투어 등을 준비한다. 또한 기업 내 저널을 만드는 일, 관계 맺는 일, 홍보 캠페인 기획 등의 업무를 담당한다.

성공적인 홍보를 위해 뛰어난 문서 작성 능력과 의사소통 기술, 한번에 여러 일을 진행하는 능력을 갖추어야 한다. 또한 창의성과 의사결정 능력, 설득력이 필요하다. 홍보직 입문의 경쟁은 매우 치열하기 때문에 많은 사람들이 저널리즘, 광고, 마케팅에서 경력을 쌓은 뒤 홍보 직무에 임한다.

여론 캠페인

보도자료와 미디어 광고는 브랜드와 패션 기업에 대한 긍정적 여론을 만들어 내는 정보이다. 전통적인 책자와 신문, 최근에 급증한 패션 블로그, 페이스북, 트위터 등 인터랙티브한 소셜 미디어 등을 통해 브랜드에 대하여 여론을 환기시킨다. 보도자료는 신상품, 컬렉션 혹은 패션 제품 라인을 소개하기 위해 미디어를 통해 전파된다. 목표 고객들은 패션 매거진, 신문, 블로그들을 통해 신상품 소개, 런칭 소식, 패션쇼와 이벤트, 성공사례, 브랜드에 대한 소식 등 브랜드 활동 정보를 받는다. 규모가 작은 브랜드와 기업은 좀 더 많은 목표 고객에 도달하기 위해 홍보 에이전시의 도움을 받는다.

PPL 전략

간접광고 전략 혹은 임베디드 마케팅으로도 알려져 있는 PPL(Product Placement) 전략은 패션 상품을 TV, 영화, 셀러브리티을 통해 노출시켜 브랜드 인지도와 매출을 향상시킨다. 셀러브리티 문화를 활용한 PPL 전략은 매우 효과적이다. 패션 하우스는 홍보 전략의 일환으로 시상식과 영화 시사회를 위한 드레스나 단순히 일상복을 유명인에게 옷을 입게 해서 신문, 매거진, 인터넷을 통해 그 사진이 대중들에게 노출되어 디자이너 이름이 자주 오르내리게 한다.

광고 유형

가장 대표적인 패션 광고의 유형은 보그나 하퍼스 바자 등 패션 매거진에 페이지를 채우는 인쇄 광고물이다. 인쇄 광고에는 LA, 뉴욕, 런던과 같이 도시에 배치된 옥외광고판도 포함된다. 프라다, 구찌, 샤넬과 같은 규모가 큰 패션 하우스는 광고 캠페인에 투자를 많이 한다. 웹사이트도 광고의 효과적인 유형으로 웹사이트 온라인은 24시간 오픈한 매장을

베네통 캠페인 이탈리아 브랜드 베네통은 독창적인 촉진으로 잘 알려져 있으며 이 광고 캠페인은 브랜드를 고객과 연결해 주는 효과적인 방법이었다.

갖는 것과 같다. 성공적인 웹 광고는 더 많은 고객들을 유도할 수 있다.

패션 큐레이션

'큐레이션(curation)'은 미술 분야에서 사용되는 용어로, 미술관이나 박물관의 소장 작품 관리 및 전시, 연구 등을 통칭하는 용어였으나 정보의 유통량이 급증하는 시대적 상황은 정보의 수집과 배포, 해석의 행위 주체에 대한 중요성을 부각시켰고, 이에 예술 영역뿐만 아니라 광범위한 분야에 걸쳐서 사용되는 용어로 진화하였다. 큐레이션은 단순한 정보 수집의 행위를 넘어서 개개인의 관점에 따라 정보의 분류, 선별적 수집을 통하여 타인에게 새로운 가치로서의 정보를 배포하는 일련의 행위이다. 또한 스티븐 로젠바움(Steven Rosenbaum, 2011)은 오늘날의 큐레이션 개념에 대하여 시대의 흐름에 따라 용어의 의미가 변화된 것으로, 수집하거나 구성하려는 대상에 인간의 질적 판단, 취향이 개입되어 과잉된 정보를 선별 및 재구성함으로써 새로운 가치를 창출하는 작업이라고 설명하고 있다. 즉, 큐레이션은 다양한 경로를 통해 수집되는 정보들을 개인이 의도한 바에 따라 구성하여 색다른 가치가 부여된 정보의 생산과 교환의 과정이라고 정의할 수 있으며 이러한 큐레이션 행위가 이루어지는 플랫폼인 큐레이션 서비스를 이용함으로써, 서비스 이용자는 정보의 효율적 공유, 과도한 정보로 인한 피로도의 감소 효과를 기대할 수 있다.

큐레이션 서비스에서 파생된 소셜 큐레이션은 패션, 음악, 여행 등 다양한 분야의 정보를 소셜 네트워크 서비스에 큐레이팅하여 정제된 정보를 필요로 하는 사용자의 욕구를 충족시켜주고 있으며, 패션 분야에서 이루어지는 패션 큐레이션 서비스는 패션 상품의 소비 과정에서 나타나는 의복행동과 관련하여 패션 비즈니스에 직접적 영향을 미치고 있다. 패션 큐레이션은 온라인에서 패션과 관련된 정보들을 선택 및 해석하여 이를 재구성함으로써 의미 있는 컬렉션으로 창

루이비통 광고

조하는 것으로, 패션 큐레이션 서비스는 다양한 정보활동의 주체가 패션 상품과 관련된 제품, 매장, 가격, 이벤트 등에 대한 정보 선택 또는 독자적 구성 과정을 거쳐 형성된 새로운 정보를 공유하는 플랫폼이라고 할 수 있다.

아리스토텔레스(Aristoteles)는 "모든 인식은 눈에서 시작된다."라고 하였으며 이는 미학적 마케팅에서 시각적 요소(형태, 색, 서체)가 가장 중요함을 강조하는 맥락과 동일하다고 할 수 있는데, 오랜 기간 전개된 심리학 측면의 연구는 인간이 단어보다 그림에 대해 우수한 기억력을 발휘함을 입증하고 있으며, 이러한 의미에서 오늘날 글로벌 브랜드로의 포지셔닝을 추구하는 상당수 기업들은 인터넷, 모바일 공간에서의 효과적인 브랜드 아이덴티티 창조 및 구축을 위해 '제품 및 정보, 재인과 연상, 사용자 중심' 등을 키워드를 중심으로 한 웹 사이트(또는 모바일 애플리케이션) 활용에 매진하고 있다. 패션 큐레이팅의 매개자 역할을 하는 시각적 이미지는 패션 큐레이션 서비스를 이용하는 소비자의 쇼핑 성향, 이용 동기 등과 결부되어 패션 상품의 구매의도에 직·간접적 영향을 미친다고 할 수 있다. 이러한 이미지 기반 소셜 큐레이션을 이미지를 통하여 사용자의 취향과 관심에 대해 직관적이고 신속한 공유·소통에 편의성을 제공하는 인터페이스의 결과물이라 할 수 있다. 이미지 기반 큐레이션 서비스는 '관계'를 중심으로 하는 텍스트 기반의 플랫폼에서 발전한 형태로, 사진과 이미지를 기반으로 하여 '취미와 관심사'가 중점적으로 공유되는 직관적이면서 시각적 인지가 편리한 사용자 인터페이스로 구축되어 있다.

패션 큐레이션 서비스 기업 중 최근 성공사례로 많이 언급되는 스티치 픽스(Stitch Fix)는 2017년 약 1조 원의 매출을 기록하고 나스닥에 상장된 미국의 퍼스널 패션 스타일 서비스 스타트업이다. 기업 가치가 4조 원에 육박하는 거대 기업으로 시장에 안착한 스티치 픽스는 '스티치 픽스가 왜 의류 산업의 미래인가'와 같은 기사를 통해 이 기업이 업계 내에서 갖는 포지션을 명확하게 비춘다. 절정기를 맞고 있는 이 기업의 시작은 직장 생활과 MBA 과정을 동시에 소화하며 현대인의 고질병 '시간 부족'에 시달린 CEO 카트리나 레이크(Katrina Lake)가 5명의 직원과 꾸리던 보스턴의 작은 원룸이었다. 스티치 픽스는 시간 절약과 니즈 충족이 동시에 가능한 패션 큐레이션 서비스이며 사용자가 자신의 스타일과 치수, 피부색, 신체 콤플렉스, 즐겨 입는 색/브랜드, 예산 등을 설정하고, 스타일링 비용으로 20달러를 선결제한다. 이를 기반으로 인공지능(AI) 알고리즘이 사용자의 라이프 스타일을 분석한 뒤, 전문 스타일리스트가 고른 5점의 옷과 액세서리를 배송한다. 소비자는 마음에 드는 것만 골라 결제하고 나머지는 돌려보내면 되며 모든 과정에서 발생하는 배송료는 스티치 픽스가 부담한다. 1점만 구매해도 스타일링 비용을 돌려받고, 만약 5점을 모두 구매하면 25%를 할인받는다. 사용자의 구매·반품 데이터는 다시 AI의 분석 대상이 되어 회차를 반복할수록 취향 적중률은 높아지게 된다.

Our Clothing & Accessories
an endless assortment of shoes, accessories & apparel in
le imaginable—from 0-24W (XS-3X), petite & maternity.
CLUDING
✓ Plus
✓ Petite
✓ Maternity

패션 큐레이션 스타트업 스티치 픽스

"소비자는 자신에게 어울리는 단 한 벌의 청바지를 찾고 싶어 하지, 수많은 선택권을 원하지 않는다."
카트리나 레이크(Katrina Lake), 스티치 픽스 CEO

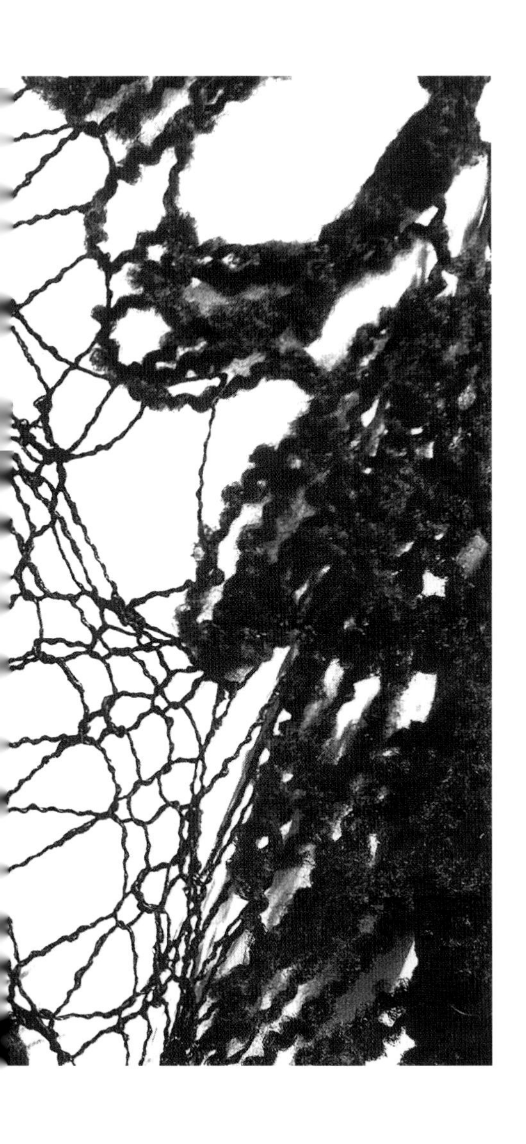

FASHION MATERIAL& HIGH TECHNOLOGY

CHAPTER 10
패션 소재와 하이테크놀로지

풍요로운 생활과 다양해진 사회구조 속에서 개성화·감각화·기능화되는 소비자의 성향에 따라 현대 의복의 상품가치는 실루엣이나 디자인뿐만 아니라 소재의 심미적인 요소와 기능성에 의해 크게 좌우된다. 최근 21세기 미래 신기술인 6T라고 불리는 IT(정보기술), BT(생명공학기술), NT(나노기술), ET(환경기술), ST(우주항공기술), CT(문화기술)는 기존 섬유산업과 접목되어 새로운 첨단소재 개발을 가능하게 하였다. 특히 정보통신기술(ICT)은 사물인터넷(IoT) 시대를 이끌어 가고 있는 핵심기술로 패션산업에도 ICT 기반의 첨단기술이 적용된 스마트패션 시장이 커져 가고 있다. 또한 제4차 산업혁명 시대를 맞이하여 공장의 자동화와 로봇공학의 접목으로 기계류, 공장, 창고시설을 가상물리시스템과 연결하는 네트워크를 구축함으로써 스마트 팩토리에 의한 효율적인 제품 생산이 가능해지고 있다. 이같이 자연소재와 더불어 쾌적하며 기능적이고 스마트한 패션 제품을 생산할 수 있게 됨으로써 우리의 의생활은 더욱더 풍요로워지고 있다. 따라서 이 장에서는 나날이 발전하는 패션 소재의 특성을 올바로 이해하고 사용목적에 따라 최대한의 효과를 거둘 수 있도록 설계된 고기능성 패션 제품의 성능과 그에 적용된 테크놀로지에 대해 살펴보도록 하겠다.

패션 기본소재

식물성 섬유

편안한 면섬유

면은 자연적이고 부드러운 감촉과 입었을 때 느껴지는 편안함으로 인해 전 세계적으로 남녀노소를 불문하고 인기 있는 소재이다. 면섬유는 목화나무에서 성장한 면화의 종자로부터 섬유를 분리하여 얻는 식물성 섬유로, 가격이 적당하고 흡수성이 우수하며 강도와 마찰에 대한 내성이 강한 실용적인 섬유이다. 물세탁이 가능하고 세제와 표백제의 종류를 가리지 않아도 되며 고온에서도 잘 견디므로 관리가 편리하여 속옷, 여름용 스포츠 웨어, 타월 및 침구류에 널리 이용된다.

면섬유는 가장 자극이 적은 천연소재이며 알레르기를 유발시키지 않아 피부가 민감한 사람에게 적합하다. 특히 3년 이상 화학비료나 농약을 살포하지 않은 토지에서 재배되고 염색 · 가공 단계에서 전혀 화학물질을 사용하지 않고 만들어진 유기농 면(organic cotton)은 유아 용품 및 노약자 용품, 침장용 등 특화된 용도에 사용된다.

최근 첨단 섬유기술의 발달로 다양한 면 제품이 개발되어 편안하고 기능적인 스포츠 캐주얼 웨어에 이용되고 있다. 이 중 면과 합성섬유의 혼방 제품은 순면제품보다 인체로부터 배출된 땀을 재빨리 원단의 표면으로 옮겨 빨리 마르게 하여, 덥거나 추운 기후에서 쾌적한 성능을 발휘한다. 특히 라이크라와 혼방된 스트레치면은 움직임이 편안해져 실용적인 스포츠 캐주얼 웨어에 많이 응용되고 있다. 이 밖에도 생명공학의 발달로 박테리아에서 폴리에스테르 물질을 만들어 내는 유전인자를 추출한 DNA로 코팅된 미립자를 면세포 속에 주입하면 면의 외관과 감촉을 지니면서 폴리에스테르처럼 가볍고 구김이 생기지 않으며 수축하지 않는 유전자 변형 면섬유를 얻을 수도 있다.

유기농코튼

CERTIFIED TO OE 100 STANDARD

ORGANIC 100 content standard

GLOBAL ORGANIC TEXTILE STANDARD · GOTS ·

유기농 면

시원한 마섬유

마섬유는 채취방법과 생산지에 따라 수십 종에 이르나, 기본적으로 식물의 줄기를 섬유로 이용하는 인피섬유와 식물의 잎을 섬유로 이용하는 엽섬유로 나눌 수 있다. 인피섬유에는 아마(리넨), 저마(모시), 대마(삼베), 황마가 있으며 엽섬유로는 마닐라마, 뉴질랜드마, 사이잘마 등이 있다. 아마와 저마는 섬세하고 유연하며 견광택을 지녀 의류용으로 이용되나 다른 마섬유는 색이 어둡고 뻣뻣하여 구두, 가방 또는 인테리어 소재로 이용된다.

주성분은 면과 같이 식물성 셀룰로오스이며 다수의 단섬유가 펙틴질이라는 천연 접착제로 결합되어 섬유다발을 형성하고 있어 마 특유의 뻣뻣한 촉감을 가지게 된다. 그래서 자주 물세탁을 하면 섬유가 풀어져 본래의 촉감을 잃어버리고 수축하므로 드라이클리닝을 권장한다.

리넨이라고도 불리는 아마는 매끄러운 표면과 견광택을 가지며 흡습성과 열전도성이 커서 쾌적한 여름용 의류 소재로 많이 이용되고 있다. 저마는 우리나라에서 모시라 부르는데 예로부터 섬세하고 광택이 아름다워 여름철 한복감으로 많이 이용되어 왔으며, 최근 폴리에스테르와 혼방하여

1
2
3
4
5
6
7
8
9
10

드레스와 셔츠 등의 옷감으로도 이용되고 있다. 또한 삼베로 불리는 대마는 일부 여름철 옷감으로 이용되기도 하지만 아마나 저마보다 색이 어둡고 일광에 약하며 강도도 떨어져, 황마와 함께 끈, 구두소재, 자루 및 카펫의 기포로 사용되고 있다. 기타 엽섬유들은 의류용으로는 사용되지 못하고 실내장식용이나 로프로 사용되고 있다.

레이온(비스코스레이온, 리오셀)

1664년 영국의 로버트 후크(Robert Hooke)가 '누에가 견사를 토해 내는 것처럼 인간도 섬유를 만들 수 있을 것'이라 제안한 이후, 1800년대에 이르러 많은 노력 끝에 천연 셀룰로오스를 화학약품으로 처리하여 액체를 만들고 이를 가느다란 구멍으로 뽑아 내어 인조섬유를 만들기 시작하였다. 재생섬유에는 섬유소계 재생섬유와 단백질계 재생섬유가 있는데, 주로 섬유소계 재생섬유인 레이온과 아세테이트가 의류용 소재로 널리 이용되고 단백질계 재생섬유는 우유섬유와 같이 극소량만 생산되어 촉감이나 흡습성을 개선하기 위해 혼방섬유로 이용된다.

비스코스 레이온은 최초의 인조섬유로 견섬유와 같은 광택이 있어 인조견(인견)으로 불린다. 표면이 매끄럽고 부드러우며 흡습성이 뛰어나고 정전기가 발생하지 않아 안감이나 여름용 블라우스 소재로 가장 좋은 재료이다. 그러나 다른 셀룰로오스 섬유와 같이 탄성이 부족하여 잘 구겨지며 수축되는 단점이 있다. 또한 강도가 작고 마찰에도 잘 견디지 못해 보풀이 생기기 쉽다. 특히 물세탁하면 섬유가 많이 변형되고 수축하므로 드라이클리닝을 권장한다.

레이온은 천연소재를 원료로 하지만 나무원료를 얻기 위해 산림을 훼손시킬 수 있고 펄프 가공에서 사용되는 많은 양의 화학약품은 물과 공기를 오염시키므로 지속가능성 문제를 야기시켜 공기와 물의 품질에 대한 규정은 레이온 제품의 변화를 가져왔다. 이 중 리오셀(lyocell)계 섬유는 목재펄프를 비독성 용제인 산화아민에 용해시키고 건습식 방사에 의해 얻은 섬유이다. 생산공정에서 일체의 오염물질이 발생하지 않으며 폐기 시에도 한 달 동안 땅에 묻으면 생분해된다. 리오셀은 실크에 버금가는 부드러운 촉감과 면보다 뛰어난 흡습성을 지녔으며 폴리에스테르와 거의 대등한 강한 내구성이 특징인 환경친화적인 섬유이다. 취급이 편리하고 실용적이어서 청바지, 숙녀복, 란제리 등 각종 의류에 이용된다.

동물성 섬유

따뜻한 모섬유와 헤어섬유

모섬유(wool)는 면양의 털인 양모와 다른 동물에서 얻은 헤어섬유로 구별한다. 면양은 온대지방의 초원지대에서 사육하기 적당하여 오스트레일리아와 뉴질랜드에서 전 세계 양모 생산량의 40%가 생산되고 있다. 모 제품은 순모로도 생산되지만 때로는 합성섬유와 혼방하거나 모헤어, 앙고라, 캐시미어 등의 헤어섬유와 혼방하여 독특한 촉감과 외관을 지닌 차별화된 제품으로 생산된다. 일반적으로 의류 제품에 혼용되는 헤어섬유로는 램스울, 캐시미어, 모헤어, 알파카, 앙고라 등이 있다. 이 중 메리노 모사는 매우 우수한 품질을 지니며 실크, 캐시미어, 리넨, 비스코스, 라이크라, 폴리에스테르, 나일론과 같은 다양한 섬유와 혼방된다.

양모는 가격이 비싸서 건강한 면양으로부터 직접 얻은 새양모(신모) 이외에도 한 번 사용했던 양모로부터 다시 회수한 재생모나 병들고 죽은 양으로부터 얻은 모까지 이용된다. 따라서 국제양모사무국(IWS)에서는 IWS의 제반 품질규격에 합격한 양모 제품 중 신모를 99.7% 이상 사용한 경우에는 울 마크(wool mark)를, 50% 이상 사용한 경우에는 울 마크 블렌드(wool mark blend)를, 30~50%를 사용한 경우에는 울 블렌드 마크(wool blend mark)를 부여하여 양모 제품의 품질을 보증하고 있다.

wool mark

wool mark blend

wool blend mark

양모 품질보증 마크

모섬유는 케라틴이라는 단백질로 구성되어 있는데 살아 숨쉬는 섬유라고 할 만큼 천연섬유 중 가장 흡습성이 우수하다. 흡수한 습기는 이내 외부로 발산하여 의복 내부를 항상 쾌적하게 유지시킨다. 또한 양모는 곱슬곱슬한 파상 권

동물성 섬유 ▶

1
2
3
4
5
6
7
8
9
10
11
12
13
14

축을 가지고 있는데 이 권축은 의복 내 함기량을 증가시켜 외부의 더위와 추위를 차단함으로써 여름에는 시원하고 겨울에는 보온성이 높은 패션 소재의 상품화를 가능하게 한다. 또한 양모는 탄력성이 우수하여 구김이 잘 생기지 않으며, 표면에 스케일이 존재하여 발수능력도 뛰어나나 알칼리에 약하고 비비면 엉켜서 줄어들기 때문에 드라이클리닝을 해야 한다. 부득이하게 물세탁을 할 경우 중성세제를 사용해서 비비지 말고 세탁해야 한다.

우아한 견섬유

천연섬유 중 유일한 필라멘트 섬유인 견섬유는 한 고치로부터 약 1,500m를 얻을 수 있는데, 굵기는 생사의 경우 20~40μm(마이크로미터)이며 정련견의 경우 5~18μm 정도이다. 생사는 두 가닥의 피브로인(fibroin) 단백질을 세리신(sericin)이라는 구상단백질이 둘러싸고 있는데 일반적으로 세리신 때문에 거칠고 광택이 나빠지므로 묽은 알칼리 용액으로 제거하여 피브로인만으로 된 삼각형의 부드러운 정련견을 이용한다.

견 제품은 광택이 우아하고 촉감이 부드러우며 선명하게 염색이 가능하므로 넥타이, 스카프나 고급 의복의 재료로 사용된다. 강도는 비교적 강하며 탄성 회복은 양모 다음으로 우수하여 구김이 잘 생기지 않고 쉽게 펴진다. 흡습성과 보온성이 우수하나 정전기가 발생하는 것이 단점이다. 일광에 약하므로 장시간 직사광선을 받지 않는 곳에 사용하는 것을 권장하며 세탁은 드라이클리닝하는 것이 좋다.

가 죽

가죽은 동물, 파충류, 물고기, 새의 스킨(skin)과 하이드(hide)로부터 얻는다. 다양한 환경에서 서식하는 살아 있는 동물로부터 얻기 때문에 두께와 결이 불균일하고 흠이 많아서 전체 가죽 중 5%만이 천연가죽의 결을 살린 최상품인 톱 그레

> **인조피혁**
>
> 인조피혁은 천연피혁과 유사한 외관을 갖는데, 직물 또는 부직포 위에 염화비닐이나 폴리우레탄과 같은 합성수지로 코팅하여 만든다. 천연피혁에 비해 강도가 떨어지며 흡습성이 나쁘나 젖은 후 변형이 적어 실용적이다. 다양한 색상으로 염색이 가능하며 최근 극세섬유로 만들면서 천연가죽에 가까운 촉감과 우수한 착용감을 부여하여 패션 소재로 많이 이용된다. 오염은 젖은 물수건이나 마른 수건으로 닦아 내며 드라이클리닝을 하면 굳어지고 균열이 생기기 쉬우므로 물세탁하는 것이 좋다.

가죽재킷

인(top grain) 제품으로 사용되고 20% 정도는 안료가공으로 매끄러운 피혁을 만들어 사용된다. 나머지 75%는 요철 처리하여 표면에 인공적인 무늬를 만들거나 가죽 안쪽 표면을 기모하여 스웨이드로 이용한다. 가죽은 여러 층으로 분리하여 만들기도 하는데, 피부 쪽은 치밀하지만 내부 층일수록 다공성이며 매끈하지 않아 사용 도중 거칠어지고 늘어지는 경향이 있다. 또한 얻어진 가죽의 부위에 따라 질이 달라지는데 일반적으로 동물의 등이나 옆부분은 좋으나 목과 다리 부분은 얇고 늘어나 조잡하므로 선택할 때 주의하여야 한다. 가죽 제품을 구입할 경우에는 우선 몸에 잘 맞는지, 칼라와 가장자리 처리가 단단한지, 좌우측 가죽의 결과 색상, 두께가 비슷한지, 또 부속품이 가죽에 부담을 주지 않는지 살펴보아야 한다.

가죽은 보온성과 통기성이 우수하여 겨울철 의류 소재로 소비자들의 사랑을 받고 있다. 그러나 가격이 고가이고 물에 젖으면 얼룩이 쉽게 생길 뿐 아니라, 기름을 잘 흡수하고 탈색이 잘되며 용제에 의해 뻣뻣해지기 쉬우므로 세심한 관리가 필요하다.

모피

모피는 털(hair)과 모피섬유가 붙어 있는 동물의 가죽 부분을 말하며 일반적으로 친칠라, 밍크, 여우, 토끼, 담비, 바다표범과 양의 모피를 패션 소재로 이용한다. 천연의 아름다운 외관을 지니며 보온성과 내구성이 우수하여 코트, 목도리 등에 많이 이용된다. 모피는 천연제품이므로 동물의 품종과 나이, 건강상태 및 죽은 계절에 따라 품질과 가격에 상당히 차이가 난다. 모피는 고가품이므로 잘 선택해야 하는데 색상과 결이 일정하고 광택이 우수하고 부드러우며, 봉제선이 바르고 바늘땀이 너무 넓지 않는 것을 골라야 한다.

실용적인 합성섬유

합성섬유는 저분자 화합물(단량체)로부터 화학적으로 고분자 화합물(중합체)을 합성하고 이 합성고분자를 원료로 섬유형태로 방사하여 만든다. 대표적인 합성섬유로 나일론(nylon), 폴리에스테르(polyester), 폴리우레탄(spandex), 아크릴(acryl), 모드아크릴(modacryl), 올레핀(olefin), 폴리비닐알코올(vinal), 폴리염화비닐(PVC) 등이 있다. 이 중 나일론, 폴리

합성섬유의 소비성능

소비성능	특성
심미성	• 열가소성 섬유로 영구적 형태 고정이 가능하다. • 탄성회복이 우수하여 잘 구겨지지 않으며 형태 변형이 적다. • 필링이 잘 생겨 외관을 해친다.
내구성	• 강도가 높고 신축성이 있으며 마찰에 잘 견딘다.
쾌적성	• 흡습성이 낮아 땀을 잘 흡수하지 못한다. • 정전기가 발생한다. • 보온성은 보통이다.
관리성	• 내세탁성이 우수하여 물세탁이 가능하다. • 열에 민감하여 낮은 온도에서 다림질해야 한다. • 내약품성·내수성이 우수하다. • 지용성 오염의 제거가 어렵다. • 내충·내균성이 우수하다.

에스테르, 아크릴, 폴리프로필렌 및 폴리우레탄 섬유는 의류소재로 많이 이용된다.

합성섬유는 원료와 방사공정에 따라 성질이 차이가 나므로 방사할 때 다른 화합물을 첨가하거나 방사구의 모양을 달리하여 특수효과를 부여할 수 있다. 일반적으로 합성섬유는 원료의 종류와 생산방법에 따라 다소 성질의 차이는 있으나 위 표에 나타낸 바와 같이 공통된 소비성능을 지니고 있다.

나일론

나일론(nylon)은 최초의 합성섬유로 미국 듀퐁 사의 월리스 캐러더스(Wallace Carothers) 박사에 의해 개발되었다. 나일론은 개발 당시 내마모성과 신도, 특히 탄성회복성의 우수성이 인정되어 스타킹으로 처음 상품화되었다. 이 밖에도 촉감이 부드럽고 마모강도가 좋아 란제리, 양말 및 스포츠 셔츠 등의 편성물에 많이 사용되며, 반발성이 좋아 카펫이나 인조잔디에도 많이 사용된다. 때로는 조밀하게 제직하여 방수, 방풍재킷과 같은 아웃도어 스포츠 웨어나 안전벨트, 백팩, 등산화 등 고강도를 필요로 하는 제품에 사용된다. 일반적으로 내구성이 우수하나 일광에 약하고 쉽게 재오염되며 황변하는 결점이 있어 직사일광을 되도록 피하고 세탁 시에는 심하게 오염된 다른 세탁물과 분리하여 세탁하는 것이 좋다.

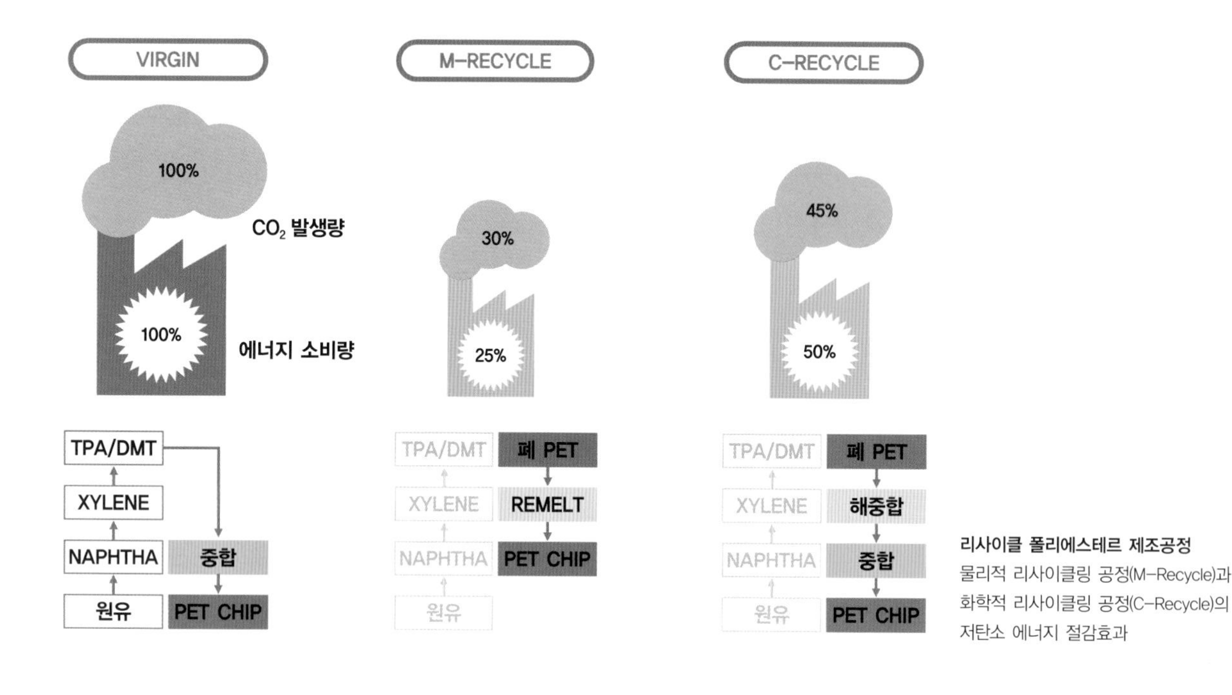

리사이클 폴리에스테르 제조공정
물리적 리사이클링 공정(M-Recycle)과 화학적 리사이클링 공정(C-Recycle)의 저탄소 에너지 절감효과

폴리에스테르

폴리에스테르(polyester)는 강도가 크며 구김이 생기지 않고 적당한 유연성을 지녀 천연섬유와 혼방하여 의류 소재로 가장 많이 이용되는 섬유이다. 흡습성이 적어 염색이 잘 안 되고 정전기가 발생하기 쉬우나 내약품성, 내충·내균성 및 내일광성이 우수하여 관리하기 편하다. 의류용 직물, 편성물에 많이 이용되며 커튼, 카펫 및 충전제로 우수한 섬유이다. 특히 재활용 공정이 간단하며 원료인 페트병 수거가 쉬워 재활용 폴리에스테르 제품 비중이 증가하고 있다. 이는 새로운 원료물질로 만드는 것보다 70% 이상 이산화탄소 발생량을 감소시키며 75% 이상 에너지 절감효과가 있다.

아크릴

아크릴(acrylic) 섬유는 모섬유와 유사한 성질을 가지고 있어 모혼방이나 모 제품의 대용으로 많이 사용되고 있다. 일반적으로 벌키(bulky) 가공하여 편성물에 많이 이용되는데, 가볍고 보온성이 우수하여 겨울용 내의, 스웨터, 인조모피 및 담요에 많이 쓰인다. 현재 사용되는 섬유 중에서 내일광성이 가장 좋아 커튼과 텐트에 이용된다.

폴리우레탄

폴리우레탄(polyurethane) 섬유인 스판덱스는 가볍고 탄력성이 우수하며 500~800% 정도의 고신축성을 지닐 뿐만 아니라 염색이 가능해서 고무 대용품으로 파운데이션류나 고탄력 스타킹, 수영복, 운동복 등에 사용된다.

고무보다 환경요인에 대한 내성이 크고 비교적 약품에 대한 저항성은 우수하나 농도가 높은 염소화합물에 황변하고 강도가 떨어진다. 수영장의 염소 농도에는 아무런 영향을 받지 않으나 선탠 오일은 황변을 일으키므로 사용 후 즉시 세탁해 두는 것이 좋다.

폴리프로필렌

폴리프로필렌(polypropylene) 섬유는 물을 전혀 흡습하지 않아 염색성이 나쁘고 열과 일광에 매우 약하나 가볍고 탄력성이 크며 값이 싸고 방수성과 내화학성이 좋은 장점을 가지고 있다. 최근 염색의 난점이 해결되고 열고정이 가능해지면서 다림질이 필요 없는 편성물, 인조모피나 카펫 또는 일회용 방호복과 필름 및 충전제로 점차 사용량이 증가하고 있다. 또한 폴리프로필렌 직물은 모세관 현상에 의해서 땀을 잘 흡수하고 1mm 두께의 네오프렌과 같은 보온성을 지

▲ 다양한 합성섬유 제품

녀 보온내의로도 활용된다.

네오프렌

폴리클로로플렌의 상표명인 네오프렌(neoprene)은 1930년대에 월리스 캐러더스가 개발한 합성고무로 천연고무에 비해 가볍고 썩지 않으며 화학약품에 비활성인 특징을 가지고 있다. 마찰에 강하고 신축성과 탄성이 우수하며 단열효과가 탁월하여 잠수복, 충격보호복이나 캐주얼 웨어 재킷으로 사용한다. 일반적으로 입고 벗기 편하고 찢어짐을 방지하기 위해 저지를 라미네이트하여 사용한다. 최근 기능성 스포츠웨어 소재라는 고정관념을 넘어 구축적인 실루엣 구성으로 트렌디하며 실험적인 디자인 소재로 점차 그 사용 범위가 확장되고 있다.

폴리비닐계

비닐계 섬유로는 폴리비닐알코올(polyvinyl alcohol)을 주성분으로 하는 바이날(vinal) 섬유와 폴리비닐클로라이드(PVC)를 주성분으로 하는 비니온(vinyon) 섬유가 의류 소재로 이용된다.

필름 형태의 바이날은 비닐이라고도 부르는데 비옷, 우산, 덮개 등에 이용되며 섬유로는 면섬유나 레이온과 혼방하여 다양한 의류, 양말, 장갑 등에 사용된다. 비니온 섬유는 용융점이 매우 낮기 때문에 러그, 종이, 부직포 등의 산업용 접착에 많이 이용된다. 또한 내산 · 알칼리성이 우수하며 불에 잘 타지 않고 저절로 꺼지는 성질이 있어 실내 장식용, 자동차 의자 커버 등에 이용된다. 다른 섬유와 혼방하거나 필름상으로 뽑아 포와 접착시켜 가열함으로써 여러 형태로 가공할 수 있다. 열에 약하므로 세탁 후 자연 건조시켜야 한다.

겨울을 이기는 발열내의 히트테크(HEATTECH)의 원리

유니클로의 히트테크는 일본 섬유기업 도레이(Toray)와 공동으로 개발한 발열, 항균, 보온, 탈취 보습 기능을 가진 기능성 내의제품이다. 히트테크 섬유는 네 종류로 아크릴, 레이온, 폴리에스테르와 우레탄으로 이루어져 있다. 레이온 섬유는 피부에서 방출되는 수증기를 흡습하여 흡습열을 발생시켜 온도를 높이고 극세가공된 아크릴 섬유는 에어포켓을 형성하여 따뜻해진 공기를 보존한다. 또한 단면을 개량한 폴리에스테르는 땀을 밖으로 증발시켜 따뜻하면서 습기 차지 않은 쾌적한 의복 내 온도를 유지시키고 신축성이 높은 우레탄 섬유는 신체에 밀착되면서 착용감이 우수하도록 도와준다. 이 밖에 우유단백질이 함유된 레이온사의 개발로 보습성분과 촉감이 우수한 고감성 · 고기능성 발열내의가 탄생하였으며 소비자 니즈에 맞춰 진화를 계속하고 있다.

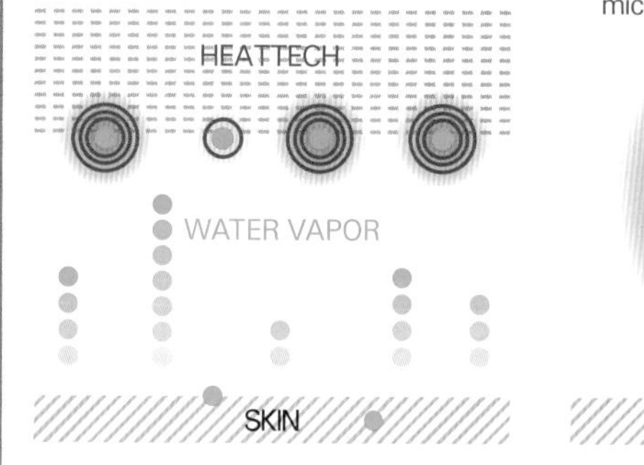

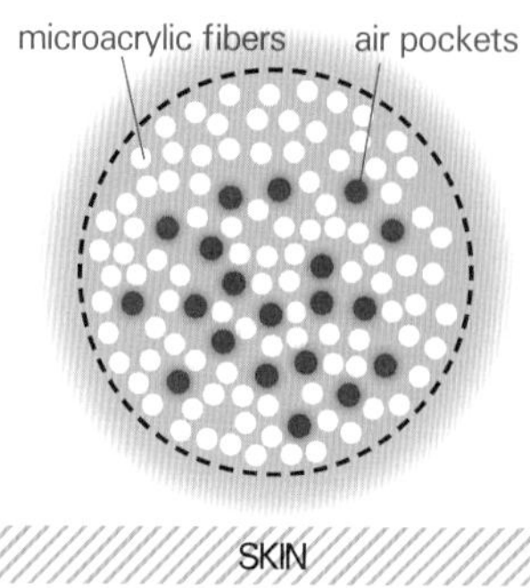

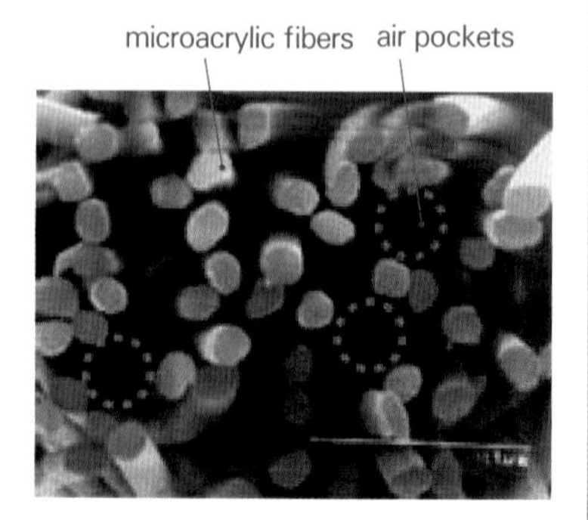

하이 테크놀로지와 기능성 패션 신소재

마이크로 테크놀로지

마이크로 테크놀로지를 이용하여 만든 초극세섬유는 고도의 질감과 다양한 기능을 부여하여 기능성과 감각적인 면에서 소비자의 만족감을 채울 수 있게 되었다. 또한 마이크로 캡슐화 기술로 소비자의 시각과 후각을 만족시키고 정신건강을 좋게 하는 신소재들도 개발되고 있다.

초극세섬유

마이크로 테크놀로지를 이용하여 제직된 0.1D(데니어) 이하의 정밀한 극세섬유 소재들은 스포츠 웨어 시장에 혁명을 불러일으켰다. 방사기술의 발달로 머리카락 굵기의 100분의 1 정도의 초극세섬유의 생산이 가능해지면서 천연섬유처럼 부드럽고 가벼우면서 보온성이 우수한 제품을 생산할 수 있을 뿐만 아니라 인조가죽이나 투습방수 직물과 같은 특수기능 직물의 생산이 가능해졌다. 이런 초극세사의 특징은 부드러운 촉감, 높은 유연성, 우수한 흡수성과 흡유성 및 큰 표면적과 정밀성이다. 이런 섬유는 대부분 폴리에스테르나 나일론으로 만들어지며 다른 섬유들과 혼방하여 다양한 성능을 발현하여 스포츠 캐주얼 웨어에 적극 사용되고 있다. 3M 사의 신슐레이트(ThinsulateTM)도 극세사를 활용한 보온소재로 방한용 의류에 많이 이용된다. 또한 최근 극세사를 사용하여 고밀도 직물을 제직하여 진드기의 배설물과 사체의 잔해를 통과시키지 못하게 하여 위생성을 높인 진드기 방지용 침구커버가 개발되어 천식환자나 아토피성 피부염이 있는 아이들의 침구에 이용되고 있다.

나노섬유

최근 전기방사법(electrospinning)이 개발됨에 따라 피부처럼 매끄럽고 종이보다 얇고 가벼우며, 땀을 숨 쉬듯 배출하면서도 박테리아와 같은 외부 물질은 전혀 받아들이지 않는 꿈의 섬유인 나노섬유(nano fiber)가 개발되었다. 나노섬유는 지름이 수십에서 수백 나노미터(1μm = 10억분의 1m)에 불과한 초극세사로 인조피부나 의료용 붕대, 생화학무기 방어용 의복 등 활용범위가 거의 무한대이다. 나노섬유는 미세입자나 박테리아는 통과하지 못하게 하면서도 내부의 땀은 배출

초극세섬유

나노섬유

하는 호흡성이 있어 세균 등의 침투를 막는 방호복으로 적당하며 생체조직과 같은 인공단백질로 나노섬유를 만들면 상처가 아물면서 바로 몸으로 흡수되는 붕대나 인조피부도 만들 수 있다. 또한 나노섬유는 부피에 비해 표면적이 엄청나게 크기 때문에 필터용으로 사용하면 탁월한 여과 효과를 볼 수 있다.

마이크로 캡슐화

마이크로 캡슐이란 액체나 고체 상태의 심물질(core)을 벽물질(skin)로 둘러싼 것으로 수~수십 μm의 직경을 가진 초미세입자를 말한다. 이 캡슐 내에 상변이물질이나 감온변색물질, 보습소재, 항균물질이나 향물질 등을 첨가하여 다양한 기능성을 발현할 수 있다. 이들 물질을 직물에 처리하면 섬유 사이나 표면에 부착되어 있다가 착용으로 인해 원단에 주름이 가면 캡슐이 터져서 서서히 물질을 방출한다. 반영구적으로 200회 정도의 세탁이 가능하다.

헬스케어 테크놀로지

인간의 감각을 만족시키는 감각소재 이외에도 인체의 건강을 증진시키기 위한 소재들이 있다. 예를 들어 인체에 유해한 전자파나 자외선을 차단시키는 소재, 건강 진단을 할 수 있는 신소재, 외부 환경의 변화를 감지하고 스스로 쾌적성을 조절하여 인체에 적합한 의복기후를 자동적으로 형성하여 건강을 지키는 인텔리전트 섬유나 피부를 좋게 하는 스킨케어 소재 등이 여기에 속한다.

중공섬유

북극곰의 털과 같이 섬유 내부에 공간을 갖게 한 중공섬유는 섬유의 밀도를 작게 하고 옷의 무게를 가볍게 하며 단열효과가 뛰어나다. 직물조직에 따라 매우 얇고 보온성이 뛰어나며 투습성, 방수성, 속건성이 우수하여 겨울 사냥복, 스키복, 하이킹복과 같은 동절기 스포츠 웨어나 보온내의류에 많이 이용된다. 인비스타(Invista) 사의 서모라이트(Thermolite®)나 효성의 에어로웜(Aerowarm)이 대표적이다.

흡한속건 소재

섬유의 단면을 변형시켜 홈을 통해 모세관 작용에 의해 물을 물리적으로 흡수하고 이동시킴으로써 땀이 쉽게 외부로 배출되게 하여 흡한속건성을 부여할 수 있다. 듀폰(DuPont) 사에서 제조된 쿨맥스(Coolmax®) 섬유는 4채널 섬유로, 단면을 변형시켜 넓은 표면적을 이용하여 피부로부터 땀을 신속하게 나르고 빨리 증발시켜 땀을 많이 흘리는 운동선수들을 위한 스포츠 웨어 소재로 적합하다. 특히 다층구조의 니트 조직을 이용하여 기저층은 굵고, 바깥쪽은 가는 섬유로 구성하여 빨아들인 땀을 넓은 표면적으로 빨리 확산되게 한 제품도 개발되었다.

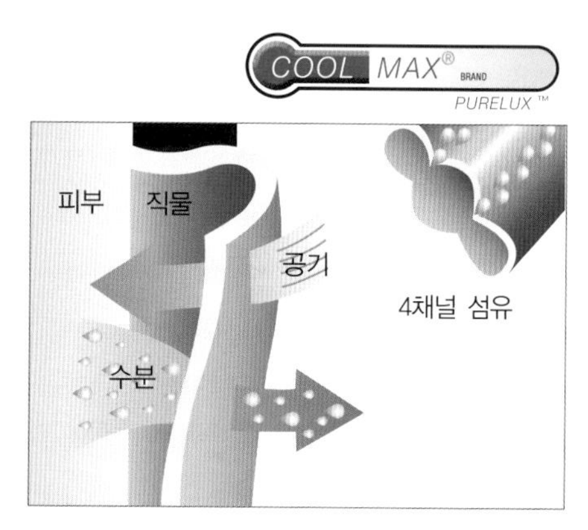

쿨맥스 구조

상변이 체온조절 소재

운동복 소재는 체온을 일정하게 유지하여 착용자를 쾌적하게 하고 극한 스포츠 활동 중에도 최대한의 보호기능을 해주어야 한다. 파라핀과 같이 인체와 환경의 온도에 반응하는 상변이 물질(PCM, Phase Change Material)을 마이크로 캡슐화하여 원단에 부착하면 온도가 높을 때 몸에서 발산되는 과잉열기를 흡수하여 고체에서 액체로 변하면서 열을 저장하고 외기온도가 낮을 때에는 다시 고체화하면서 열을 방출하여 착용자의 체온조절을 돕는다. 나사에서 최초로 개발한 아웃라스트(OUTLAST®) 기술은 직물에 상변이 물질을 코팅하거나 원사에 혼합시켜 의류 소재에 활용된다.

투습방수 소재

투습방수 소재란 인체로부터 발생하는 수증기, 즉 땀을 외부로 발산시키면서 외부로부터 빗물 등의 침입은 방지하는 소재이다. 원단에 0.1~0.5 μm 정도의 미세다공을 만들면 지

1

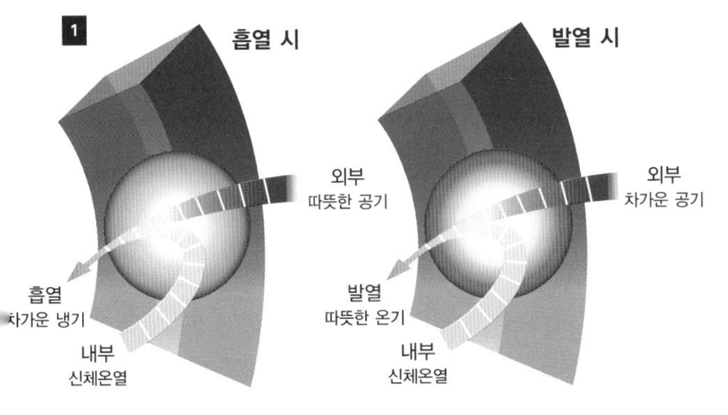

2

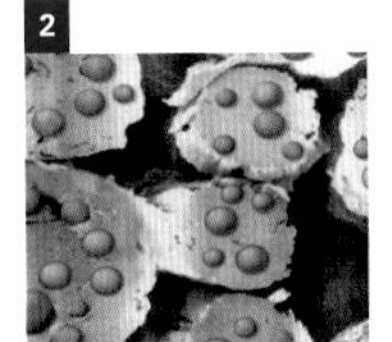

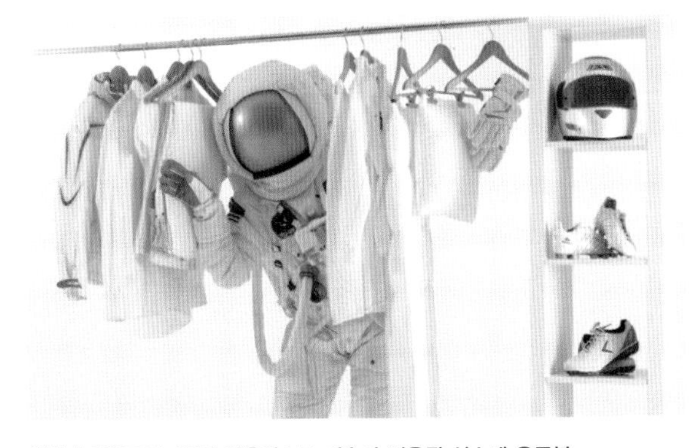

상변이 체온조절기구와 아웃라스트 기술이 적용된 신소재 우주복 (원사 단면, PCM 코팅)
1 상변이 체온조절 기구 **2** 상변이 물질을 포함하는 섬유 단면과 제품

름이 0.004μm 정도인 수증기는 통과시키나 100μm 이상의 빗방울은 통과시키지 못한다. 소재는 극세사의 고밀도 직물로 만들거나 나일론, 폴리에스테르 직물에 미세다공질의 폴리우레탄 수지를 코팅 가공하여 만든다. 또한 미세다공질의 폴리테트라플루오로에틸렌(PTFE) 필름을 직물에 열융착시켜 만들 수도 있다. 투습방수포의 대표적인 예로 미국에서 제조한 고어텍스(Goretex, 1976)와 일본에서 제조한 엔트란트(Entrant, 1978)를 들 수 있다.

축열보온 소재

일반 투습방습가공포에 보온기능을 추가함으로써 전천후 외의를 만드는 것으로, 그 기본 원리는 폴리우레탄 수지 코팅 용액에 열방사성이 우수한 충전제를 첨가하여 체내에서 발산하는 복사열을 차단하고 원적외선을 발산하여 보온성을 준다. 충전제로는 알루미늄, 세라믹, 탄소, 탄화지르코늄(ZrC) 등의 미립자가 사용된다.

3

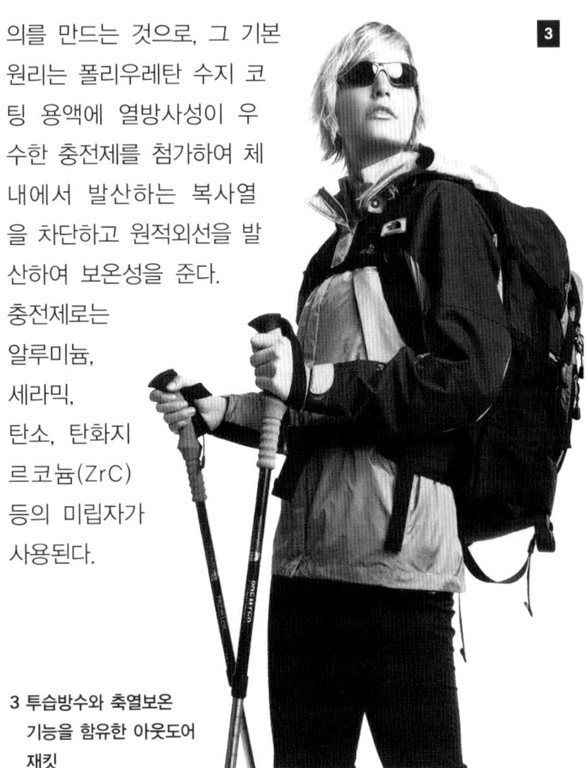

3 투습방수와 축열보온 기능을 함유한 아웃도어 재킷

4

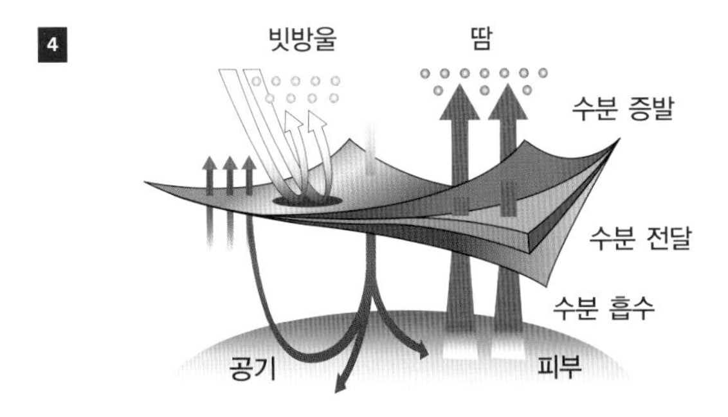

5

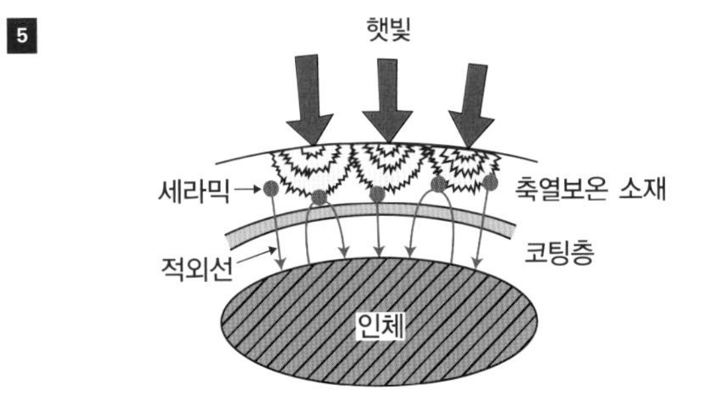

투습방수와 축열보온의 원리
4 투습방수 소재 **5** 축열보온 소재

자외선 차단 소재

자외선은 파장이 180~400nm인 전자파로서, 피부에 염증 · 홍반을 일으키고(sun burn) 멜라닌이라는 검은 색소를 피부 속에 만들기도 한다(suntan). 또한 피부에 깊숙이 침투해 진피 부분에 있는 탄력섬유를 조금씩 파괴하여, 피부 노화와 주름의 원인이 된다. 따라서 이런 자외선을 차단하기 위한 소재가 숙녀복, 신사복, 레저 · 스포츠 웨어, 유니폼 등의 의류를 비롯하여 모자, 장갑, 양산, 구두 등과 같은 일용품과 텐트, 자동차 커버 등에 이르기까지 다양한 분야에 이용된다. 소재는 폴리에스테르 100%, 폴리에스테르 · 면 혼방, 면 100% 등이 주류를 이룬다. 언더아머의 콜드블랙(Coldblack®) 소재는 자외선을 반사하여 짙은 색의 셔츠를 입고도 5℃ 이상의 온도를 낮출 수 있다.

항균 · 방취 · 방향 소재

섬유 제품에 항균성 기능을 주어 미생물의 서식이나 증식을 억제하여 전염성 질병 예방, 악취 예방, 섬유의 오염 및 변색 · 취화 방지 등을 목적으로 한다. 주로 의류, 침구, 카펫, 타월, 양말, 신발 등의 섬유 제품에 가공한다. 이 항균 · 방취 가공은 주로 금속이온이나 4차 암모늄염과 같은 무기물 또는 녹차, 새우나 게의 주성분인 키토산과 같은 천연 제품을 이용하는데 이들이 세균의 세포막을 파괴하여 강력한 살균 효과로 세균의 증식을 억제시킴으로써 소취 효과, 항균방취 효과 또는 제균 효과를 부여한다.

스킨케어 소재

사람의 피부 각질층은 10~20% 정도의 수분을 유지하여야 윤기와 탄력을 가진다. 그 이하가 되면 피부는 윤기와 탄력을 잃게 되는데, 이러한 피부 보습을 조절할 수 있는 천연 보습성분을 섬유에 도입한 것이 스킨케어 소재이다. 천연 보습성분으로는 토코페롤, 비타민, 스쿠알렌, 알로에, 키토산, 콜라겐 등이 있으며, 이들은 주로 마이크로 캡슐화되어 섬유에 부착된다. 이 밖에도 아토피성 피부염으로 고통받는 사람들을 대상으로 하는 무항원(non-allergen) 소재가 시판되고 있다.

방호 테크놀로지

현대 사회에서 과학기술의 발달과 함께 우리의 생활환경과 작업환경이 다양하게 세분화되고 영역도 넓어지면서 의복의 신체보호 기능이 중요시되고 있다. 의복은 각종 기계적 외력, 열, 방사선, 전기, 가스, 약품 등 물리적 · 화학적 · 생물학적 위험으로부터 인체를 보호해야 한다. 또한 의료복, 작업복, 스포츠 웨어를 통해 신체의 기능을 도울 수 있어야 하는데, 이를 위하여 각종 신소재가 개발되어 다양한 보호복에 이용되고 있다.

고강도 소재

폴리아라미드계 섬유인 코듀라(Cordura®)나 케블라(Kevlar®)는 강철보다 뛰어난 강도 및 고내열성을 가지며 우수한 내한성과 절연성, 내약품성을 가진 최첨단 소재이다. 이 소재는 원사 및 직물과 부직포 형태로 생산되어 방탄복, 방탄헬멧, 로프 케이블뿐만 아니라 펜싱 선수의 보호용 재킷이나 벌목작업자, 정육업자, 보호장갑과 같이 날카로운 연장으로부터 신체를 보호하기 위한 특수한 용도로 또는 아웃도어 웨어나 등산화 및 배낭과 같은 일상제품에 널리 쓰이고 있다.

이 밖에 최근 개발된 고강도 폴리에틸렌 섬유인 스펙트라(SpectraTM)도 케블라보다 내열성은 적지만 높은 비강도를 갖는 섬유로 가볍고 충격 흡수가 우수하며 인체의 활동성을 방해하지 않아 낮은 온도에서 이용되는 스포츠 레저복이나 보호구 등에 이용된다.

방염 소재

방염은 불에 타기 어려운 성능을 나타내며, 작은 불꽃에 접해도 쉽게 타지 않는 소재를 방염 소재라고 한다. 대표적인 방염 소재로 아라미드계의 노멕스, PBI 등이 있고 불연성 소재로 유리, 금속섬유 등이 있다. 방염 소재는 소방복, 카레이싱복, 스턴트맨 보호복, 우주복 등 열과 화염에 견디는 의복용 소재로 이용된다. 또한 선진국에서는 고층건물, 지하상가, 극장, 호텔과 같은 공공건물이나 인구밀도가 높은 장소의 내장재인 커튼이나 카펫 등에 방염소재를 사용하도록 의무화하고 있다.

방호소재와 보호복 ▶
1 방탄복 **2** 실험실복 **3** 화학방호복 **4** 절단 방지 장갑 **5** 모터사이클복과 카레이서복
6 케블라 소재를 사용한 펜싱복 **7** 방염복 **8** 탄소섬유 **9** 방사능보호복 **10** 노멕스 소재의 소방복

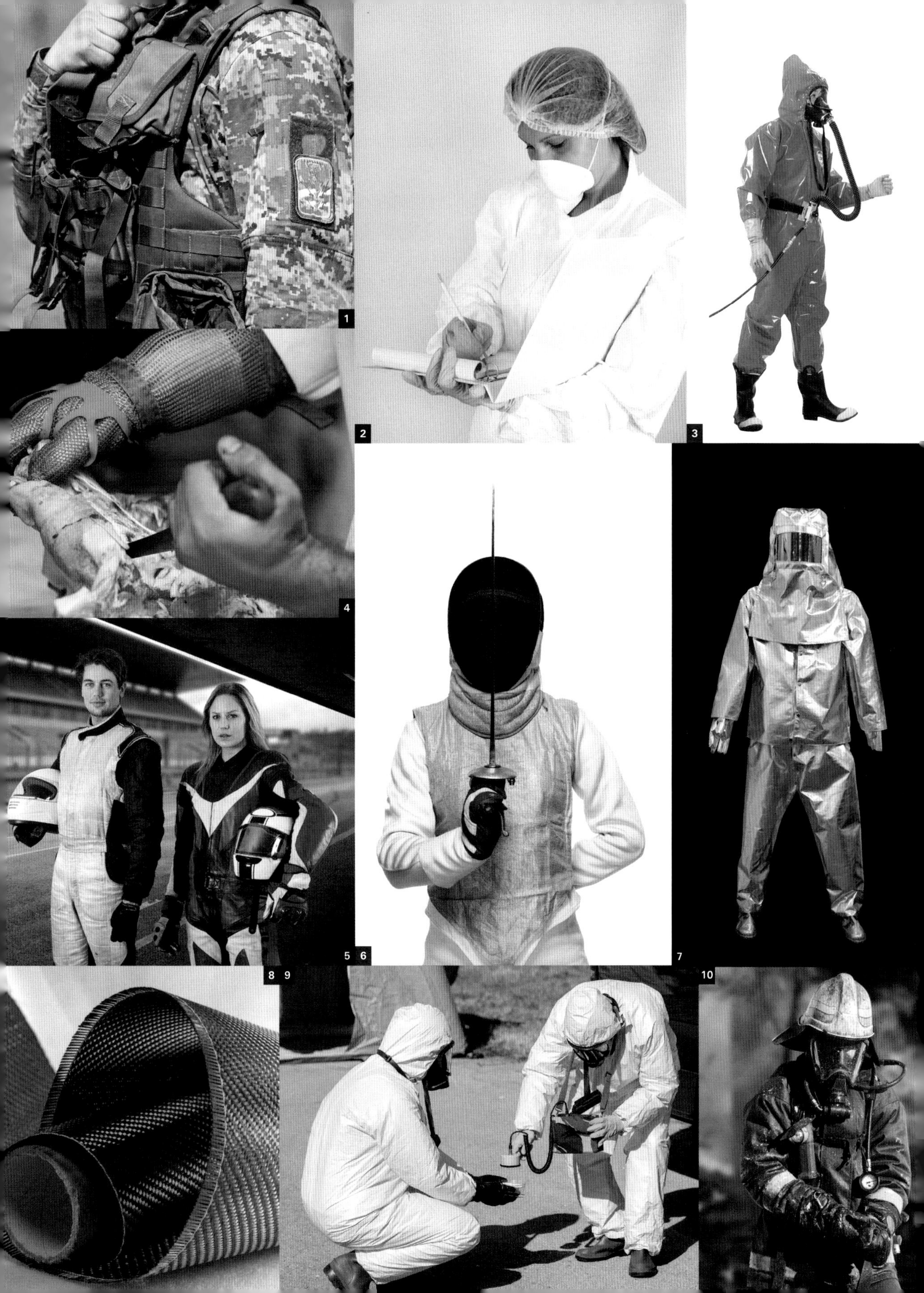
1
2
3
4
5
6
7
8
9
10

전자파 차단 소재

전자파는 일상생활 중 가전제품이나 컴퓨터, 핸드폰 등의 기기에서 발생된다. 전자파에 장시간 노출되면 인체 생리기능이 저하되어 남성은 정자 수가 감소하고, 여성은 생리불순이 발생하거나 기형아를 출산할 수도 있으며, 혈액암과 같은 전자파장애증후군이 발생할 수 있다. 이런 전자파로부터 인체를 보호하기 위해 전자기장에 노출된 인체를 감싸서 인체 내로 전자파가 들어가는 것을 막는 전자파 차단 의류가 사용된다. 전자파 차단 직물은 구리, 은, 니켈 등 전도성 금속을 직물에 도금하거나 전기전도성 유기재료를 코팅하여 얻는다. 일반적으로 색상이 어둡기 때문에 안감으로 사용되며 앞치마나 조끼 또는 바지 주머니 안감 등에 이용된다.

미세입자 불침투 소재

미세입자 불침투 소재가 쓰이는 대표적인 의복의 종류로는 화생방복이 있다. 화생방복은 독성물질이나 미생물로부터 직접적인 접촉을 방지하기 위해 불침투성 직물을 이용하여 전신을 에워싼 것이다. 작은 틈에도 약품이나 세균이 침입할 수 있으므로 솔기의 바늘구멍이나 개폐구도 열봉합을 하게 된다. 일반적으로 치밀하면서 가볍고 질긴 타이벡과 같은 일회용 방제복에 주로 쓰인다. 화생방복, 살충제 방제복, 페인트 스프레이복뿐만 아니라 방사능폐기물 처리복 등에 이용된다.

광 테크놀로지

카멜레온 소재

카멜레온 섬유란 주변의 온도나 자외선의 양에 따라 색상이 변하는 섬유를 말한다. 주위의 온도가 낮아지면 어두운 색으로 변하여 빛을 많이 흡수하며 몸의 온도를 높여 주고, 기온이 높아지면 밝은 색상으로 변하여 빛을 반사하며 시원하게 해 준다. 또한 자외선의 양에 따라 색상이 변하기도 하여 패션 상품으로 인기가 높다. 이는 감온변색 색소를 마이크로 캡슐화하여 섬유에 부착시켜 얻는데, 마이크로 캡슐 속에 색체 성분과 발색제 또는 소색제를 넣어 온도나 빛에 따라 서로 결합하여 발색 또는 소색하여 색이 변하게 되는 것이다.

야광 · 재귀반사

자연광이나 인공조명 아래서 빛을 흡수하여 축적한 후 어두운 밤이나 빛이 없는 곳에서 스스로 빛을 내는 물질을 야광물질이라 한다. 이런 야광 성분을 섬유 속에 혼입하고 영구적으로 발광하게 한 야광실을 이용하여 다양한 패션 제품이 만들어져 흥미를 돋고 있다.

재귀반사 소재는 원단이나 필름 위에 특수반사층을 부착한 후 미세한 유리구슬을 그 위에 균일하게 도포하여 입사광을 광원의 방향으로 똑바로 되돌림으로써 야간 가시성을 획기적으로 증대시키도록 고안된 제품이다. 단, 빛이 있어야 반사하므로 야광 소재와는 달리 광원이 필요하다. 이들 소재는 경찰복, 소방복, 작업복, 환경미화원복과 같은 안전분야 이외에도 모자, 가방, 레저 · 스포츠 웨어에 사용된다.

발광 소재

발광 소재는 광섬유와 컬러 LED를 이용하여 다양한 색의 빛을 발하도록 한 것이다. 이들 소재는 주변 색에 따라 반응하기도 하고 미리 입력된 프로그램에 의해 수시로 패턴 색이 변하기도 한다. 천에 통합된 유연한 컬러 LED 배열이 특징인데, 천의 부드러움 또는 유연성을 손상시키지 않는다. 이 발광직물은 동적인 메시지, 그래픽스 혹은 다중 컬러의 표면을 제공할 수 있다. 커튼, 쿠션 혹은 소파 덮개나 의류에 이용되어 착용자나 관찰자에게 즐거움을 줄 수도 있고 광고 효과도 부여할 수 있다. 전자회로, 배터리 및 LED 배열은 완전히 의복에 통합되어 관찰자나 착용자에게는 보이지 않는다.

홀로그램 소재

두 개의 레이저광이 서로 만나 일으키는 빛의 간섭효과를 이용, 사진용 필름과 유사한 표면에 3차원 이미지를 기록한 것으로 이 이미지를 재생하는 기술을 홀로그래피라 한다. 홀로그램은 2차원의 평면 상에 간접무늬를 이용한 3차원의 입체영상을 표현할 수 있게 하여 무지개색으로 현란한 색상 효과를 준다.

스포츠 테크놀로지

스포츠 생체역학은 운동 시 인체에 작용하는 여러 가지 힘

1 재귀반사 소재를 부착한 점퍼
2 LED를 이용한 발광 셔츠

의 효과를 규명하는 과학으로 인체에 작용하는 힘, 인체의 운동, 인체의 지레구조, 일과 에너지, 스포츠 장비 및 용구 등을 연구하여 스포츠 수행능력을 향상시키는 학문이다. 이런 스포츠 과학의 발달로 인체 각 부분의 기능 향상, 심신의 건강 증진 및 인체운동의 효율성을 증가시켰을 뿐만 아니라 장비 제작용 신소재의 발명과 인체공학 연구를 통한 스포츠웨어의 개발로 스피드 스포츠의 기량을 향상시키고 있다.

표면구조와 유체역학

2000년 시드니 올림픽에서 첨단과학의 결정판으로 주목을 받았던 전신 육상복인 스위프트 슈트(swift suit)는 트랙 경기에서의 공기저항에 의한 드래그 문제를 해결하기 위해서 머리부터 손끝까지 몸 전체를 감싸도록 디자인된 것이다. 전신 육상복은 근육 온도와 공기역학에 초점을 두고 몸의 각 부분의 속력과 사이즈에 근거하여 각 부위마다 적절한 소재가 사용되었다. 슈트 소재로는 통풍이 가능한 나일론, 스판덱스를 사용하고 공기저항을 많이 받는 어깨 부분에 실리콘 코팅을 하여 몸에 밀착시키면서 공기저항을 최소화하였다. 특히 2012년 런던 올림픽에서 선보인 나이키 사의 터보스피드 트렉슈트는 상완 안쪽에 작은 딤플(dimple)을 만들어 공기저항을 최소화하였다. 손에는 저마찰성 코팅 소재를 사용하였는데 저마찰섬유 소재는 표면을 평활하게 하거나 반대로 요철을 줌으로써 얻어진다. 예를 들면, 골프공의 오목한 딤플이 공기의 흐름을 난류로 만들어 공기저항을 적게 하는 것과 같은 원리이다. 이는 실제로 배 밑창이나 나사의 로켓, 일본 전철의 팬타그라프 전선뿐만 아니라 수영복이나 사이클복, 스피드 스케이팅복 등 스피드 스포츠 운동복에 응용되고 있다. 예를 들어 전신 수영복의 원조격

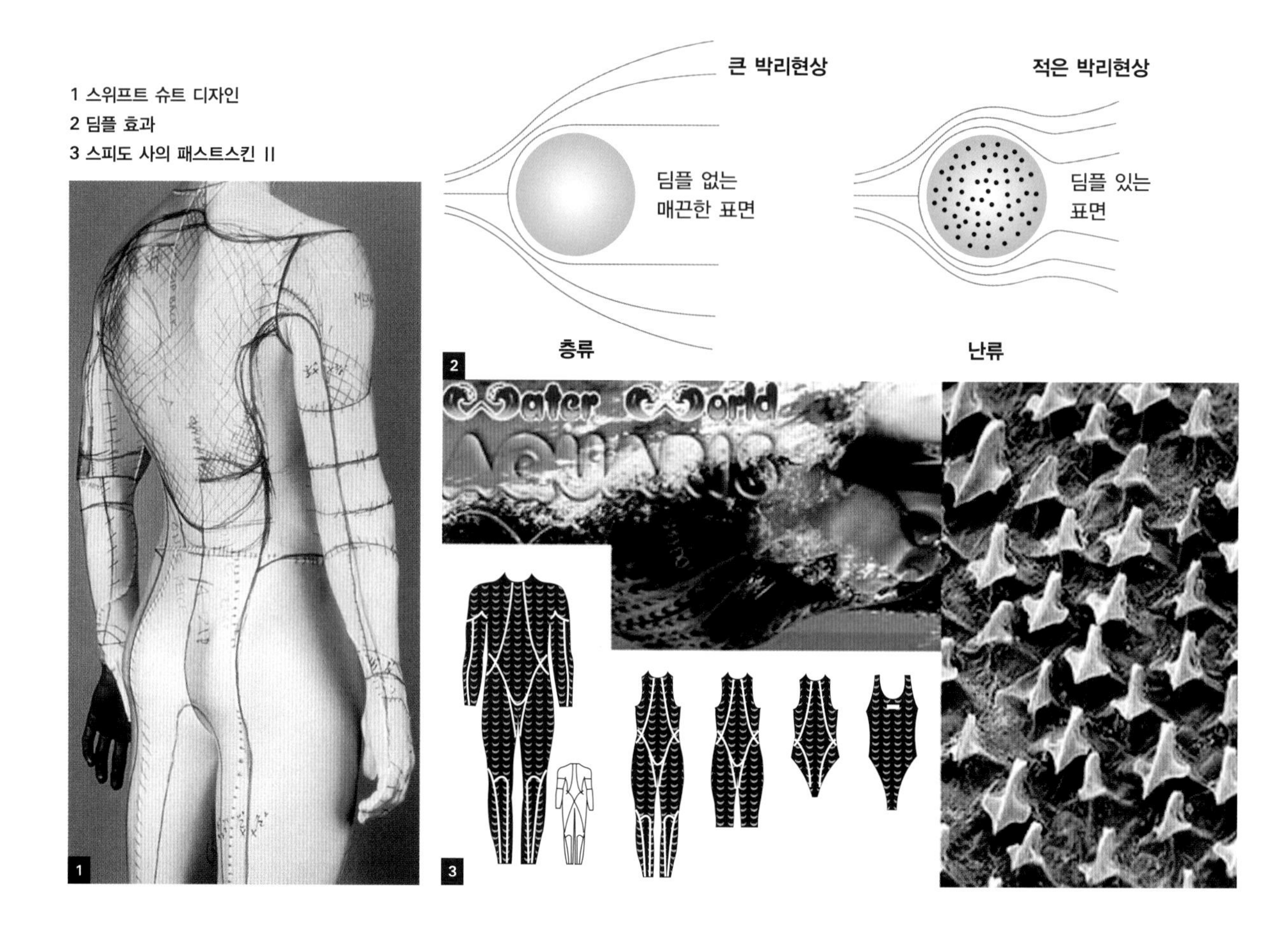

1 스위프트 슈트 디자인
2 딤플 효과
3 스피도 사의 패스트스킨 II

인 '아디다스'가 만든 '제트콘셉트(zetconcept)'에는 겨드랑이 밑에서 허리 아래까지 오돌토돌한 줄이 길게 들어가 있다. 이는 비행기 동체와 날개 부분에 있는 V자 모양의 홈을 본뜬 것으로 옷감 표면에 틀을 대고 실리콘을 입히는 방식으로 만들어졌다. 아디다스 측은 비행기가 공기의 저항을 줄이며 날듯, 이 수영복이 물의 저항을 줄이고 운동속도를 증가시켜 경기력을 3% 이상 높인다고 주장한다. 스피도 사의 '패스트스킨(fastskin) II'는 상어의 피부 표면을 다양한 재질로 재현했다. 몸통 부분은 상어 피부의 돌기를 모방했으며, 몸에 밀착되어 에너지를 소비하는 피부와 근육의 진동을 줄인다. 측면은 신축성이 좋게 만들어 동작의 유연성을 높이고, 팔 안쪽에는 티타늄과 실리콘 소재로 처리해 스트로크 때 필요한 힘을 덜게 했다. 이와 반대로 2016 리우 올림픽에서는 스킨(Skyn) 사에서 멀리뛰기 선수용으로 '롱 점프 슈트(long jump suit)'를 개발하였는데, 이는 폴리이소프렌 재질로 초경량의 얇고 밀착된 소재에 V자 커팅을 하여 뛰어오를 때는 몸에 밀착되지만 내려올 때는 날개같이 펴져서 공기저항을 많이 받도록 하여 공중에 머무는 시간을 늘리는 슈트이다.

근활동과 운동적합성

엄청난 힘을 요구하는 단거리 육상경주나 사이클 트랙 종목과 같이 최대한의 근활동으로 스피드를 내야 하는 운동경기에 있어서 근육 온도를 따뜻하게 유지하는 것은 매우 중요한 요소이다. 이를 위해서 특정한 신체 부위에 어두운 색을 사용하여 태양으로부터 복사열을 흡수하게 하거나 신체 부위마다 다른 직물을 사용한다. 많은 근활동이 요구되는 부위는 보온성 소재를 사용하고 다른 부분은 경량의 통기성이 좋은 소재를 사용하여 적절하게 쾌적성과 스피드를 증가시킬 수 있다. 이와 같이 근활동을 많이 필요로 하는 운동이나 순간 힘을 요하는 피트니스 웨어는 근육을 적절히 조여 주어 근육의 불필요한 떨림과 에너지 소비를 막아야 한다. 소재는 스

스킨 사의 롱 점프 슈트

트레치성이 좋아 운동을 방해하지 않으며 몸에 밀착될 수 있는 것을 사용하는 것이 좋다. 최근 스킨스는 '동적 단계적 압착(dynamic gradient compression)'이란 최첨단 기술을 적용하여 신체부위별로 적절한 압력 분포를 이루도록 하여 혈액의 산소량을 조절하고 운동능력을 향상시키는 컴프레션 웨어를 개발하였다. 이 같은 컴프레션 웨어는 운동 중에도 효과적이지만 운동 후에도 지친 근육의 빠른 회복을 도와준다.

많은 동작을 요구하는 스포츠 웨어 중 윈드서핑복이나 잠수복과 같이 체온 유지와 신체보호를 목적으로 네오프렌과 같은 두꺼운 소재를 사용해야 할 경우 신체적합성이 요구된다. 예를 들어 웨트 슈트의 경우 인체와 슈트 사이에 들어온 물의 유동 정도에 따라 체열 손실이 달라지는데, 인체는 굴곡면이 많기 때문에 인체의 입체면과 운동 시 근육, 체지방의 움직임을 고려하여야 한다. 특히 체표면이 많이 늘어나는 무릎 부위, 주 관절 부위 등 신체부위에 따른 동작 적합성이 고려되어야 한다. 미국의 오닐은 캘리포니아 디자인 회사인 벤트 디자인(Vent Design)과 합작하여 움직임이 편한 애니멀 웨트 슈트를 만들었는데 이는 많이 구부려야 하는 부위에 아코디언식 주름을 형성시켜 움직임을 편리하게 하면서도 강도와 보온성을 높인 제품이다.

바이오 테크놀로지

오늘날 환경과 지속가능성에 관한 문제가 대두되면서 패션 제품의 재생과 친환경적 소재 개발에 대한 필요성이 증대되었다. 이에 생물학적 작용을 통하여 합성된 고분자인 바이오폴리머는 석유자원을 대체하고 탄소 발생을 줄이며 생분해가 용이한 소재로 많은 관심이 집중되고 있다. 바이오폴리머는 제조법에 따라 식물이나 해조류에 의해 합성되는 셀

1 애니멀 웨트 슈트

룰로오스, 키틴(chitin), 전분이 주성분인 천연 바이오 폴리머와 미생물이 포도당을 섭취하여 체내에 축적하여 만드는 박테리아 셀룰로오스, 미생물에 의해 생산된 단량체를 화학적인 공정에 의해 중합하여 얻은 폴리락틱산(PLA)과 같은 생화학합성 바이오 폴리머가 있다. 의류 소재에 활용된 사례를 살펴보면 미국의 듀퐁 사는 옥수수에서 채취한 원료로 만든 바이오 폴리머인 소로나(sorona)를 개발하였으며 섬유뿐만 아니라 자동차 내장재, 전자제품 등에 활용하고 있다. 도레이(Toray) 사도 폴리유산 섬유인 PLA를 개발하였으며 이 밖에 대나무, 코코넛 열매 껍질 및 해조류로부터 바이오 폴리머를 생산하고 있다. 최근 파타고니아에서는 네오프렌 대신 구아율(guayule)로부터 만든 바이오 고무를 사용하여 친환경 웨트 슈트(Yulex® R3)를 제작하고 있다. 이런 바이오 폴리머는 천연소재가 구현하지 못하는 다양한 물성과 형태를 제공하면서 인체에 무해한 장점을 지니고 있어 메디컬/헬스 분야로의 활용이 가능하고 친환경적이며 지속가능하다는 점에서 미래소재로서 무한한 가능성을 지니고 있다.

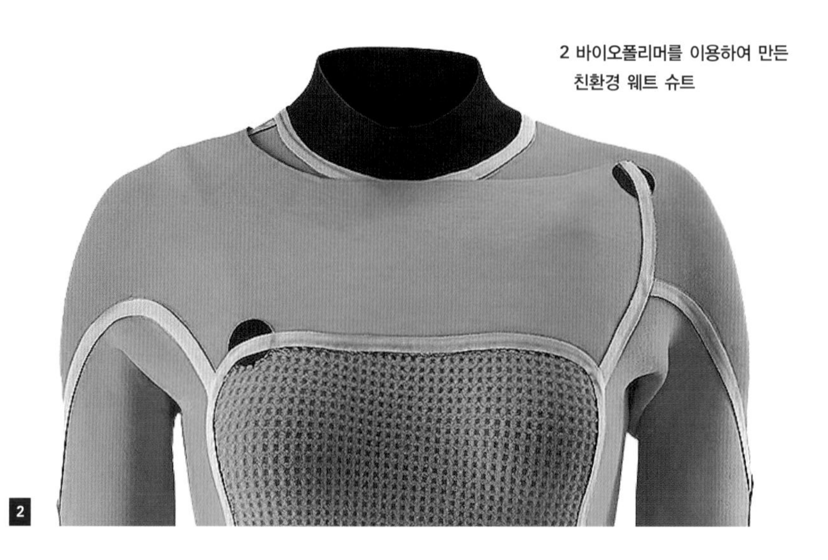
2 바이오폴리머를 이용하여 만든 친환경 웨트 슈트

ICT 융합기술과 스마트 의류

웨어러블 디바이스의 대중화가 본격화되면서 글로벌 ICT 사들이 자사 플랫폼 경쟁력 확대를 위하여 웨어러블 기기 사업에 진출하면서 웨어러블 시장이 급부상하고 있다. 현재 웨어러블 시장은 다양한 센싱 기술과 지능화된 위치정보 수집기능을 기반으로 스마트폰 연동 및 헬스케어 서비스 중심의 성장세를 보이고 있다. 이 밖에도 스포츠/레저, 홈인테리어 및 국방 분야에 대한 활용이 기대되고 있다. 이와 같이 웨어러블 스마트 테크놀로지가 기술적으로 성장하여 다양한 패션제품으로 상용화되기 시작하면서 인간 중심의 편리성과 휴대성을 극대화한 의류형 제품인 스마트 의류에 대한 관심이 커지고 있다.

스마트 의류

스마트 의류란 의복과 ICT의 융합을 통해 기존 의류 고유의 감성적 · 기능적 속성을 유지하면서 섬유(직물)나 의복 자체가 외부 자극을 감지하고 스스로 반응하는 소재의 기능성과 의복 및 직물 자체가 갖지 못한 기계적 기능(digitalized properties)을 결합한 새로운 개념의 의류이다. 1990년대 중반부터 미국이나 유럽에서 군사용으로 개발하기 시작한 스마트 의류는 고기능성 섬유 소재로 만든 의복에 디지털 센서나 GPS, 초소형 통신기기와 소형 MP3 플레이어 등을 내장하며, 초소형 IC(집적회로) 등을 사용하여 센서, 네트워크, 제어, 저장, 신호처리 등의 다양한 기능을 수행할 수 있도록 제작된 것이다. 최근 스마트 의류는 인간의 편의를 도모하는 한편 인간의 건강과 심미적 욕구도 만족시킬 수 있는 헬스케어, 메디컬, 스포츠 · 레저, 엔터테인먼트와 사회안전 및 국방 분야 등으로 확대되고 있다.

특히 2000년대 중반부터 스포츠 분야를 중심으로 스포츠 스마트 의류의 상용화가 전개되었다. 심장활동 센싱 기능을 이용하여 러닝 시 스피드와 거리, 분단 보폭, 근육밸런스, 칼로리 소모뿐만 아니라 체온, 심전도 및 기타 건강 관련 생체 신호를 실시간으로 측정하여 알려주는 기능을 가진 스포츠 웨어가 출시되었다. 랄프로렌 스포츠는 캐나다 스마트 의류 업체인 옴시그널(OMsignal)과 협업으로 폴로테크(POLOTech)라는 피트니스 의류를 개발하였으며 텍스트로닉 사의 누메트렉스(Numetrex)와 블랙야크의 야크 온 P(Yak On P) 등도 심장박동 수, 이동거리, 칼로리 소모량과 같은 정보를 제공한다. 언더아머는 사용자의 컨디션을 분석해 운동 강도를 제안하고 운동화 교체주기까지 알려주는 스마트 러닝화인 '커넥티드 슈즈'를 출시하였으며 신발 밑창의 진동으로 길을 안내하는 '리첼(LeChal) 슈즈'와 스마트폰으로 3차원 워킹 자세 분석 및 운동 코칭 기능과 자동 신발 조임을 제어할 수 있는 디지솔(Digitsole) 등도 출시되어 있다. 스마트 아웃도어 스포츠 웨어로는 Silversun 사의 웜X(WarmX)와 코오롱의 라이프텍 재킷과 같이 의복 내 온습도를 제어해 주고 체온을 유지시킬 수 있는 발열기능이 있고 조난 시 위치정보를 전송할 수 있는 GPS와 태양전지가 장착된 의류들이 주를 이루고 있다. 또한 안전기능을 강화한 스포츠 웨어로 에어백이 장착된 이탈리아 알파인스타(Alpinestars) 사의 테크에어(TechAir)나 스웨덴 호브딩(Hovding) 사의 에어백헬멧은 센서에 의해 급속한 위치변동이 발생할 경우 내장된 배터리로 자동으로 부풀어 보호기능을 수행할 수 있도록 하고 있다.

헬스, 메디컬 분야에서는 근수축이나 운동장애가 있는 환자가 착용함으로써 근육에 전기자극을 주어 자세와 보행에 도움을 주는 몰리 슈트(mollii suit)나 콜드 플라스마 기술과 공기측정기술을 활용하여 독성 가스, 박테리아, 바이러스, 미세먼지 등을 제거하여 주변의 공기를 정화시키는 BB 슈트(BB suit)와 같은 스마트 의류가 개발되었다.

또한 광섬유를 이용하여 오디오의 이퀄라이저처럼 소리에 반응하며 리듬에 맞추어 빛을 발하고 자유자재로 옷의 전체

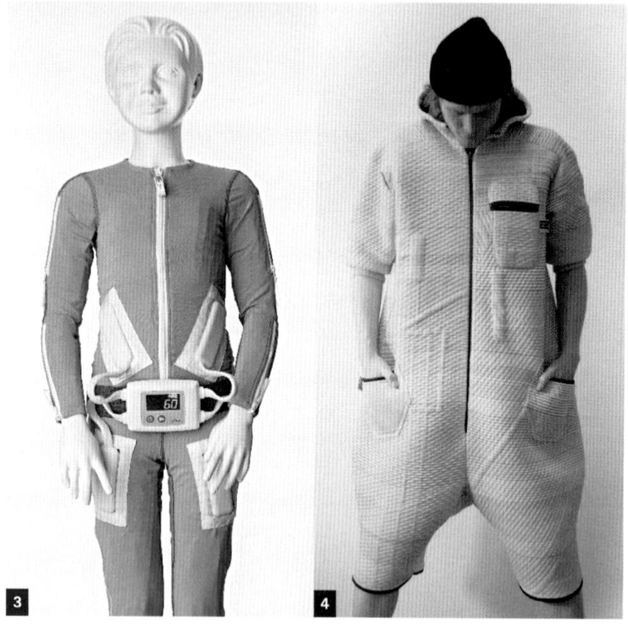

1, 2 생체신호를 모니터하는 피트니스 전용 의류
3 몰리 슈트
4 BB 슈트
5 호브딩 사의 에어백 헬멧

또는 일부 무늬의 색채가 변하는 엔터테인먼트 목적으로 개발된 의류도 있고 어린이 속옷에 프린트된 컬러코드를 클릭하면 그 어린이의 부모 연락처 등이 휴대 통신기기에 출력되는 미아 방지용 의류 등 사회 안전 분야로의 활용도 커지고 있다.

제4차 산업혁명과 스마트 팩토리

2016년 1월 다보스포럼에서 제4차 산업이란 화두가 세상에 던져졌다. 제4차 산업이란, 디지털 혁명(제3차 산업혁명)에 기반하여 물리적 공간, 디지털적 공간 및 생물학적 공간의 경계가 희석되는 기술융합의 시대로 전 세계의 산업구조 및 시장 경제모델에 큰 영향을 끼치게 될 것이다. 제4차 산업혁명의 특징은 초연결성과 초지능화에 있으며 인공지능으로 자동화와 연결성이 극대화되는 산업환경으로 변화되리라 전망할 수 있다. 이는 사이버 물리 시스템(cyber physical system) 기반의 스마트 팩토리와 같은 새로운 구조의 산업 생태계를 만들고 있다. 또한 사물인터넷 및 클라우드 등 초연결성에 기반을 둔 플랫폼 기술의 발전으로 O2O나 온디맨드(ondemand) 경제와 같은 새로운 스마트비즈니스 모델이 부상하고 있다.

사이버 물리 시스템

—

사이버 물리 스시템은 생산공정상에서 주체(기존 기계설비)와 객체(기존 부품 및 제품)가 바뀌도록 유도하고 있고, 더 나아가 생산과정의 모든 요소들이 주체가 되는 분권화가 실현되어 중앙통제가 아닌 부품과 기계설비들이 서로 의사소통을 하여 작업이 이루어지게 할 수 있는 시스템이다. 이로써 인간의 노동력은 필요하지 않게 된다.

제4차 산업혁명은 스마트 기기, 스마트 데이터를 중심으로 스마트 소비, 스마트 오퍼레이션, 스마트 팩토리, 스마트 서비스, 스마트 제품 등 수많은 것을 가능하게 한다. 이 중 스마트 팩토리란, 공장 내 설비와 기계에 센서(IoT)가 설치되어 데이터가 실시간으로 수집, 분석됨으로써 공장 내 모든 상황이 파악되어 목적된 바에 따라 스스로 제어되는 차세대 제조공장이다. 공정과 공정이 유기적으로 연계되어 단순한 생산 자동화와 달리 데이터 기반의 공장운영체계를 갖춤으로써 생산현장에서 발생하는 문제점을 해결할 수 있어 최적생산이 가능해진다. 최근 우리나라 신발 전문업체인 창신도 스마트 팩토리를 구현해 생산효율이 10% 증가했다고 밝혔다.

스마트 팩토리의 개요

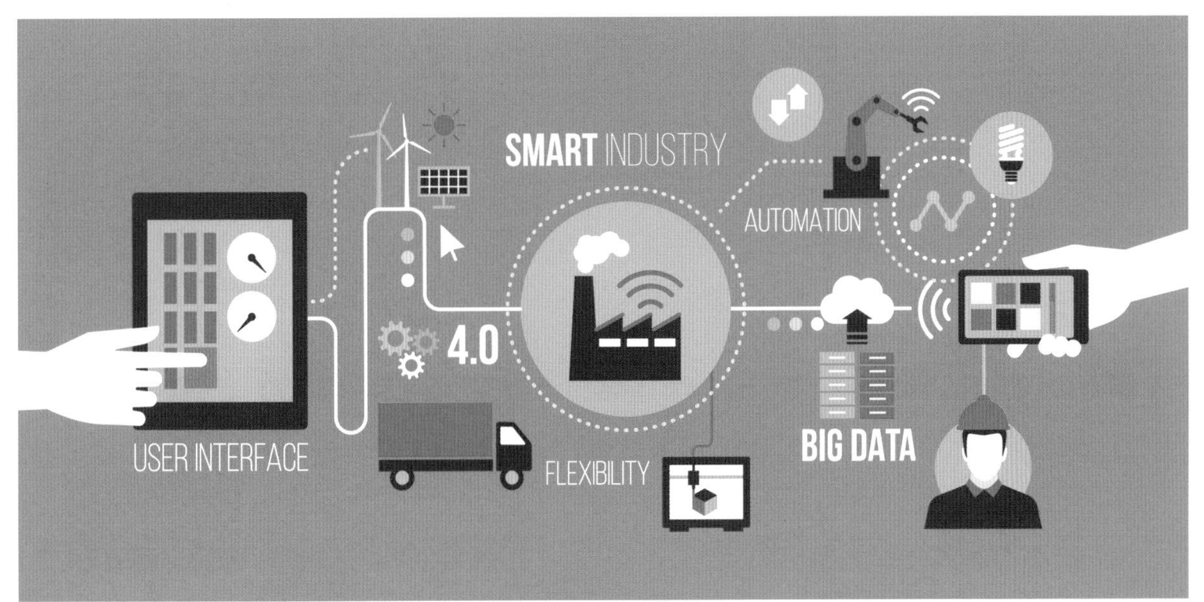

1 3D 프린팅 소재로 만든 의류

IoT 실시간 위치추적시스템인 스타시스템을 도입하여 태그가 부착된 사물의 이력과 위치를 바로 알 수 있고 공정별 입출고 내역과 진행상황을 실시간 파악할 수 있어 공정상의 오류를 최소화하고 생산일정을 정확히 관리한 결과라 하였다.

아디다스는 2016년 9월 21일, '아디다스 스피드 팩토리'에서 생산된 첫 번째 신발인 '아디다스 퓨처크래프트'를 공개하며 첫 성과를 알렸다. 이 스피드 팩토리에서는 지능화된 기계가 필요한 소재를 선택하고 개인에게 최적화된 제품을 전자동화된 시스템에서 최단시간에 공급할 수 있어 소비자가 신발끈부터 인솔, 아웃솔 등 수백 가지 옵션 중 원하는 것을 선택하면 5시간 만에 제품을 생산할 수 있다. 지멘스(Siemens) 사의 스마트 세탁기는 옷에 붙은 취급표시라벨의 RFID 태그와 서로 통신하여 세제와 세탁조건을 자동으로 선정해 세탁을 해주고 아마존 사의 대시버튼(dash button)은 누르기만 하면 컴퓨터나 핸드폰 앱을 켜고 주문할 필요 없이 제품을 구매할 수 있게 한다.

창의적 패션 테크놀로지

제4차 산업혁명으로 인한 생산자동화와 인공지능 등의 기술과 기계의 발전으로 노동력이 대체되어 개발도상국 중심의 봉제산업에 타격이 예상되나 창의성과 혁신성을 필요로 하는 패션산업에서는 부가가치를 생산하는 디자이너의 고유영역이 더욱 중요시될 것이다. 또한 3D 프린팅, 인공지능(AI), 가상현실(VR) 기술 등이 패션디자인, 생산과 마케팅 및 유통 등 패션산업 전반에 큰 변화를 가져오고 있다.

2016년 5월 뉴욕 메트로폴리탄 미술관에 전시된 샤넬슈트의 시대적 변화를 보여준 칼 라거펠트(Karl Lagerfeld)의 의상은 3D 프린터로 만들어진 원단에 세밀한 수작업으로 비즈 등을 더한 것으로 신기술과 기계혁명이 장인의 기술을 대체할 수 없음을 보여주는 반면에 패션이 살아남기 위해서는 시대의 흐름과 함께해야 함을 보여주고 있다.

3D 프린팅은 개인 맞춤형 디자인과 변형의 용이성으로 다품종 소량생산을 추구하는 패션의 특성에 부합한다. 아디다스, 나이키와 같은 스포츠 브랜드에서는 소재, 색상, 로고, 힐, 아웃솔 등을 소비자가 선택하여 디자인에 참여할 수 있는 개인적 취향이 반영된 제품을 판매하고 있다. 또한 3D 프린팅의 발전은 온라인 피팅룸이나 3D 전신거울을 통해 인체를 스캔하여 클라우드 데이터로 전송함으로써 온라인 쇼핑에서 불가능하였던 착용문제를 해결하고 3D 의상으로 맞춤제작이 가능해져 온라인 상거래 시장을 발전시킬 수 있다. 또한 패턴 제작, 원단 재단, 봉제 등 생산공정을 단순화하여 상품회전주기를 단축시킬 수 있으며 버려지는 원단이 없기에 친환경산업으로 오염 발생과 노동집약적 생산으로 야기되는 스웨트 숍(sweat shop) 문제도 해결할 수 있다.

ICT 기술을 보유한 기업과 패션 디자이너 브랜드의 컬래버레이션은 가장 보편적인 패션테크의 형태라 할 수 있다. 애플워치와 에르메스 및 스와로브스키의 컬래버레이션을 비롯해서 인텔과 오프닝세레모니의 컬래버레이션으로 만든 스마트 밴드인 미카(mica), 핏빗(fitbit)과 퍼블릭스쿨, 베라왕 및 토리버치의 컬래버레이션으로 만든 핏빗 알타(fitbit alta), 핏빗 플렉스(fibit flex)와 같은 스마트 밴드 등 다양한 시도가 이루어지고 있다. 이 밖에 증강현실 기술을 적용한 셀프카메라 필터로 SNS 서비스의 새로운 강자로 부상한 스냅챗(Snapchat)도 스마트 글라스를 내놓고 있는데 디자인을 전면에 내세운 패션테크는 얼마나 매력적으로 기술을 숨기고 심미성과 착용 편이성을 겸비한 제품을 내놓는지가 성공의 관건이라 할 수 있다. MIT 미디어랩 연구팀과 마이크로소프트 사가 함께 개발한 전자문신인 듀오스킨이 패션테크의 방향을 잘 제시한다고 볼 수 있다. 별도의 입출력 기기 없이도 스마트 기기와 연동되면서 정보를 입력하는 기능과 피부를 디스플레이처럼 사용하는 기능 및 커뮤니케이션 기능을 구현할 수 있는 장점을 지녀 차세대 웨어러블 기술로 평가되고 있다.

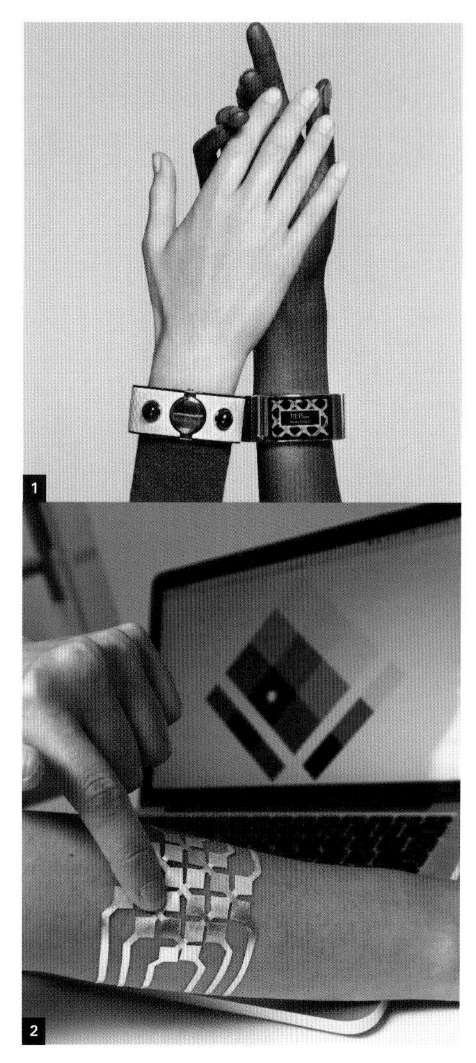

1 스마트 밴드 미카 2 듀오스킨

◀ 뉴욕 메트로폴리탄 미술관에 전시된 트위드 소재의 고전적 슈트(좌 1)와 3D 프린터로 만들어진 원단에 세밀한 수작업으로 비즈 등을 더한 샤넬 슈트(우 1, 2 ,3)

Pants
Bra
T-shirt
Shoe
Pants

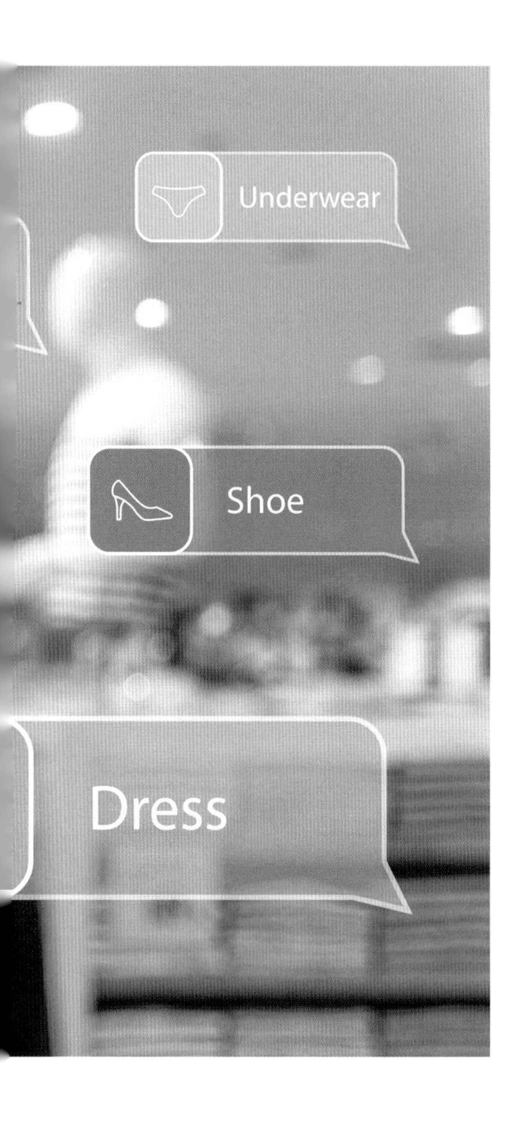

SMART FASHION CONSUMER

CHAPTER 11
스마트 패션 소비자

정보통신기술의 발전으로 소비자들의 패션정보 습득은 떠 빨라지고 패션 제품 구매의사 결정자로서 더 스마트해지고 있다. 특히 스마트폰의 대중화로 소비자들이 실시간 외부와 연결되면서 라이프 스타일의 변화는 물론 쇼핑, 유통환경에 이르기까지 패션산업에 많은 변화를 일으키고 있다. SNS와 블로그를 활용하는 디지털 인플루언서들의 영향력이 날로 커지는 가운데 소비자들의 커뮤니케이션에 대한 눈높이도 달라지면서 소비자와 기업, 브랜드와의 관계에서도 상호 연결성이 중요하게 되었다. 이른바 연결된 소비자, '커넥티드 컨슈머(connected consumer)'이다.

이 장에서는 소비자들이 패션 상품 구매할 때 검색하는 다양한 정보수집방법과 패션 정보원에 대하여 설명하고 오늘날 변화한 패션 상품 구매 유통채널 환경에 대하여 살펴보겠다. 그리고 스마트한 소비자로서 소비자 스스로를 보호할 수 있는 방법 대해서도 알아보고자 한다.

패션 상품의 구매

패션정보 수집

소비자는 최상의 제품 구매를 위해 정보를 탐색하게 된다. 정보 탐색이란 구매의사 결정을 보다 쉽게 할 수 있도록 개인이 정신적 · 신체적으로 정보를 수집하고 처리하는 활동을 말한다. 소비자가 정보를 탐색하는 과정은 먼저 기억 속에 내재된 정보를 회상하는 것에서 시작되며 이를 내적 탐색이라고 한다. 이러한 내적 탐색에 의해 의사결정을 할 만큼 충분한 정보가 기억 속에 저장되어 있지 않다면 소비자는 보다 많은 정보를 찾기 위해 외적 탐색을 한다. 이러한 정보원에는 광고, 친구, 판매원, 제품 진열상태, 패션매거진 등이 있고 최근에는 인터넷 정보와 SNS 등의 정보를 통해 제품에 대한 정보를 얻고 있다.

다른 상품군에 비해 만져보거나 입어보고자 하는 시작 단

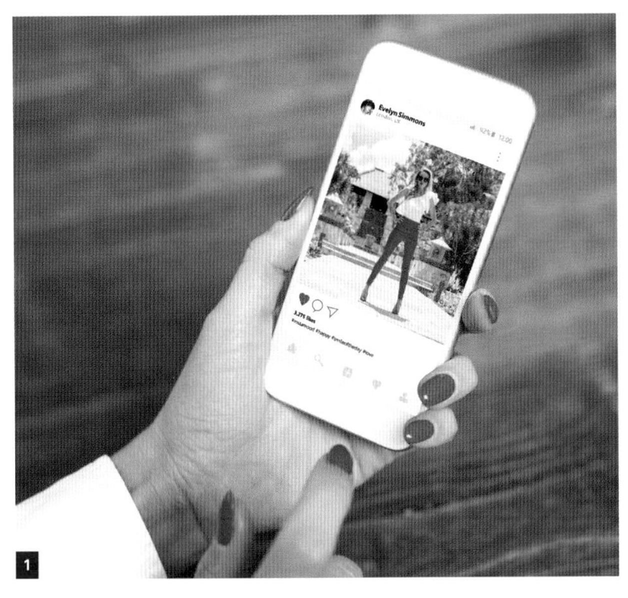

1 인스타그램의 패션 스타일링
2 가격세일 정보

계가 필요한 의류제품은 인터넷상에서 확인하는 데 한계가 있기 때문에 실제감이 부족하고, 착용감을 느낄 수가 없으며, 제품에 대한 신뢰도가 떨어질 수밖에 없을 것이다. 패션 제품의 품질, 디자인, 정보 검색의 용이성과 흥미, 주문 과정의 편리성과 흥미가 온라인 구매의도에 영향을 주었으나 구매불안 쇼핑환경, 주문/배달 과정의 불편함, 온라인 쇼핑의 친숙성 부족, 의류제품의 다양성 부족, 의류제품의 신뢰성 부족과 개인정보 보안위험이 온라인 쇼핑몰 구매의 장벽이 될 수 있다. 현명한 패션 소비자는 전통적인 정보와 온라인 정보를 오가며 최적의 정보를 찾아 구매에 도움이 될 수 있도록 한다.

패션 제품 구매를 위해 정보를 탐색하기 전 먼저 자신의 옷장을 점검해 보고 갖추어야 할 옷의 종류를 정해 본다. 옷장 속의 의복 아이템과 의복색을 파악해 보아야 하는데, 먼저 자신과 잘 어울리는지, 옷 색깔들이 잘 코디될 수 있는 것들인지, 자신의 라이프 스타일에는 적합한지, 자신의 개성이나 의복 이미지와는 어울리는지 생각해 보고 자신과 어울리지 않는 것은 정리해 본다. 수선이나 리폼(reform)하여 계속 입거나 보관할 아이템은 잘 세탁 관리하여 놓는다.

이렇게 내 옷장에서 버리기, 수선하기, 리폼하기, 계속 입기로 결정한 것에 대해 빠짐없이 아이템별로 정리한 후 자신이 추구하고자 하는 이미지를 고려하여 새로 구매해야 할 품목들을 신중하게 고민한다. 현명한 구매를 위해서 자신이 갖고 있는 의복의 용도별 · 계절별 소지 목록을 바탕으로 새로 준비가 필요한 의복 목록을 작성하고 구매하기 전에 가지고 있는 옷과의 조화를 생각한다. 구매목록은 가능한 한 구체적으로 생각해 본 후 원하는 스타일, 지출 규모, 구매장소 등을 포함시키는데, 구매목록 작성 시 필요한 것이 패션 정보이다.

패션 정보원에는 신문, 매거진, 카탈로그, 광고 팸플릿 등의 활자미디어 정보원과 라디오, TV 등의 전파미디어 정보원, 그리고 인터넷, 소셜미디어, 쇼핑 앱을 포함하는 컴퓨터 통신 정보원, 매장 점원이나 친구나 가족 등 주변 사람들과 같은 인적 정보원 등 그 종류가 다양하다. 최근 스마트폰 사용자가 증가함에 따라 블로그, 페이스북, 트위터, 인스타그램 등 다양한 소셜 네트워크 서비스를 통해 세일정보, 가격비교, 트렌드, 데일리 스타일링 등 최신 정보를 찾고 소비자가 스스로 만든 정보를 공유하는 것이 일반화되어 가고 있다.

암 체어 쇼핑(arm-chair shopping)을 통한 정보 수집

집안에서 정보를 수집하는 방법으로 시간과 경비가 절약되는 이점이 있다. 홈쇼핑, 카탈로그, 인터넷이나 소셜미디어의 패션정보, 패션 매거진이나 신문을 구독하여 새로운 스타일과 실루엣, 색상, 소재를 파악할 수 있다. 의복과 액세서리의 조화방법, 의류의 착용과 관리방법 지침, 현재 소유하고 있는 의복의 효과적인 스타일링 활용방법도 습득할 수 있다.

윈도 쇼핑(window shopping)을 통한 정보 수집

흔히 아이쇼핑(eye shopping)이라고 알려져 있으며 선호하는 패션매장을 직접 방문하여 윈도 디스플레이나 마네킹을 관찰한 후 구매하고자 하는 의복 아이템과 현재 유행 트렌드에 대한 정보를 파악할 수 있다. 서로 다른 매장에서 유사한 의복에 대해 가격, 디자인, 디테일, 봉제 상태, 소재, 색상, 외관, 내구성 등을 중심으로 장단점을 비교할 수 있어 현명한 구매의사결정을 할 수 있다.

광고를 통한 정보 수집

홈쇼핑, 인터넷 쇼핑몰, 의류업체에서 발행하는 카탈로그와 광고를 통해 의복의 가격, 취급방법, 활용도 등에 관한 정보를 제공받을 수 있다. 광고의 목적은 판매와 홍보에 있으므로 광고가 내포하는 의미를 잘 파악해야 한다. 직물과 취급정보를 잘 살펴보고 광고 속의 작은 활자에도 주목할 필요가 있다.

온라인, 모바일 가상 쇼핑

소비자가 컴퓨터와 스마트폰을 통해 인터넷 접근이 용이해지면서 의류제품의 정보를 탐색하는 것에서 더 나아가 온라인상에서 가상으로 착용상태를 확인하고 구매하는 것이 가능해졌다. 실제 입어보지 않아도 고객의 체형을 반영한 착용상태를 눈으로 확인할 수 있게 하여 고객이 원하는 스타일의 옷을 선택한 후 입혀보는 가상모델을 만들어 가시화하고 입어보지 못한다는 소비자 불안감을 해소시켜 손쉽게 쇼핑을 할 수 있게 했다.

현대 사회를 '정보과잉시대' 혹은 '정보공해시대'라고 한다. 오늘날은 각 분야에서 여러 가지 정보매체를 통하여 많은 정보가

1 윈도 쇼핑을 통한 정보 수집
2 암 체어 쇼핑을 통한 정보 수집
홈쇼핑 카탈로그를 통한 정보 수집

제공되고 있는데 정보는 무조건 많이 수집하는 것은 의미가 없으며, 정확한 정보원으로부터 신속하게 받아들여 분석하고 처리하여 이용하는 것이 중요하다.

패션 상품 구매 경로, 유통채널

구매목록이 결정되고 예산이 책정되면 구입하고자 하는 의복제품에 대한 정보에 대해 충분히 살펴본 후 소비자는 어디에서 옷을 살 것인지 구매장소, 즉 유통채널을 결정한다. 유통채널의 유형은 일반적으로 점포형과 무점포형으로 구분된다. 점포형 소매업태에는 백화점, 쇼핑몰, 가두점, 대형마트, 상설할인점, 아울렛 등이 포함된다. 무점포형 소매업태에는 온라인 쇼핑몰, 모바일 쇼핑몰, TV 홈쇼핑, 카탈로그 쇼핑, 자동판매기, 방문판매 등이 포함된다. 패션기업들의 기발한 판매 방식이 쇼핑의 진화를 주도하고 있다. 유니클로는 미국 공항에 기능성 내의 히트테크와 초경량 다운재킷 등을 캔에 담아 '유니클로 투 고(Uniqlo to go)' 자동판매기를 통해 의류제품을 판매한다.

패션 제품의 쇼핑은 소비자가 점포를 방문하여 의사결정을 하고 선택된 옷을 가져가는 것과 연관되어 있다. 제2차 세계대전 이전에 대부분의 사람은 가정이나 지역의 재봉사 혹은 재단사가 직접 손으로 만든 소량의 옷을 가지고 있었다. 공장에서 생산된 옷에 대한 개념은 덜 공식적인 의복에 대한 욕구 증가와 캐주얼 웨어에 대한 문화적 · 근본적 변화로 인해 전쟁 후에 발전되었다. 이러한 변화로 새로운 패션 상품을 소비자에게 팔기 위해 다른 방법이 필요하게 되었다. 1960년대 하이 스트리트 패션 혁명 이후에 변화하게 되었고, 아카디아 그룹(Arcadia Group, 탑샵과 미스 셀피지 등의 브랜드를 소유한 영국 회사)과 같은 대규모의 패션 체인이 성장하게 되었다. 온라인 쇼핑의 출현은 소비자들이 옷을 구매하는 방법을 변화시켰으며, 새로운 디지털 기술은 패션 판매 개념에 도전하고, 전통적인 유통 매장은 압박을 받고 있다. 또한 이러한 변화들은 패션바이어와 머천다이저의 업무와 패션 제품을 촉진하고 판매하는 방식에 영향을 미치고 있다.

여러 가지 유통채널의 유형 중에 패션 체인 점포로 알려진 하이 스트리트 체인점은 20개 이상의 점포를 가진 유통업체이다. 하이 스트리트 체인점은 15~20년 동안 성장해왔으며, 규모가 작은 점포들이 더 큰 기업으로 합병되었고, 영국에서 하이 스트리트 체인점은 패션 유통 부분을 지배했으며, 패션 바잉 업무의 많은 부분을 담당하고 있다. 전문유통업체나 부티크는 주요 체인에 소속되어 있지 않다. 이 유통 방식은 주요 패션 체인점으로부터 경쟁력을 지니고 있으며, 인터넷 유통업체와는 상당히 다르다. 그러나 전문유통업체도 소비자들에게 개인적인 접근을 시도하고 있어 상품을 최대한 빨리 배달하고, 소비자의 구매 기간에 매우 민첩하게 반응한다.

최근 우리나라 패션계를 휩쓴 유통 트렌드는 편집숍과 팝업숍이다. 편집숍이란 한 매장에 2개 이상의 브랜드 제품을

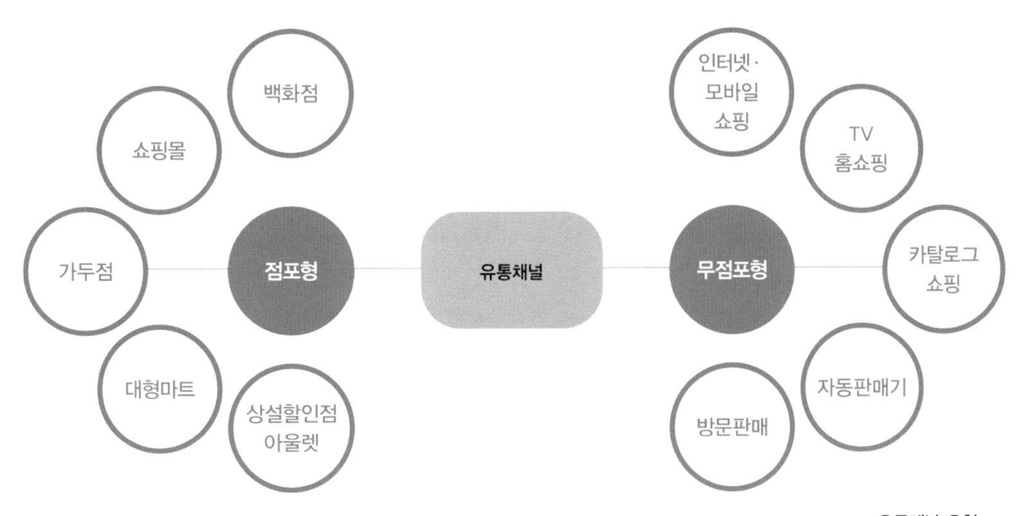

유통채널 유형

모아 판매하는 유통 형태를 말하며, 멀티숍 혹은 셀렉트숍이라고도 한다. 주로 다품종 소량생산의 방식을 따르며, 적게는 두 개에서 많게는 수십 가지의 브랜드 제품을 구비해 소비자가 자신의 취향에 맞는 물건을 다양한 범위에서 고를 수 있다는 장점이 있다. 이전 우리나라의 주된 쇼핑은 대형 백화점과 브랜드 로드숍 중심으로 이뤄졌으나, 그런 한국 시장에 분더숍(Boon the shop)과 쿤(koon)과 같은 편집숍이 등장한 이후 흐름이 많이 변화했다. 팝업숍은 예고 없이 나타났다가 빨리 군중들을 주목시킨 후 사라지거나 다른 것으로 변화하는 것에 강점을 지니고 있는 전문 유통기업의 확장 형태이다.

온라인 패션 유통업체(online fashion retailers)

온라인은 많은 상품 유형의 유통채널로 자리 잡았는데, 패션도 예외가 아니다. 패션 유통업체들은 가장 최신의 라인들을 소개하기 위한 최고의 수단으로 이용할 뿐만 아니라 소비자들에게 직접 판매가 가능하도록 했다. 온라인 패션 유통업체들은 보통 4가지 유형으로 분류되는데, 가상 e-테일러(e-tailer : ASOS, Net-a-porter), 실제로 존재하는 매장(bricks-and-mortar), 카탈로그 회사(온라인 유통이 포함되어 그들의 운영이 확대된), 멀티채널 유통업체(카탈로그나 온라인을 통해 점포에서 상품을 판매)이다. 온라인 유통은 한 단계 더 나아가 상품을 국제적으로 배송하고 있어 세계적인 성장의 기회는 더 커졌다.

패션 상품 구매 유통채널의 변화

오늘날 새로운 디지털 경제시대를 맞아 IT를 비롯한 인터넷 기술의 발달은 패션기업과 소비자에게 새로운 차원의 새로운 마케팅 환경을 제공하고 있다. 패션 소매유통 분야에서도 새로운 마케팅 환경으로서 멀티채널 쇼핑이 활성화되고 있다. 초창기 멀티채널 쇼핑은 오프라인 채널의 단점을 보완하고 편의성과 다양성을 강조한 온라인 채널이 각광을 받으면서 등장하였다. 특히, 온/오프라인을 병행하고 있는 쇼핑몰의 경우는 순수 단일채널 쇼핑몰에 비해 통합적 고객관리가 가능하고 판매시너지 효과가 극대화된다는 이점 때문에 지속적으로 발전되었던 것이다. 소비자들은 오프라인과 온라인 유통 경로를 구매채널인 동시에 자주 활용하는 정보탐색의 채널로 이용하고 있으며, 온라인과 오프라인 채널을 서로 배타적인 것으로 보지 않고 소비자가 제품에 대한 정보를 얻고 구매하는 과정에서 혼합하여 사용하게 되었다. 특히, 유통업태 간 경계가 사라지고 쇼핑채널 간 독립적인 경쟁이 이루어지고 있는 상황에서 온라인 매장 이용자와 오프라인 매장 이용자는 상당 비율로 공유되고 있다.

정보통신기술(ICT, Information and Communication Technology)의 발전으로 소비자들은 기업 활동 전반에 걸쳐 제안하고, 평가하며, 요구하고, 거부하는 등의 새로운 능력을 지닌 존재, 새로운 가치를 창출할 수 있는 존재로 변화하고 있다. 이에 따라, 기업은 이제 소비자를 협력해야 할 새로운 파트너이자 기업 경쟁력의 새로운 원천으로 간주하고 있다. ICT의 발달과 함께 스마트 소비가 본격화되고 소매 유통채널이 다양해지면서, 오프라인뿐만 아니라 PC, 모바일 등 다양한 온라인 유통채널들을 활용하여 합리적인 소비를 하려는 소비자들이 증가하고 있다. 오프라인 매장에서 제품을 경험하고 온라인 매장에서 제품을 구매하는 쇼루밍(showrooming), 온라인 제품을 경험하고 오프라인 매장을 통해 구매하는 역쇼루밍(reverse-showrooming) 혹은 웹루밍(webrooming) 같은 크로스오버 쇼핑(crossover shopping) 현상이 나타나는 등 소비자 구매결정과정이 복잡해지면서 소비 패러다임이 변화하고 있다.

소비 패러다임의 변화는 비즈니스 패러다임에도 영향을 미치게 되어 새로운 유통 형태를 요구하게 되었다. 이러한 변화에 따라 온 · 오프라인이 유기적으로 통합된 옴니채널이 등장하게 되었다. '옴니(omni)'란 기업이 모든 채널을 연결해 고객에게 접근하는 것을 의미하며, 옴니채널은 판매 과정에서 채널, 플랫폼, 구매 단계와 관계없이 일관된 브랜드 경험을 창출하기 위한 고객 접점과 커뮤니케이션 기회의 상승적인 통합을 뜻한다. 옴니채널의 등장과 같은 유통 환경의 변화는 기존의 일방향 판매 패턴에서 상호작용 패턴으로의 소비 패러다임 변화를 잘 반영하고 있다. 옴니채널은 멀티채널의 진화된 형태로서 모든 쇼핑채널을 통해 확보된 고객의 경험에 대해 지속적으로 접근할 것을 전제로 한다. 즉, 모바일, 온라인, 오프라인 매장, TV, 카탈로그 등 모든 쇼핑채널을 하나의 관점에서 유기적으로 결합하여 소비자가 어떤 채널을 이용하든 시간과 장소에 구애받지 않고 쇼핑을 할 수 있는 체계를 말한다. 미국 브랜드 랄프 로렌과 레베카 밍코프는 최근 고객들이 터치를 지원하는 인터베이스를 통해 다양한 색상과 크기를 선택할 수 있는 '인터렉티브 드레싱 룸 미러'를 제시하여 패션 옴니채널을 선두하고 있다. 레베카 밍코프의 스마트 피팅룸은 고객들로 하여금 자신에게 맞는 조명을 선택할 수 있게 하고, 피팅룸을 다시 나오는 불편을 감수하지 않고 피팅룸 안에서 가상 피팅을 통해 바로 다른 사이즈 혹은 색상을 입어 볼 수 있게 하는 옴니채널 서비스를 제공하고 있다.

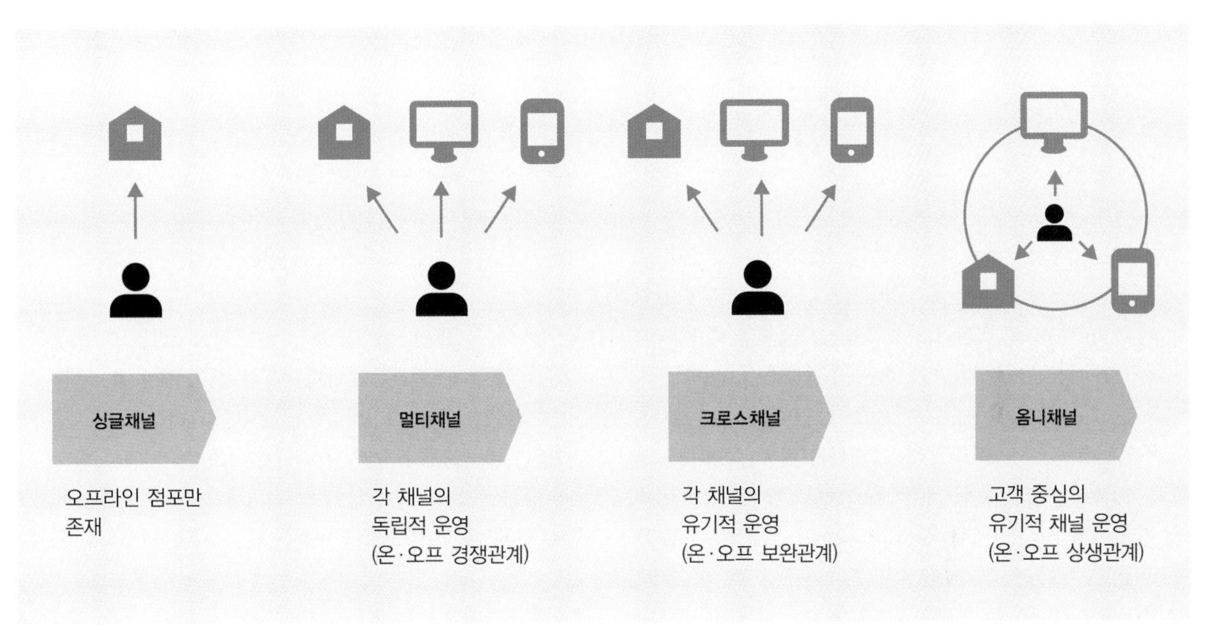

유통채널 패러다임의 변화 양상
자료 : 국민일보

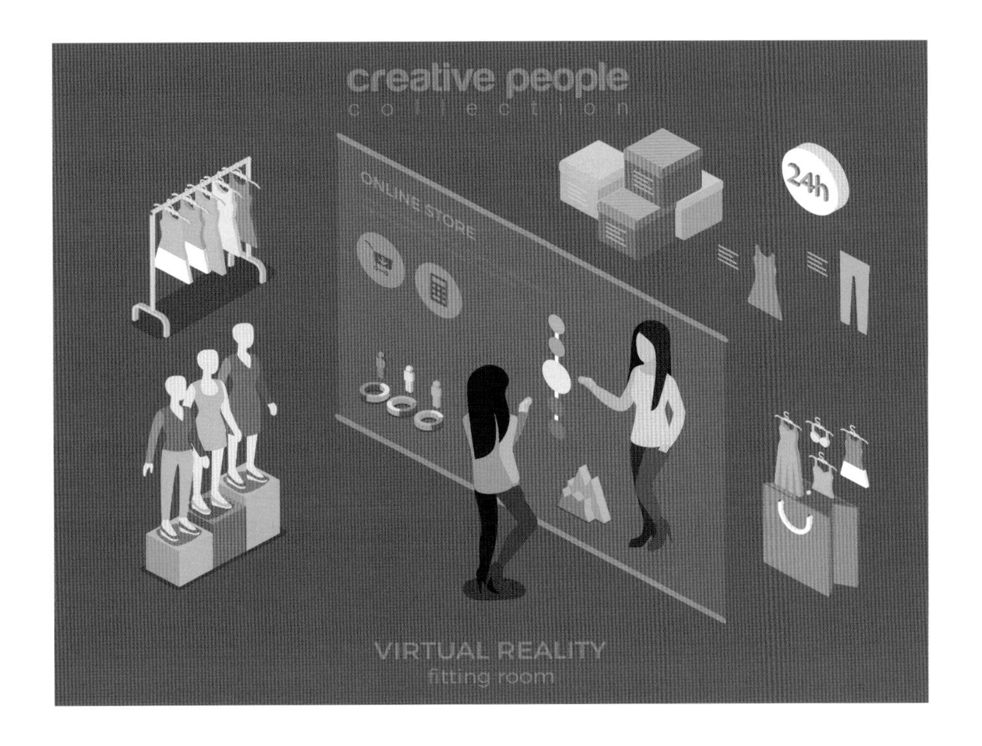

매직 미러 가상 피팅

소비자 보호

소비자 불만

최근에는 패션 및 섬유 제품이 점차 다양해지고 품질이 고급화되면서 이와 관련된 소비자 상담 건수가 매년 증가하는 추세이다. 2022년 한국소비자원에 피해구제 접수된 총 45,507건을 살펴보면, 물품이 21,685건(47.7%)으로 가장 많았고, 서비스 19,767건(43.4%), 물품 관련 서비스 4,055건(8.9%) 순으로 나타났다. 물품 중에서는 의류 · 섬유신변용품이 6,752건(15.3%)으로 가장 많았다. 물품 관련 서비스에서는 세탁이 1,1814건(4.0%)으로 나타나 의류와 세탁 관련 피해구제 접수 건수가 큰 비중을 차지함을 알 수 있다. 또한 피해구제 사건의 신청이유를 살펴보면 계약 관련이 47.8%로 가장 많았고 이어서 품질, A/S 관련이 44.25%, 부당행위 관련이 3.7% 순으로 나타났다.

패션 제품을 구매하는 과정에서 판매원의 강요나 압박이 있거나 제품의 종류와 치수가 다양하지 못할 때, 품질보증이 없어 품질을 믿을 수 없을 때, 다양한 제품 구색을 갖춘 곳이 도심에 한정되어 있을 때 불만이 발생할 수 있다. 특히 최근에는 패션 유통채널이 다양해지면서 온라인 쇼핑몰이나 SNS를 통한 전자상거래 등 특수판매와 관련된 소비자 피해가 증가하고 있다.

온라인 쇼핑몰에서 의류를 구입할 때에는 제품을 직접 만져보거나 입어 볼 수 없는 상태에서 주문하는 것이므로 제품 구입 전에 제품의 정보를 꼼꼼히 살펴보아야 하고 배송을 받은 후에도 치수와 봉제 상태, 혼용률 등을 빠짐없이 살펴야 한다.

착용 중에는 뻣뻣한 레이블(label) 때문에 피부가 따끔거리는 불만이 발생할 수 있으므로 레이블의 소재를 부드러운 것으로 바꾸거나 모양이나 부착위치를 바꾸어 착용감을 편안하게 해야 한다.

세탁단계에서는 원단 손상, 색상 변화, 이염 등의 문제가 제기될 수 있으므로 제조업자는 품질개선과 염색견뢰도 등에 신경을 써야 하고 소비자는 취급 시 주의사항을 꼼꼼히 확인해야 한다. 세탁업자에게 세탁을 의뢰한 후 제품이 바뀌거나 분실될 수 있으므로 인수증을 주고받는 것이 좋다.

패션 상품의 세탁서비스 사고원인 및 피해 감소 대책

세탁서비스의 경우 매년 피해구제 접수 건이 증가하는데 품목별로는 양복세탁이 가장 많고 다음으로 신발세탁, 피혁세탁, 한복세탁 등의 순으로 나타났다. 이 밖에 이불, 커튼, 가방, 스카프 등 기타 세탁이 차지한다. 피해 유형별로는 세탁 후 의류 등의 외관 손상, 훼손, 변퇴색, 얼룩 발생, 형태 변화 등 세탁품질 관련이 74%를 차지했고 이 밖에 계약 관련, 부당행위 등이 있다.

세탁서비스 관련 소비자 피해가 지속적으로 발생하는 것은, 주로 세탁업자가 의류에 표시된 취급주의사항을 명확히 확인하지 않고 부적합한 세탁방법을 진행하기 때문이다. 또한 세탁물을 인수 · 인계하는 과정에 소비자와 세탁업자 사이에 의류의 하자 유무 등 현재 상태를 꼼꼼히 확인하고 기록하지 않아 세탁 관련 민원이 발생하고 해결을 어렵게 하는 원인이 되고 있다.

세탁물 의뢰 시 세탁물의 상태를 꼼꼼히 확인하고, 인수증을 반드시 교부받자

세탁물 관련 분쟁의 대부분은 세탁 전후의 제품 상태가 다르다는 점을 소비자와 사업자가 서로 다른 내용으로 주장함으로써 발생한다. 따라서 세탁업자는 세탁물을 인수할 당시에 세탁물의 품명, 수량 및 세탁 요금, 세탁물의 하자 유무 등이 작성된 인수증을 교부하고, 소비자는 세탁물 의뢰 시 세탁업자로부터 인수증을 교부받아 혹시 발생할지도 모르는 세탁 관련 피해에 대비하는 것이 중요하다.

세탁물 수령 ▶

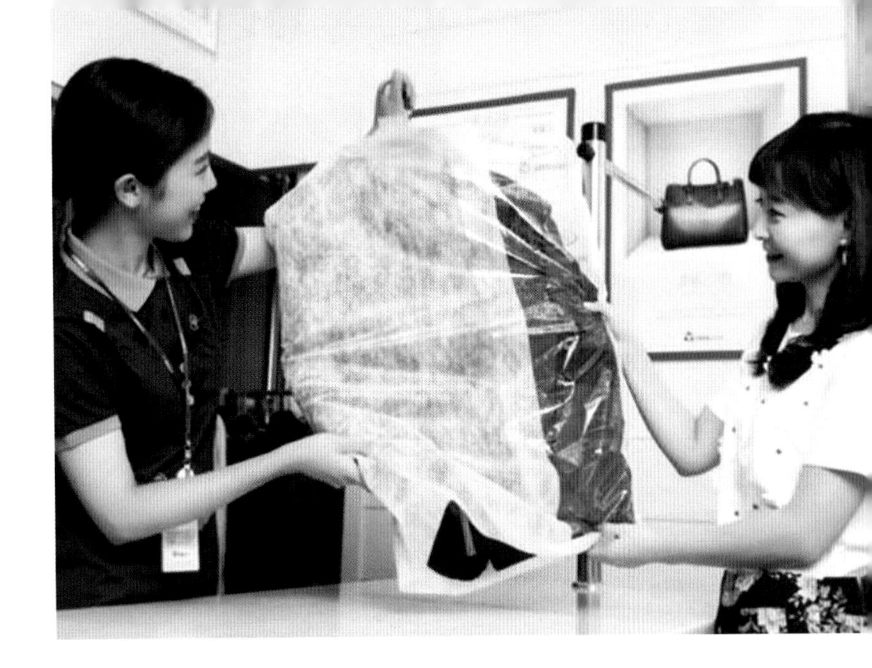

완성된 세탁물 수령 시 수량을 확인하고 하자가 발생했는지 바로 확인하자

소비자가 완성된 세탁물을 인수할 때 하자 유무를 즉시 확인하지 않고 장기간 보관 후 세탁물의 하자가 확인된 경우에는 책임소재에 대해 다툼이 발생할 가능성이 높다. 특히 세탁물의 부자재 여부 등을 확인하지 않고 보관하다가 분실 사실을 인지하였을 경우, 세탁소 잘못으로 분실되었다는 사실 입증이 불가하므로 반드시 세탁물의 수량을 확인하여야 한다. 또한 세탁업 표준약관에 의하면 세탁물을 인도받은 날로부터 6개월이 경과한 경우에는 세탁업자는 세탁물의 하자로 인한 손해배상 책임이 면제되므로 환절기에 다량의 계절의류를 세탁한 후에는 세탁물을 수령할 당시에 하자가 발생하지 않았는지를 꼼꼼하게 확인하는 것이 중요하다.

세탁 의뢰 전에 제품의 취급주의 표시를 확인하자

세탁 후 탈색, 수축, 표면 경화 등 하자가 발생하는 원인 중 상당수는 해당 의류와 맞지 않는 방법으로 세탁을 진행하였기 때문이다. 따라서, 반드시 취급상 주의사항에 표기된 세탁방법을 먼저 확인한 후 세탁을 의뢰하는 것이 바람직하다.

소비자 피해사례 및 보상 기준

소비자가 패션 상품을 구입하거나 세탁 서비스를 받을 때 그 상품이 갖추어야 할 안전성, 품질, 성능, 내용 등에 문제가 발생하여 소비자의 기대를 충족시키지 못할 경우가 발생하는데, 이때 책임의 소재가 누구에게 있는지에 따라 배상 여부가 결정된다.

제조업체의 과실인 경우 보증기간 1년 이내에는 구입가에 따라 교환이나 전액 환불이 가능하며, 보증기간이 지났을 경우 각 옷의 내용연수를 기준으로 입은 것만큼 감가상각하여 무상수선, 교환, 환불의 순으로 배상받을 수 있다.

제조업체의 과실

- 패션 상품 착용 후 피부에 심한 발진이 발생한 경우(포르말린에 의한 피부 장해)
- 가죽재킷의 코팅이 단기간 내에 벗겨진 경우(장기간 사용 시 예외)
- 점퍼 세탁 후 염료가 빠져 얼룩이 발생한 경우
- 의류 착용 중 특정 부위에만 보푸라기가 심하게 발생한 경우
- 브래지어 세탁 후 봉제선이 뜯어져 와이어가 원단 밖으로 돌출된 경우
- 멜빵바지에 붙어 있는 금속물에 손가락을 다친 경우
- 티셔츠 세탁 후 옆선이 틀어진 경우

세탁업자의 과실

- 흰색 코트가 드라이클리닝 의뢰 후 회색으로 변색된 경우
- 단색 블라우스가 세탁 의뢰 후 얼룩이 생긴 경우
- 어그 부츠가 세탁 의뢰 후 재질이 뻣뻣하게 변한 경우
- 운동화가 세탁 의뢰 후 장식 부분이 떨어진 경우
- 갈색 스웨이드 재킷이 세탁 의뢰 후 탈색된 경우
- 세탁 전 문제가 없었지만 스웨터를 세탁 의뢰 후 입으면 피부가 따끔거리는 경우
- 세탁물 반환일 이후 세탁업자가 아무런 통보 없이 세탁물을 폐기한 경우

유통업자의 과실

- 온라인 쇼핑으로 구입한 제품이 포장 하자로 비에 젖어

손상된 경우
- TV 홈쇼핑 광고와 실제 제품의 컬러나 디자인이 다른 경우
- 택배회사 직원이 아무런 통보 없이 제품을 빈집 문밖에 두고 간 경우
- 전자상거래 판매자가 반품을 거부할 경우(물품을 받은 후 7일 이내에 물품을 사용하지 않고 훼손이 없다면 반품을 요청할 수 있다. 이때 반품 운송비는 반품의 원인을 제공한 사람이 부담해야 한다.)

소비자의 과실

- 드라이클리닝을 하지 말아야 하는 등산복을 세탁소에 맡겨 드라이클리닝한 후 제품의 방수코팅이 벗겨진 경우
- 찬물로 세탁해야 하는 양모 니트를 따뜻한 물에 세탁해 사이즈가 줄어든 경우
- 단체로 구입한 티셔츠를 입고 혼자만 피부에 빨간 반점이 생긴 경우
- 소비자의 부주의로 잠옷이 촛불에 닿아 화상을 입은 경우
- 세탁소에 세탁물을 맡긴 후 지정된 날짜에 수거통보를 받았지만 한 달이 넘도록 찾아가지 않아 분실된 경우

소비자 피해구제 과정

소비자가 제품을 구입했을 때 부당한 손실이나 불이익을 경험했을 경우 그 손해에 대한 배상(수리, 교환, 환불, 할인 등)을 해당 판매점, 제조회사, 관련 업체에 요구할 수 있고, 국가나 지방자치단체에 시정조치를 신청할 수 있다. 이러한 과정은 행정의 개선뿐 아니라 생산자와 소비자, 정부 사이의 불신감을 없애고 소비자 피해를 가져오는 상품과 서비스에 대해 기업의 책임을 엄격하게 물을 수 있는 제도를 확립하여 건전한 경제구조를 구축할 수 있다.

〈소비자피해 보상 기준〉에 따른 배상액 계산

배상액 = 물품 구입가격×배상비율(배상비율표 참조)

예 1. 2020년 1월 1일 15만 원 상당의 겨울 코트 구입
2022년 3월 1일 현재, 원단 마모로 인해 배상 요구
→ 구입가격 15만 원, 내용연수 4년(품목별 평균 내용연수 참조)
배상액 = 15만 원(물품 구입가격)×60%(배상비율) = 9만 원

예 2. 2021년 1월 1일 8만 원 상당의 겨울 운동화 구입
2022년 5월 1일 현재, 세탁소 맡긴 후 이염으로 인해 배상 요구
→ 구입가격 8만 원, 내용연수 1년
배상액 = 8만 원×20% = 1만 6천 원

배상비율표

내용연수 \ 배상비율(%)	95	80	70	60	50	45	40	35	30	20	10	
1	0~14	15~44	45~89	90~134	135~179	180~224	225~269	270~314	315~365	366~547	548~	물품 사용 일수
2	0~28	29~88	89~178	179~268	269~358	259~448	449~538	539~628	629~730	731~1,095	1,096~	
3	0~43	44~133	134~268	269~403	404~538	539~673	674~808	809~943	944~1,095	1,096~1,642	1,643~	
4	0~57	58~177	178~357	358~537	538~717	718~897	898~1,077	1,078~1,257	1,258~1,460	1,461~2,190	2,191~	
5	0~72	73~222	223~447	448~672	637~897	898~1,122	1,123~1,347	1,348~1,572	1,573~1,825	1,826~2,737	2,738~	
6	0~86	87~266	267~536	537~806	807~1,076	1,077~1,346	1,347~1,616	1,617~1,886	1,887~2,190	2,191~3,285	3,286~	

*물품 사용일수 : 물품 구입일로부터 사용 여부에 상관없이 세탁의뢰일까지 계산한 일수

품목별 평균 내용연수

분류	품목	소재	용도	상품 예	내용연수
외의류	신사정장	모, 모혼방, 견, 기타	하복 춘추복 동복		3 4 4
	코트			오버코트, 레인코트	4
	여성정장	모, 모혼방, 견, 기타	하복 춘추복 동복		3 4 4
	스커트, 바지, 재켓, 점퍼	모, 모혼방, 견, 기타	하복 춘추복 동복	타이트스커트, 플레어스커트, 치마바지(큐롯, 잠바스커트) 바지, 슬랙스, 판탈롱, 팬츠류	3 4 4
	스포츠 웨어			트레이닝 웨어, 스포츠용 유니폼, 수영복	3
	셔츠류			면셔츠, T셔츠, 남방, 폴로셔츠, 와이셔츠	2
	블라우스	견 기타			3 2
	스웨터			스웨터, 카디건	3
	청바지	일반			4
		특수워싱			3
	제복	작업복 사무복 학생복			2 2 3
한복류	치마, 저고리, 바지, 마고자, 조끼, 두루마기	견, 빌로드, 기타			4
실내 장식류	카펫	모 기타			6 5
가방류	가죽가방	가죽, 인조가죽 등			3
	일반가방	천 등			2
양장용품	스카프	견, 모 기타			3 2
	머플				3
	넥타이				2
속옷	파운데이션, 란제리, 내복				2
피혁제품	외의	돈피, 파충류 기 타			3 5
	기타				3
	인조피혁				3

(계속)

분류	품목	소재	용도	상품 예	내용연수
실내장식품	모포	모			5
		기타			4
	소파	천연피혁			5
		기타			3
	커튼		춘하용		2
			추동용		3
침구류	이불, 요, 침대커버				3
신발류	가죽류 및 특수소재			가죽구두, 등산화(경등산화 제외) 등	3
	일반 신발류			운동화, 고무신 등	1
모자					1
모피 제품	외의	토끼털			3
		기타			5
	기타				3

* 내용연수 : 제품의 효용이 지속되는 기간
자료 : 소비자분쟁해결기준(개정 2018. 2. 28.)

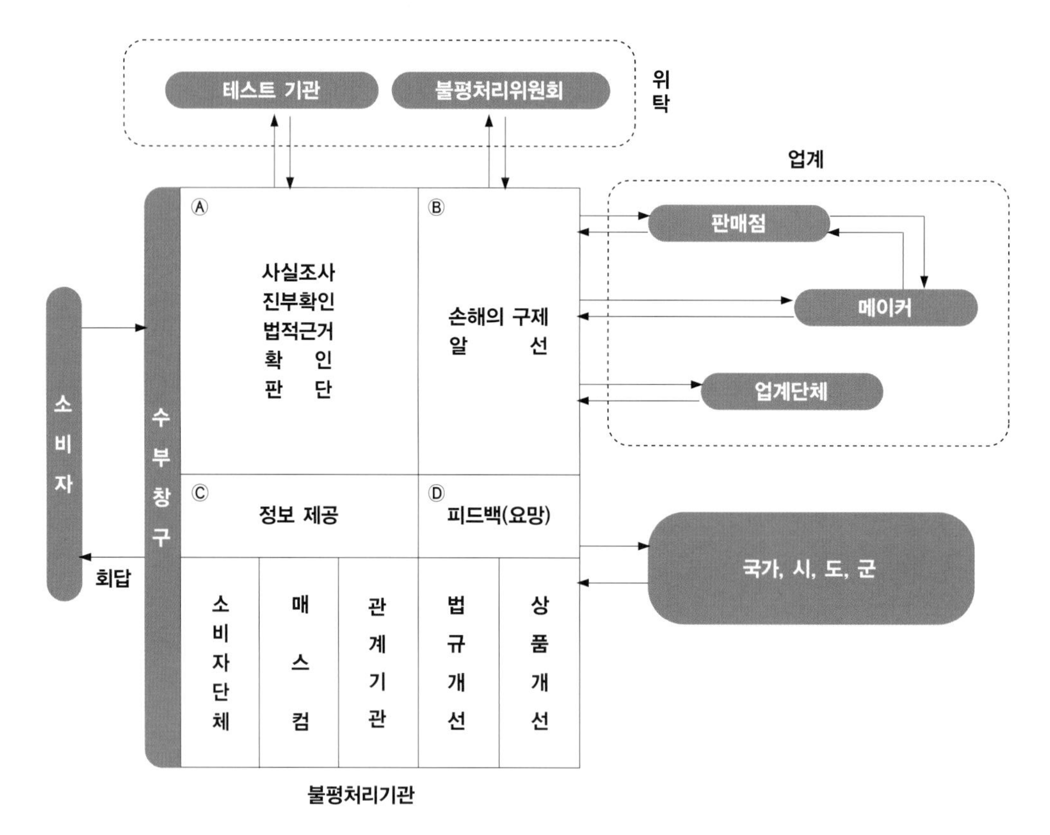

소비자 불만 처리과정

알아두면 좋은 불평창구

—

국가창구 한국원사시험연구원, 한국의류시험연구원, 한국화학융합시험연구원, 한국기기유화시험연구원, 다이텍연구원, 한국생활용품시험연구원, 한국전기전자시험연구원

지방행정기관창구 각 시청, 구청, 군청 민원실 및 동사무소 민원실

민간단체창구 한국소비자원, 한국YWCA연합회, 한국여성단체협의회, 소비자교육중앙회, 한국소비자연맹, 한국소비생활연구원, 소비자공익네트워크, 한국부인회, 한국YWCA전국연맹 등

섬유관련협회창구 한국화학섬유협회, 한국부직포공업협동조합, ECO융합섬유연구원, 한국의류산업협회, 한국방직협회, 등

기업창구 기업 및 백화점 내의 소비자실, 소비자상담실, 소비자정보실, 소비자 생활상담실 등

SOURCE OF FIGURE

아래에 밝힌 웹사이트와 저자 이름은 본문에 사용된 사진에 대한 권한을 밝히기 위한 것으로, 이러한 출처가 따로 표기되지 않은 사진은 퍼블릭 도메인이거나 저작권이 출판사와 저자에게 있습니다.

- **10p.** ⓒ dubroale / Shutterstock.com
- **12p.** ⓒ Creative Lab / Shutterstock.com
- **15p.** 4, 5 ⓒ Mauro Del Signore / Shutterstock.com
- **16p.** 1 ⓒ muzsy / Shutterstock.com
- **17p.** 3 ⓒ DKSStyle / Shutterstock.com
- **18p.** 1 ⓒ catwalker / Shutterstock.com
  3 ⓒ Ovidiu Hrubaru / Shutterstock.com
  4 ⓒ testing / Shutterstock.com
  5 ⓒ Sara Sette / Shutterstock.com
- **19p.** 1 ⓒ taniavolobueva / Shutterstock.com
  2 ⓒ Mauro Del Signore / Shutterstock.com
- **20p.** 1 ⓒ Anton-Ivanov / Shutterstock.com
  2 ⓒ DFree / Shutterstock.com
- **21p.** 1 ⓒ lev radin / Shutterstock.com
  2 ⓒ Kathy Hutchins / Shutterstock.com
  3 ⓒ Creative / Shutterstock.com
  4 ⓒ Mauro Del Signore / Shutterstock.com
- **28p.** 1, 3 ⓒ FashionStock.com / Shutterstock.com
- **29p.** www.fashionnetkorea.com
- **32-33p.** http://www.fashionnetkorea.com/ebook/20171025_2/index.html#page=11
- **35p.** 1 http://www.fashionnetkorea.com/ebook/20171025_2/index.html#page=14
  2 http://www.fashionnetkorea.com/ebook/20171025_2/index.html#page=20
- **36p.** 1, 2 http://www.coolhunting.com/#read
- **37p.** KCDStudio(Korea Color & Design Studio)
- **38p.** 시카고박물관 소장, Fernand Lungren
- **40p.** 1 ⓒ Jaroslav Moravcik / Shutterstock.com
  2 https://www.klinebooks.com
  3 http://art-meets-world.com
- **41p.** 2 https://www.focus.de
  3 Goddess The Classical Mode, p.50
- **42p.** 1 https://elysolodkincostume.wordpress.com
  2 http://images.bestiariusz.pl
- **43p.** 1 ⓒ AlpKaya / Shutterstock.com
  2 https://www.kinostar.com
  3 http://masdrama.com
- **44p.** 2 Christian Mueller / Shutterstock.com
  3 http://www.cine21.com/news/view/?mag_id=83805
- **47p.** 1 ⓒ walter_g / Shutterstock.com
  2 VOGUE. US. 2006
- **48-49p.** 4 http://alqassimi88.blogspot.kr/2014/01/
  5 http://www.koreafashion.org/info/info_content_view.asp?num=1041&pageNum=1&cataIdx=803&clientIdx=1111&SrchItem=&SrchWord=&flag=2
  6 서양패션멀티콘텐츠, 교문사, p.280
- **50p.** 2 ⓒ Vlada Photo / Shutterstock.com
  3 ⓒ Victorian Traditions / Shutterstock.com
- **51p.** 2 ⓒ isaphotography / Shutterstock.com
  3 20th Century Fashion, p.39
  4 20th Century Fashion, p.25
- **53p.** 3 https://post.naver.com/viewer/postView.nhn?volumeNo=8853377&memberNo=31397164
- **54p.** 3 https://www.smithsonianmag.com/arts-culture/brief-history-zoot-suit-180958507
- **55p.** 3 20th Century Fashion, p.161
- **56p.** 2 The Fashion Book, p.88

3 Fashion, p.157
- **57p.** 3 20th Century Fashion, p.193
- **58p.** 2 https://www.designer-vintage.com/en/masterclass/article/giorgio-armani-s-power-suits
- **59p.** 2 ⓒ Featureflash Photo Agency / Shutterstock.com
  3 https://uk.phaidon.com/agenda/design/articles/2014/march/26/jean-paul-gaultier-comes-to-london/
- **65p.** 1 http://hub.zum.com/artinsight/19371
  2 ⓒ Sinemabed / flickr.com
- **66p.** 1, 2 https://www.kokolife.ng
  3 http://img.wkorea.com
- **67p.** http://img.wkorea.com/w/2018/03/style_5ab3d2a71a163-1200x608.jpg
- **70p.** 2 https://www.vogue.com/article/david-bowie-style-icon-dies
  3 http://runway.vogue.co.kr/?post_id=&search_1=&search_2=&designer=57
- **71p.** 2 Details, p.125
- **72p.** 1 The Fashion Book, p.123
  2 ⓒ Debby Wong / Shutterstock.com
- **73p.** 1 Untutled(1980), Donald Judd
  2 ⓒ FashionStock.com / Shutterstock.com
  3 ⓒ Kiev.Victor / Shutterstock.com
- **74p.** 3 http://www.vogue.it/en/shows/show/ss-2004-ready-to-wear/maison-martin-margiela/2
  4 ⓒ EQRoy / Shutterstock.com
  5 https://www.dexigner.com/news/7786
  6 ⓒ Stefano DI Corato / flickr.com
- **76p.** 1 ⓒ Ozphotoguy / Shutterstock.com
  2 ⓒ andersphoto / Shutterstock.com
- **77p.** 1 ⓒ Eric Broder Van Dyke / Shutterstock.com
- **80p.** 1 ⓒ lev adin / Shutterstock.com
  2 ⓒ EQRoy / Shutterstock.com
- **82p.** yagg, http://www.selfridges.com
- **83p.** 2 ⓒ Aija Lehtonen / Shutterstock.com
- **85p.** 1 ⓒ tomocz / Shutterstock.com
- **86p.** 1 ⓒ Liam Goodner / Shutterstock.com
  2 ⓒ August_0802 / Shutterstock.com
- **94p.** ⓒ Luchino / Shutterstock.com
- **95p.** 1 ⓒ FashionStock.com / Shutterstock.com
  2 ⓒ Ovidiu Hrubaru / Shutterstock.com
- **96p.** 1 ⓒ FashionStock.com / Shutterstock.com
- **104p.** 1 ⓒ Evan El-Amin / Shutterstock.com
  3 ⓒ urii Osadchi / Shutterstock.com
- **106p.** 1 ⓒ BAKOUNINE / Shutterstock.com
  2 ⓒ Mauro Del Signore / Shutterstock.com
- **108-109p.** 김수연 학생 작품
- **111p.** ⓒ Press Line Photos / Shutterstock.com
- **114p.** 1, 2 ⓒ Ovidiu Hrubaru / Shutterstock.com
  3 TEXTILE VIEW MAGAZINE, ISSUE 120, p.16
  4 ⓒ FashionStock.com / Shutterstock.com
- **115p.** 1 TEXTILE VIEW MAGAZINE, ISSUE 118, p.58
  2 ⓒ FashionStock.com / Shutterstock.com
  3 TEXTILE VIEW MAGAZINE, ISSUE 106, p.61
- **116p.** 1 TEXTILE VIEW MAGAZINE, ISSUE 118, p.58
  2 TEXTILE VIEW MAGAZINE, ISSUE 120, p.6
  3 TEXTILE VIEW MAGAZINE, ISSUE 118, p.58
  4 TEXTILE VIEW MAGAZINE, ISSUE 120, p.70
- **120p.** 1 ⓒ Nata Sha / Shutterstock.com
  2, 4 ⓒ Ovidiu Hrubaru / Shutterstock.com
  3 ⓒ Miro Vrlik Photography / Shutterstock.com
- **121p.** 1 TEXTILE VIEW MAGAZINE, ISSUE 113, p.62
  2 ⓒ Catwalker / Shutterstock.com
  3 TEXTILE VIEW MAGAZINE, ISSUE 118, p.104
- **126p.** ⓒ Luchino / Shutterstock.com
- **127p.** 1, 4 ⓒ Jade ThaiCatwalk / Shutterstock.com
  2 ⓒ Ovidiu Hrubaru / Shutterstock.com
  3 ⓒ Mauro Del Signore / Shutterstock.com
- **128p.** 1 ⓒ Lars Anders / Shutterstock.com
  2 ⓒ Featureflash Photo Agency / Shutterstock.com
  3 ⓒ Luchino / Shutterstock.com
  4 ⓒ athurstock / Shutterstock.com
- **129p.** 1 ⓒ Denis Makarenko / Shutterstock.com
  2 ⓒ radin / Shutterstock.com
  3 ⓒ Andrew Makedonski / Shutterstock.com
  4 ⓒ Dmitry Abaza / Shutterstock.com
- **130p.** 1 ⓒ lev radin / Shutterstock.com

2 ⓒ Mauro Del Signore / Shutterstock.com

• **131p.** 1, 2, 8 ⓒ Luchino / Shutterstock.com
3 ⓒ Creative Lab / Shutterstock.com
4 ⓒ JLuchino / Shutterstock.com
5 ⓒ athurstock / Shutterstock.com
6 ⓒ Mauro Del Signore / Shutterstock.com
7 ⓒ lev radin / Shutterstock.com

• **133p.** 2 ⓒ Goran Jakus / hutterstock.com
3 ⓒ Ovidiu Hrubaru / Shutterstock.com

• **134p.** 1 ⓒ FashionStock.com / Shutterstock.com
2 ⓒ DKSStyle / Shutterstock.com
3 ⓒ Goran Jakus / Shutterstock.com
4 ⓒ DKSStyle / Shutterstock.com

• **135p.** 1 ⓒ catwalker / Shutterstock.com
2 ⓒ ANDREA DELBO / Shutterstock.com
3 ⓒ Creative Lab / Shutterstock.com
4 ⓒ Luchino / Shutterstock.com
5 ⓒ Goran Jakus / Shutterstock.com
6, 7, 8 ⓒ Creative Lab / Shutterstock.com

• **137p.** ⓒ FashionStock.com / Shutterstock.com

• **138p.** 1, 2, 3 ⓒ FashionStock.com / Shutterstock.com
4 ⓒ Sam Aronov / Shutterstock.com

• **139p.** 1 ⓒ Ovidiu Hrubaru / Shutterstock.com
2 ⓒ DKSStyle / Shutterstock.com
3 ⓒ Mauro Del Signore / Shutterstock.com
5, 6, 7 ⓒ andersphoto / Shutterstock.com

• **140p.** ⓒ Sam Aronov / Shutterstock.com

• **143p.** 1, 2, 3 ⓒ FashionStock.com / Shutterstock.com

• **145p.** 1 ⓒ Mauro Del Signore / Shutterstock.com
3, 4 ⓒ andersphoto / Shutterstock.com

• **146p.** 1 ⓒ DKSStyle / Shutterstock.com
2 ⓒ athurstock / Shutterstock.com
3 ⓒ Mauro Del Signore / Shutterstock.com
4, 5 ⓒ athurstock / Shutterstock.com
6 ⓒ ANDREA DELBO / Shutterstock.com

• **147p.** 1 ⓒ andersphoto / Shutterstock.com
2 ⓒ sama_ja / Shutterstock.com
3 ⓒ Andrew Makedonski / Shutterstock.com
4, 5, 6 ⓒ Mauro Del Signore / Shutterstock.com

• **148p.** 1, 2, 3 ⓒ FashionStock.com / Shutterstock.com
4 ⓒ Street style photo / Shutterstock.com
5 ⓒ FashionStock.com / Shutterstock.com

• **149p.** 1 ⓒ Creative Lab / Shutterstock.com
2, 3 ⓒ catwalker / Shutterstock.com
4 ⓒ Mauro Del Signore / Shutterstock.com
6 ⓒ athurstock / Shutterstock.com

• **153p.** 1, 2 https://www.fashionnetkorea.com/trend/trend_pr_fabric.asp
3, 5 ⓒ eversummerphoto / Shutterstock.com
4 ⓒ Creative Lab / Shutterstock.com
6 ⓒ DKSStyle / Shutterstock.com
7 TEXTILE VIEW MAGAZINE, ISSUE 118, p.263
8 https://www.fashionnetkorea.com/trend/trend_color_PreTrend.asp

• **154p.** Influential Style, p.16
https://www.vogue.com/fashion-shows/spring-2018-ready-to-wear/tibi#collection

• **155p.** 3, 5 ⓒ TEXTILE VIEW MAGAZINE, ISSUE 114, p.96, 97
4 ⓒ Nata Sha / Shutterstock.com
8 ⓒ PhotoStock10 / Shutterstock.com
12 ⓒ FashionStock.com / Shutterstock.com
13 ⓒ Dima Babushkin / Shutterstock.com
15 ⓒ Belish / Shutterstock.com

• **157p.** 1, 6 https://www.vogue.com/fashion-shows/spring-2019-menswear/dior-homme#collection
3, 4 TEXTILE VIEW MAGAZINE, ISSUE 116, p.99
5 ⓒ andersphoto / Shutterstock.com
7 https://www.vogue.com/fashion-shows/spring-2018-couture/giambattista-valli#collection
8 ⓒ FashionStock.com / Shutterstock.com
9, 12 ⓒ Marina Tatarenko / Shutterstock.com
11 ⓒ Ovidiu Hrubaru / Shutterstock.com
13 https://www.vogue.com/fashion-shows/spring-2019-menswear/dior-homme#collection

• **159p.** 1 http://runway.vogue.co.kr/2018/03/30/seoul-collection-2018-fw-munsoo-kwon/#0
2 https://www.vogue.com/fashion-shows/pre-

fall-2017/louis-vuitton#collection
4 https://www.vogue.com/fashion-shows/spring-2018-ready-to-wear/christian-dior#collection
8, 9, 11, 12 ⓒ TEXTILE VIEW MAGAZINE, ISSUE 116, p.54, 73, 193
10 https://www.vogue.com/fashion-shows/spring-2018-ready-to-wear/isabel-marant#collection

- **161p.** 1 ⓒ Nata Sha / Shutterstock.com
2 https://www.vogue.com/fashion-shows/resort-2019/prada#collection
3, 6 https://www.vogue.com/fashion-shows/spring-2017-ready-to-wear/jil-sander#collection
4 https://www.vogue.com/fashion-shows/fall-2017-ready-to-wear/jil-sander#collection
5, 8 ⓒ FashionStock.com / Shutterstock.com
7 ⓒ Ovidiu Hrubaru / Shutterstock.com
10 ⓒ Nata Sha / Shutterstock.com
11 https://www.vogue.com/fashion-shows/fall-2017-ready-to-wear/emporio-armani#collection
- **162p.** TEXTILE VIEW MAGAZINE, ISSUE 110, p.266
- **163p.** 1, 10, 13 ⓒ Ovidiu Hrubaru Shutterstock.com
2-7, 9, 11, 12, 14-17 ⓒ TEXTILE VIEW MAGAZINE, ISSUE 116, p.103, 228
- **164p.** TEXTILE VIEW MAGAZINE, ISSUE 114, p.240
- **165p.** 2 TEXTILE VIEW MAGAZINE, ISSUE 116, p.69
4 https://www.vogue.com/fashion-shows/spring-2018-ready-to-wear/gucci#details
6 https://www.vogue.com/fashion-shows/fall-2018-ready-to-wear/comme-des-garcons#collection
8 https://www.vogue.com/fashion-shows/fall-2018-ready-to-wear/maison-martin-margiela#collection
9 https://www.vogue.com/fashion-shows/spring-2018-ready-to-wear/maison-martin-margiela#collection
11 https://www.vogue.com/fashion-shows/spring-2018-ready-to-wear/comme-des-garcons#collection
13, 14 https://www.vogue.com/fashion-shows/fall-2018-ready-to-wear/gucci#details
- **166p.** Influential Style, p.19
- **167p.** 2, 6 ⓒ FashionStock.com / Shutterstock.com
3 ⓒ antoniobarrosfr / Shutterstock.com
8 https://www.vogue.com/fashion-shows/spring-2019-menswear/alexander-mcqueen#collection
- **178p.** 1 ⓒ JT Studio / Shutterstock.com
- **182-183p.** TEXTILE VIEW MAGAZINE, ISSUE 120, p.23, 284
TEXTILE VIEW MAGAZINE, ISSUE 116, p.108, 152
- **184-185p.** TEXTILE VIEW MAGAZINE, ISSUE 120, p.219-221
TEXTILE VIEW MAGAZINE, ISSUE 116, p.223-225
ⓒ zhangjin_net/ Shutterstock.com
- **197p.** 1 highsnobiety.com
2 https://www.pakistantoday.com.pk
3 http://swag892.tistory.com
- **201p.** 구찌 인스타그램
- **202p.** https://www.vogue.co.uk/gallery/benettons-best-advertising-campaigns
- **203p.** ⓒ Faiz Zaki / Shutterstock.com
- **204-205p.** phttp://froma.co.kr/381
- **206p.** TEXTILE VIEW MAGAZINE, ISSUE 110, p.250
- **209p.** 1 TEXTILE VIEW MAGAZINE, ISSUE 111, p.178
2 TEXTILE VIEW MAGAZINE, ISSUE 121, p.183
3 TEXTILE VIEW MAGAZINE, ISSUE 111, p.218
4 TEXTILE VIEW MAGAZINE, ISSUE 111, p.178
5 TEXTILE VIEW MAGAZINE, ISSUE 111, p.178
6 TEXTILE VIEW MAGAZINE, ISSUE 121, p.191
7 TEXTILE VIEW MAGAZINE, ISSUE 119, p.231
8 TEXTILE VIEW MAGAZINE, ISSUE 111, p.178
9 TEXTILE VIEW MAGAZINE, ISSUE 121, p.191
10 TEXTILE VIEW MAGAZINE, ISSUE 121, p.191
- **211p.** 1 TEXTILE VIEW MAGAZINE, ISSUE 115, p.244
2 TEXTILE VIEW MAGAZINE, ISSUE 115, p.203
3 TEXTILE VIEW MAGAZINE, ISSUE 115, p.203
4 TEXTILE VIEW MAGAZINE, ISSUE 115, p.203
5 TEXTILE VIEW MAGAZINE, ISSUE 115, p.216
6 TEXTILE VIEW MAGAZINE, ISSUE 115, p.205
7 TEXTILE VIEW MAGAZINE, ISSUE 114, p.97

8 TEXTILE VIEW MAGAZINE, ISSUE 115, p.227
9 TEXTILE VIEW MAGAZINE, ISSUE 115, p.155
10 TEXTILE VIEW MAGAZINE, ISSUE 110, p.83
11 TEXTILE VIEW MAGAZINE, ISSUE 119, p.189
12 TEXTILE VIEW MAGAZINE, ISSUE 114, p.97
13 TEXTILE VIEW MAGAZINE, ISSUE 116, p.93
14 TEXTILE VIEW MAGAZINE, ISSUE 110, p.181

• 212p. TEXTILE VIEW MAGAZINE, ISSUE 114, p.82

• 215p. 1 BRADEY QUINN, FASHION FUTURES, p.5
2 TEXTILE VIEW MAGAZINE, ISSUE 115, p.195
3 TEXTILE VIEW MAGAZINE, ISSUE 115, p.195
4 TEXTILE VIEW MAGAZINE, ISSUE 119, p.179
5 TEXTILE VIEW MAGAZINE, ISSUE 119, p.235
6 TEXTILE VIEW MAGAZINE, ISSUE 119, p.235
7 TEXTILE VIEW MAGAZINE, ISSUE 119, p.233
8 TEXTILE VIEW MAGAZINE, ISSUE 119, p.233
9 TEXTILE VIEW MAGAZINE, ISSUE 119, p.232
10 TEXTILE VIEW MAGAZINE, ISSUE 119, p.195
11 TEXTILE VIEW MAGAZINE, ISSUE 119, p.195
12 TEXTILE VIEW MAGAZINE, ISSUE 119, p.195
13 TEXTILE VIEW MAGAZINE, ISSUE 119, p.193
14 TEXTILE VIEW MAGAZINE, ISSUE 119, p.150

• 223p. philips Lumalive

• 224p. 1 Sports Tech
3 http://www.speedo.co.kr/

• 225p. https://www.dezeen.com

• 226p. 1 Sports Tech
2 https://surfontario.ca

• 228p. 1 http://www.blackyak.com
2 Sports Tech
3 http://inerventions.selen
4 http://dutchdesigndaily.com
5 MERRELL, FASHION FUTURES, p.6

• 230p. 1 www.studiolive.gr
2 https://www.vogue.com

• 231p. 1 http://www.newfashionsociety.com
2 https://materia.nl

• 236p. 2 ⓒ Hadrian / Shutterstock.com

REFERENCE

〈국내 도서〉

Linda Holtzschue 저, 박영경 · 최원정 역(2015). **색채의 이해**. 시그마프레스.

고재운 외 4인(2005). **Fiber 공학**. 도서출판 한림원.

구강 외 9인(2012). **기능성 섬유가공**. 교문사.

금기숙 외 9인(2012). **현대패션 110년 1900-2010**. 교문사.

김민자 외 5인(2010). **서양패션멀티콘텐츠**. 교문사.

김성련(2009). **피복재료학**. 교문사.

김영선 · 한수연(2015). **패션과 영상문화**. 교문사.

김영옥 외 2인(2009). **서양 복식문화의 현대적 이해**. 경춘사.

김은애 외 6인(2013). **패션텍스타일**. 교문사.

김은애 외 7인(2000). **패션 소재기획과 정보**. 교문사.

김은하(2012). **클래시시즘 패션의 이해**. 이담북스.

김정혜(2005). **패션이 사랑한 미술**. 아트북스.

김혜경(2013). **패션트렌드와 이미지**. 교문사.

김희숙 외 3인(2009). **스타일메이킹**. 교문사.

막스 폰 뵌 저, 이재원 역(2000). **패션의 역사 1, 중세부터 17세기 바로크 시대까지**. 한길아트.

막스 폰 뵌 저, 천미수 역(2000). **패션의 역사 2, 18세기 로코코 시대부터 1914년까지**. 한길아트.

박연선(2007). **색채용어사전**. 도서출판 예림.

벨러리 멘데스 · 에이미 드 라 헤이 저, 김정은 옮김(2003). **20세기 패션**. 시공사.

수 젠킨 존스 저, 박영경 · 최원정 역(2004). **패션디자인**. 예경.

신상옥(2006). **서양복식사**. 수학사.

안동진(2014). **Textile Science**. 한울출판사.

알라스데어 길크리스(2017). **산업인터넷과 함께하는 인더스트리 4.0**. 에이콘.

에른스트 H. 곰브리치 저, 백승길 · 이종숭 역(2002). **서양미술사**. 예경.

오경화 외 4인(2011). **패션이미지업**. 교문사.

유혜경 외 2인(2016). **패션리테일링**. 수학사.

이재정 외 1인(2006). **라이프스타일과 트렌드**. 예경.

이지연 외 2인(2016). **패션경영의 원칙**. 교문사.

정인희(2011). **패션시장을 지배하라**. 시공아트.

정흥숙(2002). **서양복식문화사**. 교문사.
조길수 외 4인(2018). **새로운 의류재료학**. 교문사.
조길수(2006). **최신의류소재**. 시그마프레스.
준 마시 저, 김정은 역(2013). **패션의 역사**. 시공사.
진중권(2008). **진중권의 서양미술사 고전예술 편**. 휴머니스트.
최경원 외 2인(2005). **월드 패션 디자이너 스토리**. 패션인사이트.
최선형(2015). **21세기 패션마케팅**. 창지사.

〈학술지〉

강림아 · 이효진(2003). **현대 패션에 표현된 중세 종교복 이미지의 조형성 연구**. 복식문화학회, 11(5), pp.737-752.
권하진(2015). 2000년대 이후 나타난 펑크 패션의 미학적 고찰. **한국패션디자인학회지, 15**(1), pp.69-89.
김미영 · 정윤경(2014). 영화속에 나타난 색채 이미지연구. **패션과 니트, 12**(2), pp.37-45.
김미정 · 이상례(2003). 팝 음악과 패션에 관한 연구. **한국복식학회, 53**(2), pp.101-118.
김상훈 · 심우중(2016). 제조혁신과 소재산업-첨단소재와 3D 프린팅을 중심으로-. **KIET Issue Paper 2016-401**. 산업연구원
김선영(2017). 언리얼에이지(Anrealage) 패션컬렉션에 나타난 아방가르드 특성. **한국디자인포럼, 55**. p.49-62.
김성훈, 최연주(2010). 친환경 리싸이클 의류 및 섬유제품. **패션정보와 기술, 7**, pp.73-82.
김세나 외 2인(2017). 라이프 스타일이 애슬레저 웨어 제품추구혜택과 제품구매의도에 미치는 영향 연구. **한국의류산업학회지, 19**(6), pp.723-735.
김소영(2011). 스포츠 스타 시스템이 만들어낸 패션 이미지 연구. **한국니트디자인학회 학술대회**, pp.43-45.
김시아 · 정욱(2012). 로코코 시대를 배경으로 한 영화의상 비교 분석. **디자인지식저널, 24**, pp.189-203.
김윤(2012). K-pop 스타의 패션에 관한 연구. **한국패션디자인학회지, 12**(2), pp.17-37.
김지선(2014). 몽환적 로맨틱 패션이미지 스타일링에 관한 연구. **이화여자대학교석사논문**.
김지혜 · 이연희(2016). 현대 여성 컬렉션에 나타난 젠더리스 스타일의 표현특성. **복식문화연구, 24**(6), pp.903-919.
김혜진 · 이순홍(2009). **영화의상이 패션문화에 끼친 영향: 1920년대~1960년대 할리우드영화 중심으로**. 생활문화연구, 24(1), pp.13-29.
노용환 · 박효숙(2014). 아웃도어 스포츠웨어용 쾌적 기능성 소재 개발동향. **패션정보와 기술, 11**, pp.41-49.
박선지(2015. 07). 해체주의의 개념을 통해 고찰한 건축과 패션의 형태 연구. **커뮤니케이션디자인학연구, 제52호**.
박숙현 외 5인. 패션 이미지별 평가용어, 색상 및 분류체계. **한국생활과학회, 12**(4).
박지혜 · 황춘섭(June, 2015). 패션 아트마케팅에 대한 소비자 태도가 구매의도에 미치는 영향. **복식문화연구, 23**(3). pp.353-367,
박홍원(2014). 전자섬유기술개발 동향, **패션정보와 기술, 11**, pp11-19.
박희주 · 구수민(2018). 의류학 연구 및 패션산업 현장에 도입되고 있는 3D 기술동향 및 적용사례고찰. **한국의류학회지, 42**(1), pp.195-209.
변미연 · 이언영 · 이인성(2006). 디자이너 장 폴 고티에의 페티시즘에 관한 패러다임. **한국생활과학회지, 15**(6), pp.1063-1071.
변현진 · 조은란(2016). **순수미술과 패션디자인과의 상호작용 연구 -1920년대 이후 20세기 주요 사례 중심으로-**. 조형미디어학, 19(3), pp.181-190.
서봉하(2014). 오리엔탈리즘 패션의 개념 정립에 관한 연구. **한국패션디자인학회지, 14**(1), p. 51-68.
송병갑 외 6인(2017). **최신 산업용섬유 기술개발공향 조사보고서**. 한국섬유산업연합회.
송지은 · 김혜림(2017). 지속가능한 섬유소재로서의 박테리아 셀룰로스의 생산 및 적용. **섬유기술과 산업, 21**(2), pp.76-81.
안광숙(2016). 현대패션에 표현된 로맨틱 아방가르드 특성연구. **아시아문화학술원, 7**(5), pp.977-999.
양수현 · 이연희(2014). 데이비드 보위(David Bowie) 복식에 나타난 글램패션 특성. **한국복식학회, 64**(4), pp.37-51.

유동주 · 이인성(2016). 드라마 속 중년 여배우의 패션스타일 분석. **한국의상디자인학회지, 18**(1), pp.79-89.

윤석한 · 전재우(2016). 코스메틱용 섬유소재의 기술동향 및 시장전망. **섬유기술과 산업, 20**(3), pp.197-206.

이선희. 해양용 방수복 제품동향. **섬유기술과 산업, 21**(1), pp.30-36.

이연희 · 김영인(2005). 현대 패션 룩 (Fashion Look) 에 표현된 성(性) 정체성. **복식문화연구, 13**(5), pp.790-803.

이영재(2013). 대중음악이 스트리트 스타일의 대중화에 미친 영향에 관한 연구 -힙합 음악과 뮤지션 패션을 중심으로. **한국디자인문화학회지, 19**(4), pp.501-512.

이은옥(2011. 02). 기존 패션브랜드와 확장 인테리어 홈브랜드의 텍스타일디자인 유사 특성에 관한 연구. **한국디자인포럼, 30**, pp.315-325.

이정원 · 금기숙(2008). 1960년대 록 스타 패션의 도상학적 해석 / **한국복식학회, 58**(6), pp.69-84

이주영(2014). 차세대 개인보호복과 스마트웨어 시스템. **패션정보와 기술, 11**, pp.50-55.

이주현(2014). 스마트 패션의 오늘과 내일. **패션정보와 기술, 11**, pp.2-10.

이지현 · 양숙희(2007). 현대 패션에 나타난 섹슈얼리티에 관한 연구 - 페미니즘 이론을 중심으로. **복식, 57**(10), pp.11-23.

이혜주 · 채연희(2002). **신고전주의 시대의 복식디자인에 관한 연구: 나폴레옹 1세 시대의 특성을 중심으로**. 생활과학논집, 15, pp.179-191.

임은혁(Feb, 2014). 건축적 패션 디자인의 구조적 전략. **J. fash. bus, 18**(1). pp.164-181.

정연자(1997). 모즈룩(Mods Look)에 관한 연구. **한국복식학회, 33**, pp.189-199.

정유경 · 금기숙(2005). 1990년대와 2000년대의 그런지 패션에 관한 연구. **한국의류학회지, 29**(3/4). pp.449-461.

최치권 · 원종욱 (2014). 스포츠 스타 이미지를 활용한 셀러브리티 브랜드디자인 연구개발. **디지털디자인학연구, 14**(1), pp.387-396.

하지수(2000). 20세기 패션에 나타난 스포츠 룩에 관한 연구. **복식, 50**(2), pp.15-28.

함연자 · 김민자(2006). **20세기 초 모더니즘 패션에 나타난 신고전주의 양식의 연속성과 불연속성**. 복식, 56(4), pp.148-159.

〈국외 도서〉

Akiko Fukai 외 2인(2006). **Fashion a History from the 18th to 20th Century**. Taschen.

Bradley Quinn(2010). **Textile Futures**. Berg.

Harold Koda(2003). **Goddess The Classical Mode**. Yale University Press.

Kate Fletcher(2008). **Sustainable Fashion and Textiles**. Earthscan.

Mike O'Mahony(2007). **World Art**. STAR FIRE PUBLISHING.

Phaidon Press(2001). THE FASHION BOOK. Phaidon Press.

Ruhrberg 외 3인(2005). **Art of the 20th Century**. Taschen.

Sarah E. Braddock and Harie O'Mahony(2002). **Sports Tech**. Thames & Hudson.

Sarah E. Braddock and Harie O'Mahony(2005). **Techno Textiles 2**. Thames & Hudson.

T. Winkler, er. al (2009.7). WeWrite: 'On-the-Fly' Interactive Writing on Electronic Textiles with Mobile Phones. **IDC**, Como, Italy.

T.H. Lim, S.H. Kim, K.W. Oh(2014). Fabrication of Organic Materials for Electronics Textiles, **Handbook of Smart Textiles**. Springer.

Terry Jones(2005). **Fashion Now 2**. Taschen.

Terry Jones(2013). **100 Contemporary Fashion Designers**. Taschen.

Valerie Mendes & Amy de la Haye.(2005). **20th Century Fashion**. Thames & Hudson World of art.

Walter, M(1996). **Silk**. Flammarion-PereCastor.

〈웹사이트〉

http://www.samsungdesign.net/Index.asp

http://www.fi.co.kr

http://www.fashionn.com

http://www.apparelnews.co.kr

http://www.koreafashion.org/main/main.asp

http://www.kofoti.or.kr

http://cft.or.kr

http://www.hani.co.kr/arti/economy/consumer/794608.html

http://view.asiae.co.kr/news/view.htm?idxno=2017013107013317905

https://m.post.naver.com/my/series/detail.nhn?seriesNo=462733&memberNo=12466858&prevVolumeNo=16103382

http://www.chaeg.co.kr/%EC%95%84%EB%A5%B4%EB%8D%B0%EC%BD%94-%ED%98%84%EB%8C%80%EB%A5%BC-%ED%96%A5%ED%95%9C-%EC%9E%A5%EB%B0%8B%EB%B9%9B-%EB%82%99%EA%B4%80

http://headtotoefashionart.com/paul-poiret-1879-1944

http://www.carnavalet.paris.fr/en/homepage

http://news.hankyung.com/article/201706077481k

https://www.dezeen.com/2016/07/21/skyn-condom-material-sportswear-long-jump-suit-pauline-van-dongen

https://www.patagonia.com/yulex.html

http://www.outlast.com/en/technology

https://www.omsignal.com

https://crunchwear.com/category/companies/numetrex

http://biz.chosun.com/site/data/html_dir/2015/05/13/2015051303677.html

http://www.lechal.com

https://hovding.com

https://www.hobbsrehabilitation.co.uk/mollii-suit.htm

https://www.mtbhomer.com/portfolio/bb-suit

http://www.vogue.co.kr/2016/05/25

http://duoskin.media.mit.edu

http://cm.asiae.co.kr/view.htm?no=2016081509034502042#Redyho

〈기타〉

한국소비자원(2018). **소비자 분쟁 해결 기준.**

한국소비자원(2018). **소비자 피해구제 연보 및 사례집.**

Ditec Vision. **2010-2020 합성섬유 시장의 세계동향.**

황진선(2016. 5. 25). 디지털과 노스탤지어가 공존하는 하이패션, **Vogue.**

INDEX

저자 소개

오경화

미국 Maryland University, Textile Science 전공(박사)
중앙대학교 예술대학 패션전공 교수
저서 : 《패션 텍스타일》, 《패션 이미지 업》, 《Handbook of Smart Textile》,
《기능성 섬유가공》, 《의류소재기획과 평가》, 《현대패션과 의생활》

김정은

중앙대학교 대학원 의류학 전공(박사)
전, LG패션, Good Lads inc 근무
중앙대학교 다빈치교양대학 강사
저서 : 《패션 이미지 업》, 《패션의 역사》, 《20세기 패션》,
《패션, 50인의 영향력 있는 디자이너》

정혜정

서울대학교 의류학과 패션머천다이징 전공(박사)
중앙대학교 다빈치교양대학 겸임교수
큐트릭스 대표
저서 : 《패션 경영의 원칙》

성연순

중앙대학교 대학원 의류과학 전공(박사수료)
전, (주)가파치 홍보팀, (주)에버랜드 상품팀 근무
중앙대학교 다빈치교양대학 강사
저서 : 《패션 이미지 업》

김세나

중앙대학교 대학원 패션산업 전공(박사)
중앙대학교 예술대학 패션전공 강사
전, 패션뉴스, 패션인사이트, 주간한국 객원기자
저서 : 《패션 이미지 업》, 《월드 패션 디자이너 스토리》, 《D Collection Details》

패션 커넥션

2019년 3월 2일 초판 발행 | 2023년 8월 17일 초판 2쇄 발행

지은이 오경화 · 김정은 · 정혜정 · 성연순 · 김세나 | **펴낸이** 류원식 | **펴낸곳** **교문사**

편집팀장 성혜진 | **디자인** 신나리 | **본문편집** 김도희

주소 (10881)경기도 파주시 문발로 116 | **전화** 031-955-6111 | **팩스** 031-955-0955
홈페이지 www.gyomoon.com | **E-mail** genie@gyomoon.com
등록 1968. 10. 28. 제406-2006-000035호
ISBN 978-89-363-1796-6(93590) | **값** 22,000원